21世纪电气信息学科立体化系列教材

编审委员会

顾问：

潘　垣（中国工程院院士，华中科技大学）

主任：

吴麟章（湖北工业大学）

委员：（按姓氏笔画排列）

王　斌（三峡大学电气信息学院）

余厚全（长江大学电子信息学院）

陈铁军（郑州大学电气工程学院）

吴怀宇（武汉科技大学信息科学与工程学院）

陈少平（中南民族大学电子信息工程学院）

罗忠文（中国地质大学信息工程学院）

周清雷（郑州大学信息工程学院）

谈宏华（武汉工程大学电气信息学院）

钱同惠（江汉大学物理与信息工程学院）

普杰信（河南科技大学电子信息工程学院）

廖家平（湖北工业大学电气与电子工程学院）

21世纪电气信息学科立体化系列教材

电气控制与PLC技术及应用

——西门子 S7-300系列

主　编　熊　凌　谭建豪

副主编　周红军　王冬梅　乔志刚

华中科技大学出版社
http://www.hustp.com
中国·武汉

内容简介

本书是华中科技大学出版社 21 世纪电气信息学科立体化系列教材之一。本书以 S7-300 系列 PLC 为对象,从工程实际出发,列举了大量的应用实例,详细介绍了电气控制与 PLC 应用技术。全书共分 9 章,内容包括:低压电器、电气控制线路基础、PLC 概述、S7-300 PLC 硬件组成、STEP 7 软件使用、STEP 7 基本指令、STEP 7 编程、PLC 闭环控制和冶炼过程定氧加铝 PLC 控制系统的设计实例。

本书可供高等院校自动化类、机电类、电子信息科学类、电气信息类、仪器仪表类各专业师生作为"PLC 技术"课程教材使用,对现场工程科技人员也有一定的参考价值。

图书在版编目(CIP)数据

电气控制与 PLC 技术及应用:西门子 S7-300 系列/熊凌,谭建豪主编.—武汉:华中科技大学出版社,
2014.11(2023.7 重印)
　ISBN 978-7-5680-0518-0

　Ⅰ.①电…　Ⅱ.①熊…　②谭…　Ⅲ.①电气控制-高等学校-教材　②plc 技术-高等学校-教材
Ⅳ.①TM571.2　②TM571.6

中国版本图书馆 CIP 数据核字(2014)第 269613 号

电气控制与 PLC 技术及应用——西门子 S7-300 系列　　　　　熊　凌　谭建豪　主编

策划编辑:王红梅
责任编辑:余　涛
封面设计:秦　茹
责任校对:马燕红
责任监印:周治超
出版发行:华中科技大学出版社(中国·武汉)　　　电话:(027)81321913
　　　　　武汉市东湖新技术开发区华工科技园　　　邮编:430223
录　　排:武汉楚海文化传播有限公司
印　　刷:武汉邮科印务有限公司
开　　本:787mm×960mm　1/16
印　　张:24　插页:2
字　　数:510 千字
版　　次:2023 年 7 月第 1 版第 6 次印刷
定　　价:43.80 元

前言

本书是为适应应用型本科自动化类、机电类、电子信息科学类、电气信息类、仪器仪表类专业的教学需要而编写的。

西门子 S7-300 系列 PLC 作为现代化的自动控制装置已广泛应用于冶金、化工、机械、电力、矿业等有控制需要的各个行业，可以用于开关量控制、模拟量控制、数字控制、闭环控制、过程控制、运动控制、机器人控制、模糊控制、智能控制以及分布式控制等各种控制领域，是生产过程自动化必不可少的智能控制设备。

PLC 技术是自动化及相关专业的专业课，到目前为止，西门子 S7-300 系列 PLC 是市场占有率最高的 PLC 产品，掌握西门子 S7-300 系列 PLC 的组成原理、编程方法和应用技巧，是每一位自动化及相关专业技术人员必须具备的基本能力之一。

本书的主要特点如下。

(1)突出实用性。从常用电气控制线路、西门子 STEP 7 基本指令及编程方法的基础例题到 PLC 闭环控制的应用、冶炼过程定氧加铝 PLC 控制系统设计，所讲解的内容都来自工程实例，有较强的针对性和实用性。

(2)注重创新思维。在注重基础性的同时，注重创新思维，在 STEP 7 指令系统和 STEP 7 编程的章节，同一例题，使用不同的编程指令和编程方式，可让读者从中感受到编程的灵活性，掌握更多编程技巧。

(3)注重 PLC 最新发展。本书介绍了最新的 PLC"一网到底"的理念，介绍了西门子 PROFINET 网络。

本书由武汉科技大学熊凌主编并统稿,第 1、2 章由武汉科技大学王冬梅编写,第 3 章由武汉科技大学熊凌编写,第 4、5 章由湖南大学谭建豪编写,第 6 章由武汉理工大学华夏学院乔志刚编写,第 7、8、9 章由武汉科技大学周红军编写。武汉科技大学程耕国教授审阅了书稿,并提出了许多宝贵的意见和建议,在此深表谢意!

本书在编写过程中参考了大量西门子网站资料、教材和文献,在此,本书的编者向有关作者致以衷心的感谢!

对于教材中仍可能存在一些错误和不足,恳请读者批评指正。

编 者

2014 年 10 月

目　　录

1

低压电器

1.1 概述

目前电力拖动系统已向无触点、连续控制、弱电化、微机控制等方向发展。但是，由于继电器-接触器控制系统所用的控制电器结构简单、价格低廉，且能满足生产机械的通常的生产要求，因此，目前仍然获得了广泛的应用。低压电器是继电器-接触器控制系统的基本组成元件，其性能直接影响着系统的可靠性、先进性以及经济性，是电气控制技术的基础。本章主要介绍常用低压电器的结构、工作原理以及使用方法等相关知识，并根据当前电器发展状况简要介绍新型电器元器件。

1.1.1 低压电器的概念和分类

低压电器是一种能根据外界的信号和要求，手动或自动地接通、断开电路，以实现对电路或非电对象的切换、控制、保护、检测、变换和调节的元件或设备。根据我国现行低压电器基本标准的规定，将工作在交流 1200 V(50 Hz)以下、直流 1500 V 以下的电器称为低压控制电器。低压电器的种类繁多，按其用途可分为配电电器、保护电器、主令电器、控制电器和执行电器等。具体分类及用途如表 1-1 所示。

表 1-1　常用低压电器的分类及用途

类　　别	电器名称	用　　途
配电电器	刀开关	主要用于低压供电系统。对这类电器的主要技术要求是：分断能力强，限流效果好，动稳定性和热稳定性好
	熔断器	
	断路器	
保护电器	热继电器	主要用于对电路和电气设备进行安全保护。对这类电器的主要技术要求是：具有一定的通断能力，反应灵敏度高，可靠性高
	电流继电器	
	电压继电器	
	漏电保护断路器	

续表

类　别	电器名称	用　途
主令电器	按钮	主要用于发送控制指令。对这类电器的技术要求是：操作频率要高，抗冲击，电气和机械寿命要长
	行程开关	
	万能转换开关	
	主令控制器	
	接近开关	
控制电器	接触器	主要用于电力拖动系统的控制。对这类电器的主要技术要求是：有一定的通断能力，操作频率要高，电气和机械寿命要长
	时间继电器	
	速度继电器	
	压力继电器	
	中间继电器	
执行电器	电磁铁	主要用于执行某种动作和实现传动功能
	电磁阀	
	电磁离合器	

1.1.2　电磁式低压电器的基本结构和工作原理

低压电器种类繁多，广泛应用于各种场合。其中，电磁式低压电器是低压电器中最典型也是应用最广泛的一种电器。控制系统中的接触器和继电器就是两种最常用的电磁式低压电器。虽然电磁式低压电器的类型很多，但它们的工作原理和构造基本相同，一般都由电磁机构、触头以及灭弧装置三部分组成。

1. 电磁机构

电磁机构是低压电器的感测部件，主要由电磁线圈、铁芯以及衔铁三部分组成，其作用是将电磁能转换成机械能，带动触头动作，以控制电路的接通或断开。电磁线圈按接入电流的种类不同，可分为直流线圈和交流线圈，与之对应的电磁机构有直流电磁机构和交流电磁机构。

常用的交流电磁结构主要有以下三种形式，即：衔铁沿棱角转动的拍合式铁芯，多用于直流电器中，如图 1-1(a)所示；衔铁沿轴转动的拍合式铁芯，多用于触头容量较大的交流电器中，如图 1-1(b)所示；衔铁直线运动的双 E 形直动式铁芯，多用于交流接触器、继电器中，如图 1-1(c)所示。

在交流电磁机构中，由于铁芯存在磁滞和涡流损耗，铁芯和线圈均易发热，因此在铁芯与线圈之间留有散热间隙；线圈做成有骨架的、短而厚的矮胖型，以便于散热；铁芯采用硅钢片叠成，以减小涡流。

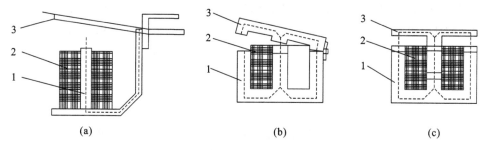

图 1-1 常用交流电磁结构形式

1—铁芯；2—线圈；3—衔铁

在直流电磁机构中，由于电流恒定，电磁机构中不存在涡流损失，铁芯不会发热，只有线圈发热。因此，铁芯和衔铁用软钢或工程纯铁制成，线圈做成无骨架、高而薄的瘦高型，以便于线圈自身散热。

2. 触头

触头又称触点，是有触点电器的执行部分，用于控制电路的接通与断开。触头由动、静触点两部分组成。

触点的接触形式主要有点接触形式（如球面对球面、球面对平面）、面接触形式（如平面对平面）及线接触形式（如圆柱对平面、圆柱对圆柱）等三种。其中，点接触形式的触点主要用于小电流的电器中，如接触器的辅助触点和继电器的触点；面接触形式的触点因接触面大，允许流过较大的电流，但接触表面一般镶有合金，以减小触点接触电阻、提高耐磨性，多用于较大容量接触器的主触点；线接触形式的触点的接触区域是一条直线，触点在通断过程中有滚动动作，多用于中等容量电器的触点，如直流接触器的主触点。在常用的继电器和接触器中，触头的结构形式主要有点接触桥式触头、面接触桥式触头和线接触指形触头等三种，如图 1-2 所示。

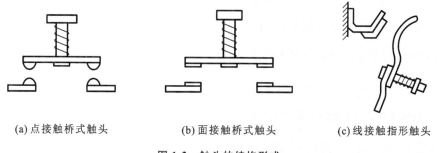

(a) 点接触桥式触头   (b) 面接触桥式触头   (c) 线接触指形触头

图 1-2 触头的结构形式

3. 灭弧装置

当切断电路时，触点之间由于电场的存在易产生电弧。电弧实际上是触点间气体在强电场作用下产生的放电现象。电弧的发生易烧灼触点的金属表面,缩短电器的使用寿命,且电弧易造成电源短路事故,因此切断电路时需要迅速将电弧熄灭。常用的灭弧方法主要有多断点灭弧、磁吹灭弧、灭弧栅以及灭弧罩。

1.2　开关电器

开关电器广泛应用于配电系统和电力拖动控制系统,主要用于电气线路的电源隔离、电气设备的保护和控制。常用的开关电器主要有刀开关、低压断路器、隔离开关、转换开关(组合开关)、自动空气开关(空气断路器)等。

1.2.1　刀开关

刀开关主要用于电源隔离,用于切断非频繁地接通和断开的、容量较小的低压配电线路,如不经常启动及制动、容量小于 7.5 kW 的异步电动机。刀开关是一种结构最简单、应用最广泛的手动电器,主要由操作手柄、触刀、静触头、绝缘底板等组成。刀开关按刀数可分为单极、双极和三极等三种样式。图 1-3 所示的为刀开关的实物图、图形及符号。

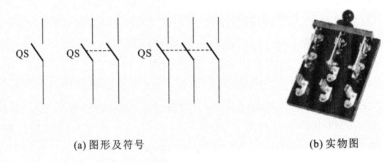

(a) 图形及符号　　　　　　　　　(b) 实物图

图 1-3　刀开关

刀开关的主要技术参数如下。

(1) 额定电压:即刀开关在长期工作中能承受的最大电压。目前生产的刀开关的额定电压值,在交流电路中是 500 V 以下,在直流电路中是 440 V 以下。

(2) 额定电流:即刀开关在合闸位置允许长期通过的最大工作电流。目前,用于小电流电路的刀开关的额定电流一般有 10 A、15 A、20 A、30 A、60 A 五种。用于大电流电路的刀开关的额定电流一般有 100 A、200 A、400 A、600 A、1000 A、1500 A 六种。

(3) 稳定性电流:即发生短路事故时,刀开关不产生形变、破坏或触刀自动弹出的现象的最大短路峰值电流。刀开关的稳定性电流一般为其对应的额定电流的数十倍。

(4) 操作次数:刀开关的使用寿命分为机械寿命和电气寿命两种。机械寿命是指刀开关不带电时所能达到的操作次数;电气寿命是指在额定电压下刀开关能可靠地分断额定电流的总次数。

所有这些技术参数是刀开关选型的主要依据。选型时，刀开关的额定电压、额定电流应分别大于或等于分断电路中各负载额定电压、额定电流的总和。

1.2.2 低压断路器

低压断路器也称为自动空气开关，用于接通和分断负载电路，以及控制不频繁启动的电动机；当电路发生严重的过载、短路或欠电压等故障时能自动切断电路，是广泛应用于低压配电线路中的一种保护电器。低压断路器的分类：按极数可分为单极、双极、三极和四极低压断路器；按灭弧介质可分为空气式和真空式低压断路器。

1. 低压断路器的结构与工作原理

低压断路器由三个基本部分组成：主触头、灭弧装置和脱扣器。主触头是断路器的执行元件，用于接通和分断主电路。脱扣器是断路器的感受元件，主要有过电流脱扣器、热脱扣器、欠电压脱扣器、自由脱扣器等，如图1-4所示。

低压断路器的工作原理是：利用操作机构将电路中的开关手动或电动合闸，主触头闭合，自由脱扣器将触头锁定在合闸位置上。电路出现故障时，各脱扣器感测到故障信号后，经自由脱扣器使主触头分断，从而起到保护作用。

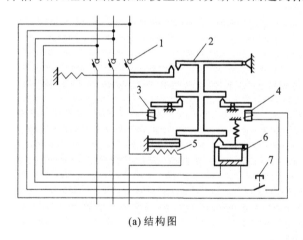
(a) 结构图

(b) 实物图

图 1-4 低压断路器

1—主触头；2—自由脱扣器；3—过电流脱扣器；4—分励脱扣器；
5—热脱扣器；6—欠电压脱扣器；7—停止按钮

当电路发生短路或严重过载时，过电流脱扣器的衔铁吸合，使脱扣机构动作，主触点断开电路；当电路过载时，热脱扣器的热元件发热使双金属片向上弯曲，推动自由脱扣机构动作；当电路欠压时，欠电压脱扣器的衔铁释放，也使得自由脱扣机构动作；分励脱扣器主要用于远距离控制，在正常工作时，其线圈是断电的；在需要远距离控制时,按下按钮,使线圈通电,衔铁带动自由脱扣机构动作,使主触点断开。

2.低压断路器的主要技术参数

（1）额定电压：即断路器在长时间工作时所能允许的最大工作电压,通常不小于电路的额定电压。

（2）额定电流：即断路器在长时间工作时所能允许的最大持续工作电流。

（3）通断能力：指断路器在规定的电压、频率以及规定的线路参数下,所能接通和分断的短路电流值。

（4）分断时间：指断路器切断故障电流所需的时间。

3.低压断路器的选择

低压断路器的主要技术参数是选择低压断路器的主要依据,一般应遵循以下规则：

（1）额定电流、电压应不小于线路、设备的正常工作电压和工作电流；

（2）热脱扣器的整定电流与所控制的负载的额定电流一致；

（3）欠电压脱扣器的额定电压等于线路的额定电压；

（4）过流脱扣器的额定电流不小于线路的最大负载电流。

1.3 熔断器

熔断器是一种基于电流热效应和发热元件热熔断原理设计的电器元件,当电流超过额定值一定时间后,发热元件产生的热量使熔体迅速熔化而切断电路。熔断器具有结构简单、体积小、使用方便、维护方便、分断能力较高、限流性能良好等特点,广泛地应用于电气设备的短路保护和过流保护中。

1.3.1 熔断器的结构与工作原理

熔断器主要由熔体、熔断管及导电部件三部分组成。其中,熔体是主要组成部分,它既是感测元件又是执行元件；一般由易熔金属材料（铅、锡、锌、银、铜及其合金）制成丝状、片状、带状或笼状,串联于被保护电路中。熔断管一般由硬质纤维或瓷质绝缘材料制成半封闭式或封闭式管状外壳,熔体装于其内,其作用是便于安装熔体和利于熔体熔断后熄灭电弧；熔断管中的填料一般使用石英砂,起分断电弧且吸收热量的作用,可使电弧迅速熄灭。

熔断器工作时熔体串联在被保护电路中,负载电流流过熔体,熔体发热。当电路正常工作时,熔体的最小熔化电流大于额定电流,熔体不会熔断；当电路发生短路或过电流时,熔体的最小熔化电流小于电路工作电流,熔体的温度升高并逐渐达到熔体金属熔化温度,熔体自行熔断,从而分断故障电路,起到保护作用。

1.3.2 熔断器的保护特性

熔断器的保护特性亦称熔化特性,是指流过熔体的熔化电流与熔化时间之间的关系,如图 1-5 所示。在保护特性中,有一条熔断电流与不熔断电流的分界线,与之对应的电流就是最小熔化电流 $I_{\min}$ 和熔体额定电流 I_{N}。当通过熔体的电流大于或等于 $I_{\min}$ 时,熔体熔断;当通过熔体的电流小于 $I_{\min}$ 时,熔体不熔断;在通过熔体的电流是额定电流 I_{N} 时,熔体不熔断。熔断器的保护特性,具有反时限特性,即流过熔体的电流越大,熔断时间越短;在一定的过载电流范围内,熔断器不会立即熔断,可继续使用。

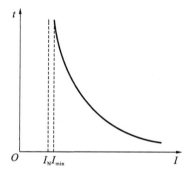

图 1-5 熔断器的保护特性

定义 $K_{\mathrm{r}} = I_{\min}/I_{\mathrm{N}}$ 为熔断器的熔化系数,即最小熔化电流 $I_{\min}$ 与熔体额定电流 I_{N} 的比值,用来反映熔断器保护小倍数过载时的灵敏度。当小倍数过载时,K_{r} 较小,过载保护有利,但不宜太小;若 K_{r} 接近于 1,熔体在额定电流下的工作温度将会过高,而且还可能因为保护特性本身的误差而发生熔体在额定电流下也熔断的现象,从而影响熔断器工作的可靠性。

熔化系数主要取决于熔体的材料、结构以及工作温度。不同材料的熔断器有着不同的熔断特性。低熔点的金属材料(如铅锡合金、锌等)作为熔体时,熔化所需热量小,熔化系数较小,有利于过载保护;但由于电阻系数较大、熔体截面积较大,熔断时易产生较多的金属蒸汽不利于灭弧,不利于分断,因此分断能力较低。高熔点的金属材料(如银、铝、铜等)作为熔体时,熔化所需热量大,熔化系数较大,熔断器易过热,且不利于过载保护;但由于电阻系数低、熔体截面积较小,有利于灭弧,因此分断能力高。因此,不同熔体材料的熔断器,在电路中起保护作用的侧重点是不同的。

1.3.3 熔断器的主要参数及选择

1.熔断器的主要参数

1)额定电压

指熔断器长期工作时和分断后能够承受的电压,其值一般等于或大于电气设备的额定电压。熔断器的交流额定电压有 220 V、380 V、415 V、500 V、600 V、1140 V;直流额定电压有 110 V、220 V、440 V、800 V、1000 V、1500 V。

2)额定电流

指熔断器长期工作时,各部件温升不超过规定值时所能承受的电流。额定电流有两种:一种是熔断管的额定电流,也称熔断器额定电流;另一种是熔体的额定电流。厂家为了减少熔断管的规格,熔断管的额定电流等级比较少;熔体的额定电流等级比较多。也就是说,在一个额定电流等级的熔断管内可以分几个额定电流等级的熔体,但熔体的额定电流最大不能超过熔断管的额定电流。

3)极限分断能力

极限分断能力是指在规定的额定电压和功率因数(或时间常数)的条件下,能可靠分断的最大短路电流值。

2. 熔断器的选择

熔断器的选择主要是对熔断器类型的选择和熔体额定电压、电流的选择。

1)熔断器类型的选择

选择熔断器类型的主要依据是:使用场合、负载的保护特性以及短路电流的大小。对于容量小的电动机和照明支路,一般考虑过载保护,通常选用铅锡合金熔体的 RQA 系列的熔断器;对于容量较大的电动机和照明干路,则需着重考虑短路保护和分断能力,通常选用具有较高分断能力的 RM10 和 RL1 系列的熔断器;当短路电流很大时,则应选用具有限流作用的 RT0 和 RT12 系列的熔断器。

2)熔体额定电压和电流的选择

(1)熔断器的额定电压必须等于或大于熔断器所在电路的额定电压。

(2)保护无启动过程的平稳负载(如照明线路、电阻、电炉等)时,熔体额定电流应略大于或等于负载电路中的额定电流。

(3)保护单台长期工作的电机的熔体电流应按最大启动电流选取,也可按下式选取:

$$I_{RN} \geqslant (1.5 \sim 2.5) I_N$$

式中:I_{RN}——熔体额定电流;

I_N——电机额定电流。

如果电机频繁启动,式中系数 1.5～2.5 适当放大至 3～3.5,具体应根据实际情况而定。

(4)保护多台设备长期工作的电机可按下式选取:

$$I_{RN} \geqslant (1.5 \sim 2.5) I_{Nmax} + \sum I_N$$

式中:I_{Nmax}——容量最大的单台电机的额定电流;

$\sum I_N$——其余电机额定电流之和。

3. 熔断器的型号和电气符号

熔断器的典型产品有 R16、R17、RL96、RLS2 系列螺旋式熔断器,RL1B 系列带断相保护螺旋式断路器,RT14 系列有填料封闭式断路器。熔断器各型号的含义和电气图形符号如图 1-6 所示。

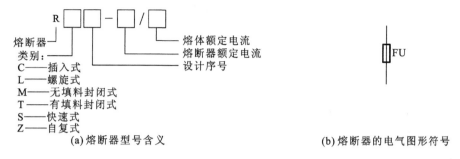

(a) 熔断器型号含义   (b) 熔断器的电气图形符号

图 1-6 熔断器

1.3.4 常用熔断器

常用熔断器主要有插入式熔断器、螺旋式熔断器、封闭式熔断器、自复式熔断器及快速熔断器等几种类型,实物图如图 1-7 所示。

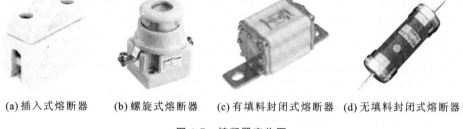

(a) 插入式熔断器   (b) 螺旋式熔断器   (c) 有填料封闭式熔断器   (d) 无填料封闭式熔断器

图 1-7 熔断器实物图

1)插入式熔断器

常用的插入式熔断器有 RC1A 系列产品,常用于 380 V 及以下的低压线路的短路保护,由于其分断能力较小,一般多用于民用和照明电路中。

2)封闭式熔断器

封闭式熔断器可分为无填料、有填料两种。无填料封闭式熔断器是将熔体装入密闭式圆筒中制成的,分断能力稍小,如 RM10 系列,主要用于低压电力网络成套配电设备中(电压等级 500 V 及以下、电流等级 600 A 及以下的电力网或配电设备)的短路保护和连续过载保护。有填料封闭式熔断器一般用方形瓷管内装石英砂及熔体制成,具有较大的分断能力,如 RT12、RT14、RT15 系列,主要用于较大电流的电力输配电系统(电压等级 500 V 及以下、电流等级 1 kA 及以下的电路)中的短路保护和连续过载保护。

3)螺旋式熔断器

螺旋式熔断器的熔管内装有石英砂或惰性气体,用于熄灭电弧,具有较高的分断能力,并带有熔断指示器,当熔体熔断时指示器自动弹出。螺旋式熔断器主要用于电压等级 500 V 及以下、电流等级 200 A 及以下的电路中,且由于有较好的抗震性能,常用于机床电气控制设备中。

4) 自复式熔断器

自复式熔断器是一种新型熔断器,如 RZ1 系列。它采用金属钠作为熔体,在常温下具有高电导率,允许通过正常的工作电流。当电路发生短路故障时,短路电流产生高温使钠迅速汽化;汽态钠呈现高阻态,从而限制了短路电流;当短路电流消失后,温度下降,金属钠重新固化,恢复原来的良好导电性能。因此,自复式熔断器的优点是不必更换熔体,能重复使用,但只能限制短路电流,不能真正切断故障电路,一般与断路器配合使用。

5) 快速熔断器

快速熔断器主要用于半导体整流元件或整流装置的短路保护,如 RS3 系列。由于半导体元件的过载能力很低,只能在极短时间内承担较大的过载电流,因此要求熔断器具有快速短路保护的能力。

1.4　接触器

接触器是用来频繁接通或分断大容量控制电路或其他交、直流负载电路的控制电器,其控制对象主要是电动机、电热设备、电焊机、电容器组等负载。接触器具有控制容量大、过载能力强、体积小、价格低、寿命长、维护方便等特点,并且可用于实现频繁的远距离自动控制,因此用途十分广泛。

1.4.1　接触器的用途及分类

接触器最主要的用途是控制电机的启动、反转、制动和调速等,因而它是电力拖动控制系统中最重要也是最常用的控制电器之一。它具有低电压释放保护功能,具有比工作电流大数倍乃至十几倍的接通和分断能力,但不能分断短路电流。它是一种执行电器,即使在先进的可编程控制器应用系统中,它一般也不能被取代。

接触器种类很多,按驱动力不同可分为电磁式、气动式和液压式,以电磁式应用最广泛;按接触器触点控制电路中的电流的不同可分为交流接触器和直流接触器两种;按其主触点的极数(即主触点的个数)不同可分为单极、双极、三极、四极和五极等多种。本节介绍电磁式接触器。

1.4.2　接触器的结构及工作原理

1.接触器的结构

图 1-8 所示的为接触器的结构示意图与实物图,它由以下五个部分组成。

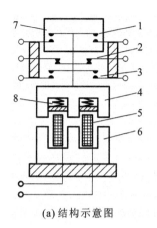

(a) 结构示意图

(b) 交流接触器CJ20系列实物图

图 1-8 交流接触器

1—主触头；2—常闭辅助触头；3—常开辅助触头；4—铁芯；
5—电磁线圈；6—静铁芯；7—灭弧罩；8—弹簧

1）电磁机构

电磁机构由吸引线圈、铁芯和衔铁组成。直动式电磁机构的铁芯一般都是双 E 形衔铁，有的衔铁采用绕轴转动的拍合式电磁机构，其作用是将电磁能转换为机械能，产生电磁吸力带动触点动作。

2）主触点和灭弧系统

根据容量不同，主触点可分为桥式触点和指形触点两种结构形式。直流接触器和电流在 20 A 以上的交流接触器均装有灭弧罩，有的还带栅片或磁吹灭弧装置，主要用于通断主电路。

3）辅助触点

辅助触点有常开和常闭两种类型，在结构上它们均为桥式双断点，其容量较小。接触器安装辅助触点的目的是使其在控制电路中起联动作用，用于和接触器相关的逻辑控制。辅助触点允许通过的电流较小，不装灭弧装置，所以它不能用来分合主电路。

4）反力装置

反力装置由释放弹簧和触点弹簧组成，且它们均不能进行弹簧松紧的调节。

5）支架和底座

支架和底座用于接触器的固定和安装。

2. 接触器的工作原理

当线圈通电后，在铁芯中产生磁通和电磁吸力。电磁吸力克服弹簧反作用力使衔铁产生闭合动作，在衔铁的带动下主触点闭合接通主电路；同时，衔铁还带动辅助触点动作，使得常闭辅助触点断开，常开辅助触点闭合。当线圈断电或电压显著降低时，电磁吸力消失或减弱,当电磁吸力小于弹簧的反作用力,衔铁释放,使得主、辅触点复位。因此,接触器通过线圈的得电与失电,带动触头的分与合,实现主电路与控制电路的接通与断开。

1.4.3 接触器的技术参数与选择

1. 接触器的主要技术参数

1) 额定电压

接触器铭牌上标注的额定电压是指主触点之间额定工作电压值,也就是主触点所在电路的电源电压。直流接触器额定电压有 110 V、220 V、440 V、660 V 等几种,交流接触器额定电压有 110 V、220 V、380 V、500 V、660 V 等几种。

2) 额定电流

接触器铭牌上标注的额定电流是指主触点在额定工作电压下的允许额定电流值。交、直流接触器的额定电流均有 5 A、10 A、20 A、40 A、60 A、100 A、150 A、250 A、400 A、600 A 等几种。

3) 线圈的额定电压

线圈的额定电压是指接触器正常工作时,吸引线圈上所加的电压值。直流接触器线圈额定电压等级有 24 V、48 V、110 V、220 V、440 V,交流接触器线圈额定电压等级有 36 V、110 V、220 V、380 V。

注意:线圈额定电压一般标注于线包上,而不是接触器铭牌上。

4) 通断能力

通断能力是指主触点在规定条件下能可靠地接通、分断的电流值,可分为最大接通电流和最大分断电流。最大接通电流是指主触点接通时不会造成触点熔焊的最大电流值;最大分断电流是指主触点断开时可靠灭弧的最大电流。

一般接通、分断电路的电流值为额定电流的 5~10 倍,且与通断电路的电压等级有关,电压越高,通断能力越弱。当然,接触器的使用类别不同对主触点的接通和分断能力的要求也不一样,而不同类别的接触器是根据其不同控制对象的控制方式所规定的。

5) 额定操作频率

额定操作频率是指每小时允许的最大操作次数。交流接触器最高为 600 次/小时,而直流接触器最高为 1200 次/小时。操作频率直接影响接触器的寿命,其原因在于:接触器在吸合瞬间,线圈将产生较大的冲击电流,若操作频率过高,线圈频繁通断,线圈长时间通过大电流将造成严重发热,直接影响接触器的正常使用。

6) 动作值

动作值可分为吸合电压和释放电压。吸合电压是指接触器吸合时,缓慢增加吸合线圈两端的电压,接触器可以吸合时的最小电压;释放电压是指接触器吸合后,缓慢降低吸合线圈的电压,接触器释放时的最大电压。一般规定,吸合电压不低于线圈额定电压的85%,释放电压不高于线圈额定电压的70%。

2.接触器的选择及符号含义

1) 接触器的选择

接触器广泛应用于各种控制系统中,应根据不同使用条件、负荷类型以及工作参数正确选用,以保证接触器可靠运行。

选用接触器的主要依据有以下几个方面。

(1)交流负载选用交流接触器,直流负载选用直流接触器。若控制系统的主要部分是交流电动机,而直流电动机或直流负载的容量较小,则选用交流接触器,但触点的额定电流应选大一些的。

(2)接触器主触点的额定电压,应不小于负载回路的额定电压。

(3)接触器主触点的额定电流,应不小于负载额定电流,在实际使用中还需考虑环境因素的影响,如柜内安装或高温条件时应适当增大接触器的额定电流。

(4)接触器吸引线圈的电压,考虑人身和设备安全,该电压值一般需选择低一些,比如36 V等;但当控制电路比较简单且用电不多时,为了节省变压器,则选用220 V、380 V。

此外,在选用接触器时还需考虑接触器的触点数量、种类等是否满足控制电路的要求。

2) 接触器型号、图形符号及其含义

接触器型号的含义如图1-9所示,在电路图中的图形符号如图1-10所示,文字符号为KM。

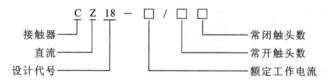

图1-9　CZ18系列接触器型号及含义

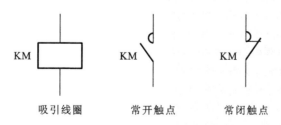

图1-10　接触器图形符号

1.5 继电器

继电器是根据输入信号的变化来接通或断开小电流控制电路,实现远距离控制和保护的自动控制电器。其输入可以是电量或非电量信号,如电流、电压、温度、时间、速度、压力等;输出是触头的动作或者是电路参数的变化。

继电器的种类繁多,按工作原理不同,可分为电磁式继电器、热继电器、感应式继电器、电动式继电器、电子式继电器等;按输入信号的性质不同,可分为电压继电器、电流继电器、时间继电器、热继电器、速度继电器、压力继电器等;按输出形式不同,可分为有触点继电器和无触点继电器;按用途不同,可分为控制用继电器和保护用继电器等。本节主要介绍几种常用的继电器。

1.5.1 电磁式继电器

电磁式继电器的结构和工作原理与电磁式接触器的相似,也是由电磁机构和触点系统组成的。继电器与接触器的主要区别在于:继电器的输入信号是多种电量或非电量信号,而接触器的输入信号只是一定的电压信号;继电器的功能是切换小电流的控制电路和保护电路,不能用来分断和接通负载电路,而接触器的功能是控制大电流的负载电路;继电器没有灭弧装置,也无主、辅触点之分。由于电磁式继电器结构简单、价格低廉、使用维护方便,因此广泛地应用于控制系统中。图 1-11 所示的为几类常用电磁式继电器的实物图。

(a) 电磁式电压继电器　　　　(b) 电磁式电流继电器　　　　(c) 中间继电器

图 1-11　几类继电器实物图

1. 电磁式电压继电器

电压继电器主要用于电力拖动系统的电压保护和控制,其触点的动作与线圈的电压大小有关。使用时继电器的线圈需并联接入主电路,触点则接于控制电路。为了防止并联在主电路的线圈分流过大,一般要求线圈的匝数多、导线细、阻抗大。按线圈电流的种类,电压继电器可分为交流电压继电器和直流电压继电器;按吸合电压大小,电压继电器可分为过电压继电器和欠电压继电器。

过电压继电器主要用于线路的过电压保护,其吸合整定值为被保护线路额定电压的 1.1～1.2 倍。当线圈为额定电压时,衔铁不产生吸合动作;只有当线圈电压高于其额定电压,达到线圈的吸合整定值时,衔铁才产生吸合动作。由于直流电路不会产生波动较大的过电压现象,所以在继电器产品中没有直流过电压继电器。交流过电压继电器在电路中做过电压保护。

欠电压继电器主要用于线路的欠电压保护,其特点是释放电压很低,在电路中做低电压保护。一般释放整定值为被保护线路额定电压的 0.4～0.7 倍。当线圈为额定电压时,衔铁可靠吸合不动作;当线圈电压降低到线圈的释放整定值时,衔铁产生释放动作,触点复位,控制接触器及时分断被保护电路。

电压继电器的图形符号如图 1-12 所示,文字符号为 KV,其中图 1-12(a)所示的为过电压继电器的线圈与常开、常闭触点的符号,图 1-12(b)所示的为欠电压继电器的线圈与常开、常闭触点的符号。

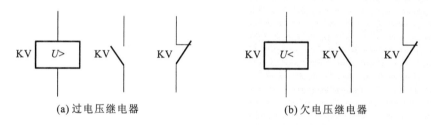

(a) 过电压继电器　　　　　　　　　　(b) 欠电压继电器

图 1-12　电压继电器

选用电压继电器时,首先要注意线圈电流的种类和电压等级应与控制电路的一致;其次是根据在控制电路中的作用(是过电压还是欠电压)选型;最后要按控制电路的要求选择触点的类型(是常开还是常闭)和数量。

2.电磁式电流继电器

电流继电器主要用于电力拖动系统的电流保护和控制,其触点的动作与线圈的电流大小有关。使用时继电器的线圈需串联接入主电路,触点则接于控制电路。为了减小串联在主电路的线圈分压的影响,一般要求线圈的匝数少、导线粗、阻抗小。按线圈电流的种类不同,电流继电器可分为交流电流继电器和直流电流继电器;按吸合电流大小不同,电流继电器可分为过电流继电器和欠电流继电器。

过电流继电器主要用于线路的过电流保护,其电流整定值为被保护线路额定电流的 1.1～3.5 倍。正常工作时,线圈中流有负载电流,当电路产生冲击性的、低于整定值的过电流时,衔铁不产生吸合动作;只有当电流高于其额定电流,且达到线圈的电流整定值时,衔铁才产生吸合动作,从而带动触点动作,控制电路失电,对电路起过电流保护作用。在电力拖动系统中,冲击性的过电流故障时有发生,常采用过电流继电器做电路的过电流保护。

欠电流继电器主要用于线路的欠电流保护，其特点是释放电流低，在电路中做低电流保护。一般吸引电流为额定电流的 0.3～0.65 倍，释放电流为额定电流的 0.1～0.2 倍。当电路正常工作时，衔铁可靠吸合不动作；只有当线圈电流降低到线圈的释放整定值时，衔铁产生释放动作，触点复位，控制电路失电，从而控制接触器及时分断被保护电路。在直流电路中，由于某种原因而引起负载电流的降低或消失往往导致严重的后果（如直流电动机的励磁回路断线），因而在电流继电器产品中有直流低电流继电器，而没有交流低电流继电器。

电流继电器图形符号如图 1-13 所示，文字符号为 KI。其中图 1-13(a)所示的为过电流继电器的线圈与常开、常闭触点的符号，图 1-13(b)所示的为欠电流继电器的线圈与常开、常闭触点的符号。选用电流继电器时，首先要注意线圈电流的种类和等级应与负载电流一致；其次是根据对负载的保护作用（是过电流还是低电流）来选用电流继电器的类型；最后要根据控制系统的要求选择触点的类型（是常开还是常闭）和数量。

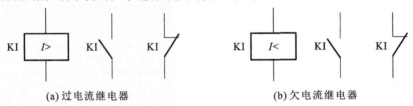

(a) 过电流继电器　　　　　　　　(b) 欠电流继电器

图 1-13　电流继电器

3. 中间继电器

中间继电器触点数量较多，其作用主要是将一个输入信号变成多个输出信号或将输入信号放大，属于电压继电器的一种。在电路中，中间继电器主要用于扩展触点的数量，实现逻辑控制。中间继电器的结构原理与接触器的相似，也有交、直流之分，分别对应用于交流控制电路和直流控制电路。

中间继电器的主要技术参数有额定电压、额定电流、触点对数以及线圈电压种类和规格等。选用时要注意线圈的电流种类和电压等级应与控制电路的一致。另外，要根据控制电路的需求来确定触点的形式和数量。当一个中间继电器的触点数量不够用时，也可以将两个中间继电器并联使用，以增加触点的数量。

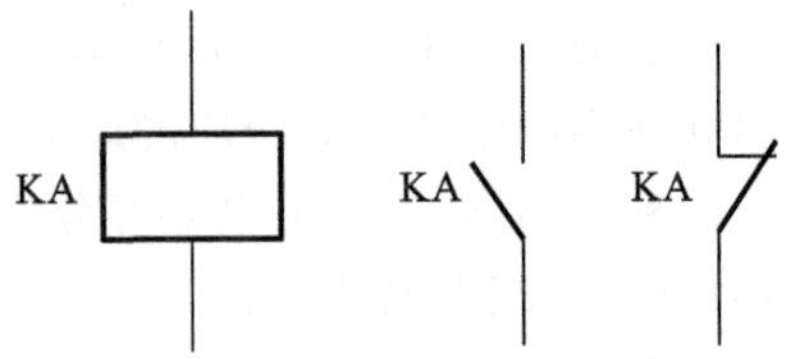

图 1-14　中间继电器

中间继电器的图形符号如图 1-14 所示，文字符号为 KA。

常用的中间继电器有 JZ7 系列。以 JZ7-62 为例，JZ 为中间继电器的代号，7 为设计序号，有 6 对常开触点，2 对常闭触点。表 1-2 所示的为 JZ7 系列中间继电器的主要技术数据。

表 1-2　JZ7 系列中间继电器的技术数据

型　号	触点额定 电压/V	触点额定 电流/A	触点对数		吸引线圈 电压/V	额定操作 频率/(次/小时)
			常开	常闭		
JZ7-44			4	4		
JZ7-62	500	5	6	2	交流 50 Hz 系列为 12、36、127、220、380	1200
JZ7-80			8	0		

新型中间继电器触点在闭合过程中,其动、静触点间有一段滑、滚压过程。该过程可以有效地清除表面的各种生成膜及尘埃,减小了接触电阻,提高了接触可靠性。有的还装了防尘罩或采用密封结构,也是提高可靠性的措施。有些中间继电器安装在插座上,插座有多种型号可供选择;有些中间继电器可直接安装在导轨上,安装和拆卸均很方便。

4. 时间继电器

从得到输入信号(线圈的通电或断电)开始,经过一定的延时后才输出信号(触点的闭合或断开)的继电器,称为时间继电器。

时间继电器的延时方式有两种,即通电延时型和断电延时型。通电延时型时间继电器:接收输入信号后延迟一定的时间,输出信号才发生变化;当输入信号消失后,输出信号瞬时复原。也就是说,线圈通电吸合后触点延时动作,线圈失电,触点瞬时复位。断电延时型时间继电器:接收输入信号时,瞬时产生相应的输出信号;当输入信号消失后,延时一定的时间,输出信号才发生变化。也就是说,线圈断电释放后触点延时动作,线圈得电,触点瞬时复位。时间继电器常开、常闭触点可以通电延时或断电延时,因此延时动作触点共有四类。时间继电器也有瞬时动作触点,其图形符号如图 1-15 所示,文字符号为 KT。

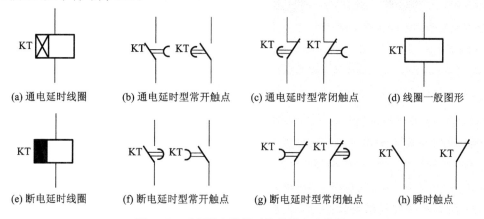

(a) 通电延时线圈　　(b) 通电延时型常开触点　　(c) 通电延时型常闭触点　　(d) 线圈一般图形

(e) 断电延时线圈　　(f) 断电延时型常开触点　　(g) 断电延时型常闭触点　　(h) 瞬时触点

图 1-15　时间继电器图形符号及文字符号

在区别触点符号类别时要注意两点：一是触点的动作类别，即是动合触点还是动断触点，它的区别方法与瞬动触点相同；另一个是触点的延时类别，即是通电延时还是断电延时，这一点可通过图形符号中类似于圆弧的图形要素来区分，从圆弧顶向圆心移动的方向就是触点延时动作的方向，如图 1-16 所示。

指向触点延时动作的方向

图 1-16　时间继电器触点的延时符号要素及含义

传统的时间继电器是利用电磁原理或机械动作原理实现触点延时接通或断开，其种类繁多，常用的有电磁式、电动式、空气阻尼式等时间继电器。传统的时间继电器普遍存在延时时间较短、准确度较低等缺点，一般多用于延时精度要求不高的场合。

随着电子技术的发展，电子式时间继电器近几年发展十分迅速，这类时间继电器除执行器件外，均由电子元件组成，没有机械部件，因而具有寿命长、精度高、体积小、延时范围大，控制功率小等优点，已得到广泛应用。

目前，一些厂家生产的 JS14P、JS14S、JS11S 和 JS11 系列电子式时间继电器均采用拨码开关整定延时时间，采用显示器件直接显示定时时间和工作状态，具有直观、准确、使用方便等特点，其具体技术参数可查阅产品说明书。几类时间继电器实物如图 1-17 所示。

图 1-17　时间继电器的实物图

此外，已有厂家引进了目前国际上最新式的 ST 系列超级时间继电器，其内部装有时间继电器专用的大规模集成电路，并使用高质量薄膜电容器和陶瓷可变电阻器，减少了元器件的数量，缩小了体积，增加了可靠性，提高了抗干扰能力；另外，采用了高精度振荡电路和高频率分频电路，保证了高精度和长延时。因此，它是一种体积小、质量轻、可靠性极高的小型时间继电器。

1.5.2　热继电器

1. 热继电器功能与分类

在电力拖动控制系统中，当三相交流电动机出现长期带负荷欠电压运行、长期过载运行以及长期单相运行等不正常情况时,电动机绕组会发生过热现象。该现象将加剧电动机绕组绝缘的老化,缩短电动机的使用年限,严重时会烧毁电动机。因此,为了充分发挥电动机的过载能力,保证电动机的正常启动和运转,必须对电动机进行过载保护。热继电器是一类用作电动机的过载保护及断相保护的电器元件。当电动机出现长时间过载或长期单相运行等不正常情况时,热继电器能自动切断电路,从而起到保护电动机的作用。

热继电器主要利用电流的热效应原理以及发热元件热膨胀原理设计而成,用于实现三相交流异步电动机的过载保护。但由于热继电器中发热元件有热惯性,在电路中不能做瞬时过载保护,更不能做短路保护。因此,它不能替代电路中的熔断器和过电流继电器。

按相数来分,热继电器有单相、两相以及三相式三种类型。其中,三相式热继电器常用于三相交流电动机做过载保护。按发热元件的额定电流的不同,每种类型又有不同的规格和型号。按功能来分,三相式热继电器又有不带断相保护和带断相保护两种类型。

2. 热继电器的保护特性

热继电器的触点动作时间与被保护的电动机过载程度有关。因此,在分析热继电器工作原理之前,必须先明确电动机的过载特性。电动机过载特性是指电动机的过载电流与电动机通电时间的关系,它反映了电动机过载程度。当电动机运行中出现过载电流时,绕组发热,根据热平衡关系,在允许温升条件下,电动机通电时间与其过载电流的平方成反比。因此,电动机的过载特性具有反时限特性,如图 1-18 中的曲线 1 所示。

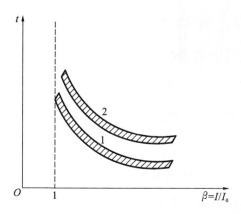

图 1-18　电动机的过载特性和热继电器的保护特性及其配合

为了适应电动机的过载特性且起到过载保护作用,要求热继电器也应具有类似电动机过载特性的反时限特性。热继电器的保护特性是指通过的过载电流与热继电器触点动作时间的关系,如图 1-18 中的曲线 2 所示。热继电器中含有电阻性发热元件,当过载电流通过热继电器时,发热电阻产生的热效应和热膨胀效应使感测元件动作,从而带动热继电器的触点动作,实现保护作用。

考虑到各种误差的影响,电动机的过载特性和继电器的保护特性都不可能是一条曲线,而是一条带子。当误差越大时,带子越宽;误差越小时,带子越窄。

由图 1-18 中的曲线 1 可知,电动机出现过载时,工作在曲线 1(电动机过载特性曲线)的下方是安全的。因此,热继电器的保护特性应在电动机过载特性的邻近下方。当发生过载时,热继电器就会在电动机未达到其允许过载极限之前动作,切断电动机电源,使之免遭损坏。

3. 热继电器工作原理

热继电器主要由热元件、双金属片、触头系统等组成。热元件是热继电器中产生热效应的部件,应串联于电动机电路中,从而直接反映电动机的过载电流。双金属片是热继电器的感测元件,它是由两种不同线膨胀系数的金属片通过机械碾压而成。线膨胀系数大的称为主动层,线膨胀系数小的称为被动层。双金属片受热后产生线膨胀,由于两层金属的线膨胀系数不同,且两层金属又紧密地贴合在一起,因此,发热后使得双金属片向被动层一侧弯曲,由双金属片弯曲产生的机械力带动触头动作,如图 1-19 所示。

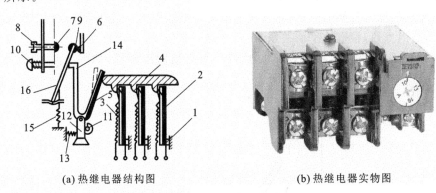

(a) 热继电器结构图　　　　　　(b) 热继电器实物图

图 1-19　热继电器

1—主双金属片固定端;2—主双金属片;3—加热元件;4—导板;5—补偿双金属片;6—常闭触点;
7—常开触点;8—复位螺钉;9—动触点;10—手动复位按钮;11—调节旋钮;12—支撑件;
13—压簧;14—推杆;15—复位弹簧;16—动触点连杆

热继电器的工作原理:当电动机正常运行时,热元件产生的热量虽能使双金属片产生弯曲,但还不足以带动继电器的触点动作。当电动机过载时,热元件产生热量增大,使双金属片弯曲位移增大,经过一定时间后,双金属片弯曲到推动导板,并通过补偿双金属片与推杆使得常闭触点断开,致使接触器线圈失电,接触器的主触点断开电动机的电源以保护电动机。热继电器动作后一般不能自动复位,需等到双金属片冷却后按下复位按钮才能复位,设置复位按钮的目的在于防止回路中故障还未排除时,热继电器自行恢复再次引起事故。热继电器动作电流可以通过旋转凸轮来调节。

在电气原理图中,热继电器的热元件、触点的图形符号和文字符号如图 1-20 所示。

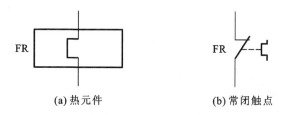

(a) 热元件　　　　　　　(b) 常闭触点

图 1-20　热继电器的图形和文字符号

4. 热继电器的技术参数及常用产品

热继电器的主要技术参数有额定电压、额定电流、相数、热元件额定电流、整定电流以及调节范围等。热继电器的整定电流是指热继电器的热元件允许长期工作而不致引起继电器动作的最大电流值。通常热继电器的整定电流是根据电动机的额定电流整定的。对于某一热元件,可通过调节电流旋钮,在一定范围内调节其整定电流。

常用的热继电器有 JR16、JR20、JRS1 等系列,其中 JR20、JRS1 系列具有断相保护功能。引进产品有 T 系列(德国 ABB 公司)、3UA 系列(西门子公司)、LR1-D(法国 TE 公司)等系列产品。每一系列的热继电器一般只能和相适应系列的接触器配套使用,如 JR20 系列热继电器与 CJ20 接触器配套使用,3UA 系列热继电器与 3TB/3TF/3TW 等系列接触器配套使用,T 系列热继电器与 B 系列接触器配套使用等,但也有例外情况。

常用的 JRS1 系列和 JR20 系列热继电器的型号含义如图 1-21 所示。

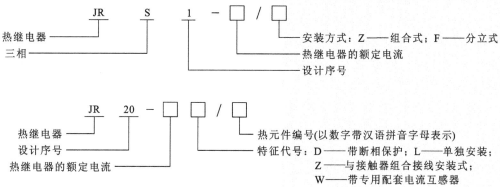

图 1-21　JRS1 和 JR20 系列热继电器的型号含义

5. 热继电器的选用

热继电器选用是否得当,直接影响着对电动机进行过载保护的可靠性。通常选用时应按电动机形式、工作环境、启动情况及负载情况等几方面综合加以考虑。

(1) 原则上热继电器的额定电流应按电动机的额定电流选择。

(2) 对于过载能力较差的电动机,其配合的热继电器(主要是发热元件)的额定电流可适当小些。通常,选取热继电器的额定电流(实际上是选取发热元件的额定电流)为电动机额定电流的 $60\%\sim80\%$。

(3) 在不频繁启动的场合,要保证热继电器在电动机的启动过程中不产生误动作。通常,当电动机启动电流为其额定电流 6 倍以及启动时间不超过 6 s 且很少连续启动时,就可按电动机的额定电流选取热继电器。

(4) 当电动机为重复且短时工作制时,要注意确定热继电器的允许操作频率。因为热继电器的操作频率是很有限的,如果用它保护操作频率较高的电动机,效果很不理想,有时甚至不能使用。

对于可逆运行和频繁通断的电动机,不宜采用热继电器保护,必要时可以选用装入电动机内部的温度继电器。

1.5.3 信号继电器

1. 温度继电器

根据电流热效应可知,电动机运行时,其绕组会发热升温。当电动机出现过载时,为防止温升过高烧坏绕组,热继电器可以实现电动机过载保护。当电动机不过载时,若电网电压出现不正常的升高,或者电动机环境温度过高以及通风不良等,也会导致绕组升温过高。在这些情况下,热继电器则无能为力,它不能正常反映电动机的故障状态。为此,需要一种利用发热元件间接反映绕组温度并根据绕组进行动作的继电器,这种继电器称为温度继电器。

温度继电器采用双金属片作为动作元件,结构简单小巧、导热性能较好。当温度继电器用于电动机保护时,应预先埋设在电动机发热部位。一般先将温度继电器埋入绕组中,再将绕组浸漆,从而保证良好的热偶合性能。当温度继电器用于介质温度控制时,应将温度继电器直接埋入被控介质中。当某种原因致使绕组温度或介质温度迅速升高时,温度继电器立即感受到温度的升高,并通过外壳将温度传到内部的双金属片,双金属片感温而逐渐积蓄能量。当温度继电器感测到的温度达到额定动作温度时,双金属片立即瞬时动作,断开常闭触头,切断控制电路,起到保护作用。当电动机绕组温度或介质温度冷却到继电器复位温度时,温度继电器又能自动复位,重新接通控制电路。

温度继电器大体上有两种类型:一种是双金属片式温度继电器;另一种是热敏电

阻式温度继电器。

JW2 系列温度继电器是一种双金属片式温度继电器,其组成结构如图 1-22 所示。它采用封闭式结构,内部有盘式双金属片 2,由两层线膨胀系数不同的金属贴合而成。当双金属片受热后产生线膨胀,由于两层金属的线膨胀系数不同,使得双金属片向被动层一侧弯曲,由双金属片弯曲产生的机械力带动触点动作。

双金属片 2 左面为主动层,右面为被动层。动触点 8 铆在双金属片上,且经由导电片 3、外壳 1 与连接片 9 相连,静触点 6 与连接片 4 相连。当电动机发热部件温度升高时,产生的热量通过外壳 1 传导给其内部的双金属片,当达到一定温度时双金属片开始变形,双金属片及动触点向图中左方瞬动地跳开,从而控制接触器使电动机断电以达到过热保护的目的。当故障排除后,发热部件温度降低,双金属片反向弹回使触点重新复位。双金属片式温度继电器的动作温度是以电动机绕组绝缘等级为基础来划分的。它共有 50 ℃、60 ℃、70 ℃、80 ℃、95 ℃、105 ℃、115 ℃、125 ℃、135 ℃、145 ℃和 165 ℃等 11 个规格。继电器的返回温度因动作温度而异,一般比动作温度低 5～40 ℃。

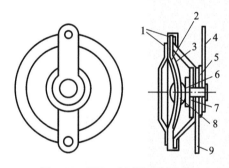

图 1-22　JW2 系列温度继电器
1—外壳;2—双金属片;3—导电片;4,9—连接片;
5,7—绝缘片;6—静触点;8—动触点

双金属片式温度继电器用做电动机保护时,需将其埋设在电动机定子槽内、绕组端部等发热部位,以便直接反映发热部位的发热情况。当电动机本身出现过载电流,或者其他原因引起电动机温度升高时,温度继电器都可以直接起到保护作用。因此,温度继电器起到"全热保护"作用。此外,双金属片式温度继电器因价格便宜,常用于热水器外壁、电热锅炉炉壁的过热保护。

双金属片式温度继电器的缺点是:加工工艺复杂,双金属片容易老化,而且由于体积偏大往往多置于绕组的端部,故很难直接反映温度上升的情况,以致发生动作滞后的现象。同时,也不宜保护高压电动机,因为过强的绝缘层会加剧动作的滞后现象。

2. 速度继电器

按速度原则动作的继电器,称为速度继电器。它主要应用于三相笼型异步电动机的反接制动中,因此又称为反接制动控制器。感应式速度继电器是靠电磁感应原理实现触点动作的,其结构原理如图 1-23(a)所示。

感应式速度继电器主要由定子、转子和触点三部分组成,定子的结构与笼型异步电动机的定子相似,是一个笼型空心圆环,由硅钢片叠制而成,并装有笼型绕组;转子是一个圆柱形永久磁铁。感应式速度继电器的工作原理:速度继电器转子的轴与被控电动机的轴相连接,转子固定在轴上,定子与轴同心空套在转子上。当电动机转动时,速度继电器的转子随之转动,绕组切割磁力线产生感应电动势和感生电流,此电流和永久磁铁的磁场作用产生转矩,使定子向轴的转动方向偏摆,通过定子柄拨动触点,使常闭触点断开、常开触点闭合。当电动机转速下降低于某一数值时,定子产生的转矩减小,定子柄在弹簧力的作用下恢复原位,触点返回到原来位置。速度继电器根据电动机的额定转速进行选择。速度继电器的图形、文字符号以及实物图分别如图 1-23(b)、(c)所示。

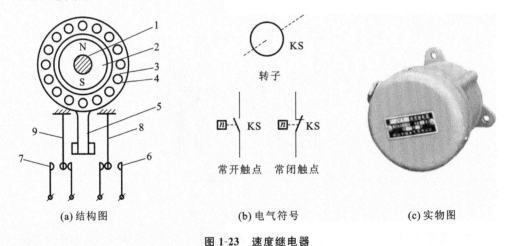

(a) 结构图　　　　　(b) 电气符号　　　　　(c) 实物图

图 1-23　速度继电器

1—电动机轴;2—转子;3—定子;4—定子绕组;

5—定子柄;6,7—静触点;8,9—簧片

常用的感应式速度继电器有 JY1 和 JFZ0 系列。JY1 系列能在 3000 r/min 的转速下可靠工作。JFZ0-1 型适用于 300～1000 r/min,JFZ0-2 型适用于 1000～3600 r/min。一般感应式速度继电器转轴在 120 r/min 左右时触点动作,在 100 r/min 左右时触点恢复正常位置。

3. 液位继电器

液位继电器是控制液面的继电器,根据液位的高低变化来控制电动机的启停。当液面达到一定高度时继电器就会动作切断电源;液面低于一定位置时接通电源使水泵工作。液位继电器主要用于控制锅炉和水柜的水泵电动机启停。浮球式液位继电器的结构如图 1-24 所示。

浮筒置于被控锅炉或水柜内,浮筒的一端有一根磁钢,锅炉外壁装有一对触点,动触点的一端也有一根磁钢,它与浮筒一端的磁钢相对应。当锅炉或水柜内的水位降低到极限时,浮筒下落使磁钢端绕支点 A 上翘。由于磁钢同性相斥的作用,使动触点的磁钢端被斥下落,通过支点 B 使触点 1—1 接通、2—2 断开;反之,水位升高到上限位置时,浮筒上浮使触点 2—2 接通、1—1 断开。显然,液位继电器的安装位置决定了被控对象的液位,它主要用于不明确的液位控制场合。

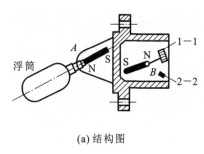
(a) 结构图

(b) 实物图

图 1-24 浮球式液位继电器

4. 压力继电器

压力继电器是利用气体或液体的压力来启闭电气触点的压力/电气转换元件。当系统压力达到压力继电器的调定值时,发出电信号,使电气元件(如电磁铁、电机、时间继电器、电磁离合器等)动作,使气路或油路卸压、换向,执行元件实现顺序动作,或关闭电动机使系统停止工作,起安全保护作用等。注意:压力继电器必须安装在压力有明显变化的地方才能输出信号。若将压力继电器放在回气或回油路上,由于回油路直接接回油箱,回气路直接接空压机,压力没有变化,所以压力继电器不会工作。压力继电器有柱塞式、膜片式、弹簧管式和波纹管式等四种结构形式。下面将简要介绍柱塞式压力继电器的工作原理,其结构如图 1-25 所示。

柱塞式压力继电器的压力油从进油口进入,并作用于柱塞的底部,当压力达到弹簧的调定值时,克服弹簧阻力和柱塞表面摩擦力,推动柱塞上移,此位移通过杠杆放大后推动微动开关动作,发出电信号。

压力继电器发出电信号的最低压力和最高压力间的范围称为调压范围。改变弹簧的压缩量,可以调节继电器的动作压力;拧动调节螺钉即可调整工作压力。压力继电器发出电信号时的压力,称为开启压力;切断电信号时的压力称为闭合压力。由于开启时摩擦力的方向与油压力的方向相反,闭合时方向相同,故开启压力大于闭合压力,两者之差称为压力继电器通断调节区间。压力继电器通断调节区间应有一定的范

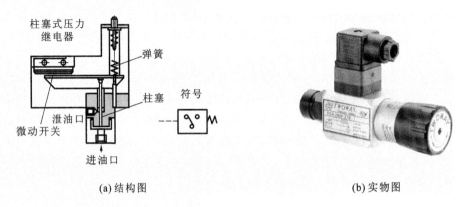

(a) 结构图   (b) 实物图

图 1-25　柱塞式压力继电器

围,否则,系统产生压力脉动时,压力继电器发出的电信号会时断时续。中压系统中使用的压力继电器调节区间一般为 0.35~0.8 MPa。

1.6　主令电器

主令电器是用来接通和分断控制电路,以发布命令或对生产过程作程序控制的开关电器,用以控制电力拖动系统中电动机的启停、制动以及调速等。主令电器用于控制电路,不能直接分合主电路。主令电器种类繁多,应用十分广泛;主要包括控制按钮(简称按钮)、行程开关、接近开关、万能转换开关和主令控制器等。本节将介绍几种常用的主令电器。

1.6.1　按钮开关

1. 按钮开关的结构及工作原理

按钮开关简称按钮,是一种结构简单、应用十分广泛的手动主令电器。在电气自动控制电路中,按钮开关用于手动发出控制信号和接通或断开控制电路。

按钮开关一般由按钮帽、复位弹簧、桥式触点和外壳等部分组成,通常做成复合式,即具有常闭触点和常开触点,如图 1-26 所示。按钮中触点的形式和数量根据需要可以装配成 1 对常开常闭到 6 对常开常闭的形式。接线时,也可以只接常开或常闭触点。当按下按钮形状时,常闭触点先断开,常开触点后闭合。按钮释放时,在复位弹簧作用下,按钮开关触点按相反顺序自动复位。

2. 按钮开关的分类及型号含义

按钮开关的结构种类很多,有普通揿钮式、蘑菇头式、自锁式、自复位式、旋柄式、带指示灯式、带灯符号式及钥匙式等多种按钮;在组合形式上有单钮、双钮、三钮等组

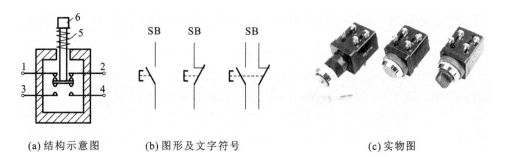

(a) 结构示意图　　　　(b) 图形及文字符号　　　　(c) 实物图

图 1-26　按钮开关

1,2—常闭触点;3,4—常开触点;5—复位弹簧;6—按钮帽

合形式,一般采用积木式结构;有的产品可通过多个元件的串联增加触头对数。还有一种按钮是自动式按钮,按下后即可自动保持闭合位置,断电后才能打开。可根据使用场合和具体用途来选用。

为了标明各个按钮的作用、避免误操作,通常将按钮帽做成不同的颜色,以示区别;按钮颜色有红、绿、黑、黄、蓝、白等不同,其中红色的表示停止按钮,绿色的表示启动按钮等,如表 1-3 所示。按钮开关的主要参数有形式及安装孔尺寸,触头数量及触头的电流容量在产品说明书中都有详细说明。常用的国产产品有 LAY3、LAY6、LA20、LA25、LA38、LA101、LA115 等系列。国外进口及引进产品品种亦很多,几乎所有大的国外低压厂商都有产品进入我国市场,并有一些结构新颖的新品种。

按钮开关在选择使用时,一般主要考虑使用点数和按钮帽的颜色等因素。

表 1-3　控制按钮颜色及其含义

颜　　色	含　　义	典 型 应 用
红色	危险情况下的操作	紧急停止
	停止或分断	停止一台或多台电动机,停止一台机器的一部分,使电器元件失电
黄色	应急或干预	抑制不正常情况或中断不理想的工作周期
绿色	启动或接通	启动一台或多台电动机,启动一台机器的一部分,使电器元件得电
蓝色	上述几种颜色未包括的任一种功能	—
黑色、灰色、白色	无专门指定功能	可用于停止和分断上述以外的任何情况

1.6.2　行程开关

根据行程位置来切换电路的电器称为行程开关,又称限位开关或位置开关。它是一种利用生产机械某些运动部件的碰撞来发出控制命令的主令电器,广泛用于各类机床、起重机械及轻工机械的行程控制,用以控制其运动方向、速度、行程或进行终端限位保护。当生产机械运动到某一预定位置时,行程开关通过机械可动部分的动作,将机械信号转换为电信号,以实现对生产机械的控制,限制它们的动作和位置,借此对生产机械给予必要的保护。

行程开关按其结构可分为直动式、滚轮式、微动式和组合式。

行程开关的主要参数有动作行程、工作电压及触头的电流容量等,在产品说明书中都有详细说明。一般用途行程开关,如 JW2、LX19、LXK3、JLXK1、XCK、3SE3、LXZ1、DTH、DZ-31 等系列,主要用于机床及其他生产机械、自动生产线的限位和程序控制。起重设备用行程开关,如 LX22、LX33、LX36 系列,主要用于限制起重设备及各种冶金辅助机械的行程。

行程开关的图形和文字符号如图 1-27 所示。

(a) 常开触点　　　　(b) 常闭触点　　　　(c) 复合触点

图 1-27　行程开关符号

1. 直动式行程开关

直动式行程开关的结构原理与按钮开关的相似,如图 1-28(a)所示,其触点的分合速度取决于生产机械的运行速度,不宜用于速度低于 0.4 m/min 场合。当移动速度低于 0.4 m/min 时,触点分断太慢,易受电弧烧损。此时,应采用有盘形弹簧机构瞬时动作的滚轮式行程开关。当生产机械的行程比较小且作用力也很小时,可采用具有瞬时动作和微小行程的微动式行程开关。

2. 滚轮式行程开关

滚轮式行程开关的结构原理如图 1-29(a)所示。当运动机械的挡铁(撞块)撞击带有滚轮的撞杆时,传动杠连同转轴一同转动,使凸轮推动撞块,当撞块碰压到一定位置时,推动微动开关快速动作。当滚轮上的挡铁移开后,复位弹簧就使行程开关复位。这种是单轮自动恢复式行程开关。而双轮旋转式行程开关不能自动复原,它是依靠运动机械反向移动时,挡铁碰撞另一滚轮将其复原。

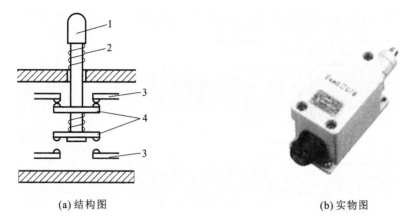

(a) 结构图 　　　　　　　　　(b) 实物图

图 1-28　直动式行程开关

1—推杆；2—弹簧；3—动断触点；4—动合触点

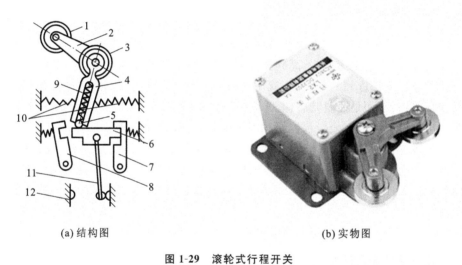

(a) 结构图 　　　　　　　　　(b) 实物图

图 1-29　滚轮式行程开关

1—滚轮；2—上转臂；3—盘形弹簧；4—推杆；5—小滚轮；6—擒纵件；

7,8—压板；9,10—弹簧；11—动触头；12—静触头

　　滚轮式行程开关又分为单滚轮自动复位式和双滚轮（羊角式）非自动复位式，双滚轮非自动复位式行程开关具有两个稳态位置，有"记忆"作用，在某些情况下可以简化线路。

3. 微动式行程开关

　　微动式行程开关是一种施压促动的快速转换开关。由于开关的触点间距比较小，故又称微动开关或灵敏开关，如图 1-30 所示，常用的有 LXW-11 系列产品。微动式行程开关适用于生产机械的行程比较小且作用力也很小的场合。

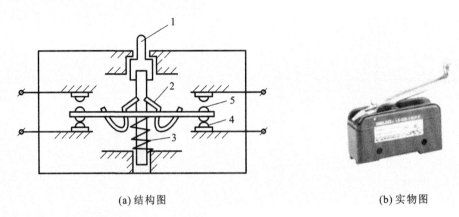

(a) 结构图　　　　　　　　　　　　　(b) 实物图

图 1-30　微动式行程开关

1—推杆；2—弹簧；3—压缩弹簧；4—常闭触点；5—常开触点

1.6.3　接近开关

随着电子技术的发展，出现了非接触式的行程开关，即接近开关。接近开关又称无触点行程开关，它由感应头、高频振荡器、放大器以及外壳等组成。当某种物体与接近开关的感应头接近到一定距离，就使其输出一个电信号。它不像机械行程开关那样需要施加机械力，而是通过其感应头与被测物体间介质能量的变化来获取信号。接近开关的应用已远超出一般行程控制和限位保护，它还是一种非接触型的检测装置，常用作检测零件尺寸、测速高速记数、变频脉冲发生器、液面控制、加工程序的自动衔接等。其优点有：工作可靠、寿命长、功耗低、复定位精度高、操作频率高以及使用寿命和恶劣环境的适应能力强等。当用于一般行程控制时，其性能也明显优于一般机械式行程开关。

按工作原理，接近开关可分为高频振荡型、电容型、霍尔型等类型。

1. 高频振荡接近开关

高频振荡接近开关是以金属触发为原理的，主要由高频振荡器、集成电路或晶体管放大电路和输出电路等三部分组成。其基本工作原理是：振荡器的线圈在开关的作用表面产生一个交变磁场，当金属目标接近这一磁场并达到感应距离时，在金属目标内产生涡流，从而导致震荡衰减，以至振荡停止。振荡器的振荡及停振的变化，经整形放大后转换成开关信号，触发驱动控制器件，从而达到非接触式检测目的。

2. 电容型接近开关

电容型接近开关主要由电容式振荡器及电子电路组成。它的电容位于传感器表面，当有导体或其他介质接近感应头时，电容值增大而使振荡器停振。振荡器的振荡及停振的变化，经整形放大后转换成开关信号，触发驱动控制器件。电容型接近开关能检测金属、非金属及液体等。

3. 霍尔型接近开关

霍尔型接近开关由霍尔元件组成,是将磁信号转换为电信号输出,其内部的磁敏元件仅对垂直于传感器端面磁场敏感,当磁极 S 正对接近开关时,接近开关的输出产生正跳变,输出为高电平;若磁极 N 正对接近开关,输出产生负跳变,输出为低电平。接近开关的图形与文字符号以及实物图如图 1-31 所示。

接近开关的工作电压有交流和直流两种,输出形式有两线、三线和四线三种,有一对常开、常闭触点,晶体管输出类型有 NPN、PNP 两种,外形有方形、圆形、槽形和分离型等多种。接近开关的主要参数有动作行程、工作电压、动作频率、响应时间、输出形式以及触点电流容量等,在产品说明书中有详细说明。接近开关的品种十分丰富,常用的国产接近开关有 3SG、LJ、CJ、SJ、AB 和 LXJ0 等系列;另外,国外进口及引进品种应用也非常广泛。

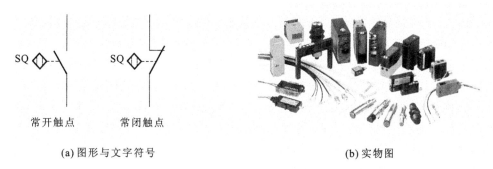

(a) 图形与文字符号   (b) 实物图

图 1-31 接近开关

1.6.4 万能转换开关

万能转换开关是一种多挡式、能控制多回路的主令电器,广泛应用于各种配电装置的电源隔离、线路转换和控制、电动机远距离控制,以及电压表、电流表的换相测量等,还可用于控制小容量的电动机的启动、调速和换向。

万能转换开关是由多组相同结构的触点组件叠装而成的多回路控制电器。图 1-32所示的为转换开关的实物图和某一层的结构示意图,由操作机构、定位装置、限位系统、接触系统、触点、面板、转轴及手柄等部件组成。触点装在绝缘基座内,接触系统采用双断点桥式结构,动触点设计成自动调整式,以保证通断时的同步性;静触点装在触点座内。定位系统采用棘轮棘爪式结构,不同的棘轮和凸轮可组成不同的定位模式,从而得到不同的开关状态,即手柄在不同的转换角度时,触头的状态是不同的。使用转换开关时,用手柄带动转轴和凸轮推动触头接通或断开。由于凸轮的形状不同,当手柄处在不同位置时,触头的吻合情况不同,从而达到转换电路的目的。转换开关手柄的操作位置是以角度来表示的,不同型号的转换开关,其手柄有不同的操作位置。这可从电气设备手册中万能转换开关的"定位特征表"中查询。

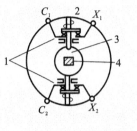 

(a) 结构示意图　　　　　　　　(b) LW6系列的实物图

图 1-32　转换开关

1—触点;2—触点弹簧;3—凸轮;4—转轴

　　常用的转换开关有 LW5 和 LW6 系列。LW5 系列可控制 5.5 kW 及以下的小容量电动机;LW6 系列只能控制 2.2 kW 及以下的小容量电动机。用于可逆运行控制时,只有在电动机停止后才允许反向启动。LW5 系列万能转换开关按手柄的操作方式可分为自复式和定位式两种。所谓自复式是指用手拨动手柄于某一挡位时,手松开后,手柄自动返回原位;定位式则是指手柄被置于某一挡位时,不能自动返回原位而停在该挡位。

　　转换开关的触点在电路图中的图形符号如图 1-33(a)所示。由于其触点的分合状态与操作手柄的位置有关,因此,除在电路图中画出触点图形符号外,还应画出操作手柄与触点分合状态的关系,如图 1-33(b)所示。

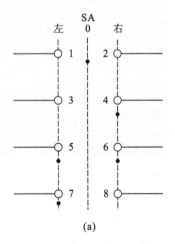

	位置		
触点	左	0	右
1—2		×	
3—4			×
5—6	×		×
7—8	×		

(a)　　　　　　　　　　　(b)

图 1-33　LW5 转换开关的图形符号及操作手柄与触点分合状态的关系

　　转换开关的图形符号有两种表示方法。一种是在电路图中采用虚线和"·"来描述,如图 1-33(a)所示,即用虚线表示操作手柄的位置;用有无"·"表示触点的闭合和断开状态,如在下方的虚线位置上有"•"表示该触点处于闭合状态。另一种方法是采用接通表来描述,如图1-33(b)所示,即用接通表来表示操作手柄处于不同位置时的触点分合状态,在接通表中用有无来表示操作手柄不同位置时触点的闭合和断开状态。图1-33(a)中,当万能转换开关打向左边时,触点5—6、7—8闭合,触点1—2、3—4打开;打向0时,只有触点1—2闭合;打向右边时,触点3—4、5—6闭合,触点1—2、7—8打开。

1.6.5 主令控制器

主令控制器又称凸轮控制器,是一种按照预定程序换接控制电路接线的主令电器。主要用于电力拖动系统中按照预定的程序分合触头。主令控制器向控制电路发出命令,通过接触器达到控制电动机的启动、制动、调速以及反转,实行远距离控制等目的;同时也可实现控制线路的连锁作用。

主令控制器一般由触头系统、操作机构、转轴、齿轮减速机构、凸轮、外壳等组成,其结构如图1-34(a)所示。主令控制器的工作原理是:当转动手柄时,方轴带动凸轮块转动,凸轮块的突出部位压动小轮8,使触头2离开静触头3,从而分断电路;当转动手柄使小轮8位于凸轮块7的凹处时,在复位弹簧的作用下,动触头和静触头闭合,接通电路。触头的分合顺序由凸轮块的形状来决定。由此可见,主令控制器的工作原理及过程与万能转换开关的相类似,都是靠可转动的凸轮来控制触头系统的动作。而且,主令控制器触点也与操作手柄的位置有关,其图形符号及触点分合状态的表示也与万能转换开关的类似,其电气符号如图1-34(b)所示。但与万能转换开关相比,主令控制器的触点容量较大,操纵挡位也较多。

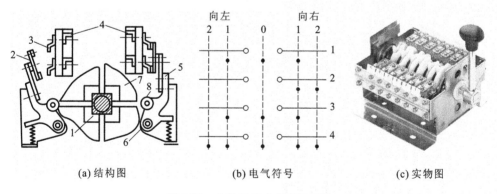

(a)结构图　　　　(b)电气符号　　　　(c)实物图

图1-34 凸轮可调式主令控制器

1—凸轮块;2—动触头;3—静触头;4—接线端子;5—支杆;

6—转动轴;7—凸轮块;8—小轮

按结构来划分,主令控制器可分为两类:凸轮可调式主令控制器和凸轮固定式主令控制器。凸轮可调式主令控制器的触头系统分合程序可随时按控制系统的要求进行编制调整,不必更换凸轮片。凸轮固定式主令控制器的触头系统分合顺序只能按指定的触头分合表的要求进行,在使用中用户不能自行调整,若需调整必须更换凸轮片。

由于主令控制器是通过接触器达到控制目的,其控制对象为二次电路,所以其触头工作电流不大。成组的凸轮通过螺杆与对应的触头系统连成一个整体,其转轴既可直接与操作机构连接,也可经过减速器与之连接。如果被控制的电路数量很多,即触头系统挡位很多,则将它们分为 2~3 列,并通过齿轮啮合机构来联系,以免主令控制器过长。主令控制器还可组合成联动控制台,以实现多点多位控制。

配备万向轴承的主令控制器可将操纵手柄在纵横倾斜的任意方位上转动,以控制工作机械(如电动行车和起重工作机械)作上下、前后、左右等方向的运动,操作控制灵活方便。

1.7 本章小结

本章直观、形象、简明扼要地介绍了电气控制中的常用低压电器的名称、主要结构、工作原理及其图形符号。它是组成电气控制线路的基础。

习题 1

1. 什么是低压电器? 按其用途,可以分成哪几类? 有哪些常用低压电器?

2. 什么是接触器? 简述电磁式接触器的工作原理,绘制其图形符号。

3. 什么是热继电器? 简述其工作原理,绘制其图形符号。

4. 什么是保护电器,常用的有哪些,分别起到什么保护作用?

5. 什么是继电器? 电流继电器、电压继电器和中间继电器在电气控制线路中各有什么作用?

6. 什么是主令电器? 在电气控制系统中起什么作用?

7. 时间继电器分哪几类? 分别说明它们的工作原理,绘制其图形符号。

8. 继电器与接触器有何异同?

9. 热继电器和熔断器的保护功能有何区别?

10. 简述低压断路器的结构与工作原理。

11. 温度继电器为什么能实现全热保护?

12. 当电动机不过载时,电网电压出现不正常的升高,或者电动机环境温度过高以及通风不良而使电动机过热时,能否采用热继电器进行保护? 为什么?

13. 简述控制按钮、行程开关、接近开关、转换开关在电路中各起什么作用。

14. 文字符号 QS、FU、KM、KV、KI、KT、FR、SB、SQ 分别代表什么电器?

2

电气控制线路基础

在工业、农业、交通运输业中,广泛存在着各种电气设备和生产机械,它们大都以各类电动机或其他执行电器(如电磁阀)作为被控对象,并通过电气控制线路对被控对象实现自动控制。电气控制线路是指按一定的控制方式用导线将继电器、接触器、按钮、行程开关、保护元件等元器件连接起来的自动控制线路。它的作用是,实现对被控对象(电动机)的启动、调速、反转和制动等运行性能的控制;实现对拖动系统的保护;在满足生产工艺要求的前提下实现生产过程自动化。

由于生产设备和生产工艺多种多样,因而所要求的电气控制线路也多样化,但是所有的控制线路都是由一些比较简单的基本控制环节组合而成的。因此,只要掌握控制线路的基本环节以及一些典型线路的工作原理、分析方法和设计方法,再结合具体的生产工艺要求,就很容易掌握复杂电气控制线路的分析和设计方法。

本章将从电气控制线路绘图、识图等基本知识,三相异步电动机的启动、调速、制动和反转等基本控制线路和一些典型控制线路,电气控制的保护线路,以及电气控制线路的简单设计方法和电气控制线路分析基础等四个方面,由浅入深、由易到难、逐层深入分析电气控制系统。

2.1 电气控制线路图的识图及绘制原则

电气控制线路是按一定的要求和方法用导线将电动机、电器元件、仪表等连接而成,以实现某种功能的电气线路。为了表达生产机械电气控制系统的结构、组成、原理等设计示意图,同时为了便于电气系统的安装、调试、使用和维修,将电气控制系统中各电器元件以及连接方式用一定的图形表达出来,这种图就称为电气控制系统图。常用的电气控制系统图一般有三种:电气原理图、电器元件布置图和电气安装接线图。在图上用不同的图形符号表示各种电器元件,用不同的文字符号来进一步说明图形符号所代表的电器元件的基本名称、用途、主要特性及编号等。各种图有其不同的用途和规定画法,应根据简明易懂的原则,采用统一规定的图形符号、文字符号和标准画法来绘制。

2.1.1 电气图形符号和文字符号

电气图示符号有图形符号、文字符号以及回路符号等。电气控制系统图、电器元件的图形符号和文字符号必须采用最新的国家标准。中国国家标准局(现中国国家标准化管理委员会)参照国际电工委员会(IEC)颁布的标准,制定了我国电气设备有关国家标准:《电气图用图形符号第一部分 一般要求》(GB/T 4728.1—2005)、《电气制图》和《电气技术中的文字符号制订通则》。规定从 1990 年 1 月 1 日起,电气控制线路中的图形和文字符号必须符合最新的国家标准。一些常用电气图形符号和文字符号如表 2-1 所列。

表 2-1 电气控制线路中常用图形符号和文字符号

名 称	图形称号	文字符号	名 称	图形称号	文字符号
电流表	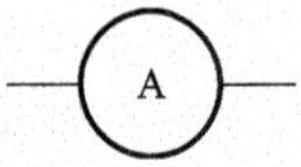 A	PA	照明灯 信号灯	 ⊗	HL
电压表	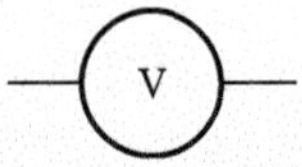 V	PV	二极管	▷|	V
电度表	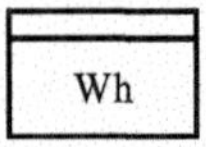 Wh	PJ	NPN 晶体管	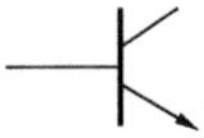	V
晶闸管	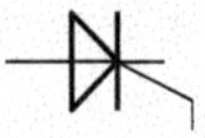	V	PNP 晶体管	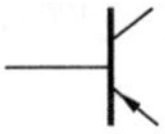	V
电磁铁	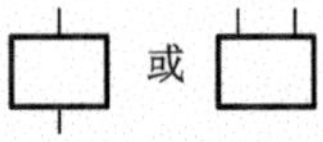 □ 或 □	YA	可拆卸 端子	 ∅	X
电磁制 动器	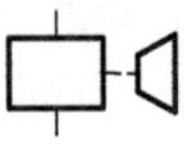	YB	电流互 感器	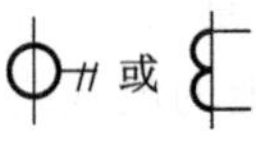 ⌀# 或	TA
电磁离 合器	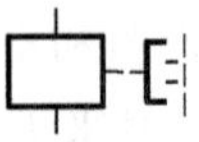	YC	电阻器		R
			电位器		RP
			压敏器	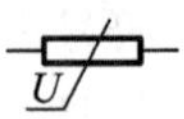 U	RV

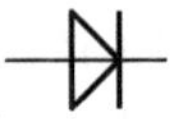

续表

名 称	图形称号	文字符号	名 称	图形称号	文字符号
电容器 一般符号	或	C	极性 电容器	或	C
电铃		B	蜂鸣器		B
双绕组 变压器	或	T	电压 互感器	或	TV
位置开关 常开触点		SQ	过压继电 器线圈	$U>$	KV
位置开关 常闭触点		SQ	过流继电 器线圈	$I>$	KA
作双向机 械操作的 位置开关		SQ	通电延时 (缓吸)线圈		KT
端子	○	X	断电延时 (缓放)线圈		KT
控制电路 用电源整 流器		VC	常开按钮		SB
电抗器	或	L	常闭按钮		SB

续表

名 称	图形称号	文字符号	名 称	图形称号	文字符号
复合按钮		SB	延时闭合常开触点	或	KT
交流接触器线圈		KM	延时断开常开触点	或	KT
接触器常开触点		KM	延时断开常闭触点	或	KT
接触器常闭触点		KM	延时闭合常闭触点	或	KT
中间继电器线圈		KA	热继电器热元件		FR
中间继电器常开触点		KA	热继电器常闭触点		FR
中间继电器常闭触点		KA	熔断器		FU

2.1.2 电气控制线路图及绘制原则

电气控制系统图一般有三种:电气原理图、电器布置图和电气安装接线图。由于它们的用途不同,绘制原则也有差别。这里重点介绍电气原理图。

电气原理图是用来表示电路中各电器元件的导电部件的连接关系和工作原理,其作用是便于分析电路的工作原理,指导系统或设备的安装、调试与维修。为了便于阅读和分析控制线路,电气原理图应采用结构简单、层次清晰、易懂的原则来绘制。它包括所有电器元件的导电部件和接线端子,但并不按照电器元件的实际布置位置来绘制,也不反映电器元件的实际大小。

电气原理图一般分主电路和辅助电路两部分。主电路是指从电源到电动机大电流通过的部分,包括从电动机之间相连的电器元件,一般由电动机、组合开关、接触器的主触头、热继电器的热元件、熔断器等元器件所组成。辅助电路是控制线路中除主电路以外的电路,主要包括控制电路、照明电路、信号电路及保护电路等。辅助电路中通过的电流较小。辅助电路由接触器和继电器的线圈、接触器的辅助触点、继电器触点、按钮、熔断器、照明灯、信号灯及控制开关等电器元件组成。这种主辅电路能够清晰地表明电路的功能,便于分析电路的工作原理。

绘制电气原理图时应遵守的原则如下。

(1) 所有电器元件都应采用国家统一规定的图形符号和文字符号表示。

(2) 应根据便于阅读的原则安排电器元件的布局。主电路用粗实线绘制在图面左侧或上方,辅助电路用细实线绘制在图面右侧或下方。无论是主电路还是辅助电路,均按功能布置,尽可能按动作顺序从上到下、从左到右排列。

① 当同一电器元件的不同部件(如线圈、触点)分散在不同位置时,为了表示它们是同一元件,要在电器元件的不同部件处标注统一的文字符号。对于同类器件,要在其文字符号后加数字序号来区别。如两个接触器,可用 KM1、KM2 文字符号区别。

② 根据图面布置需要,可以将图形符号旋转绘制,一般按逆时针方向旋转 90°,但文字符号不可倒置。

③ 所有电器的可动部分都需按没有通电或未受外力作用时的自然状态画出。例如,继电器、接触器的触点(或触头)按吸引线圈不通电时的状态画出;控制器按手柄处于零位时的状态画出;按钮、行程开关等触点,按未受外力作用时的状态画出。

④ 应尽量减少线条和避免线条交叉。有直接电联系的导线交叉时,在导线交叉点处画实心黑圆点;无直接电联系的导线交叉时,在导线交叉点处不画实心黑圆点。

一般来说,原理图的绘制要求分明,各电器元件以及它们的触点安排要合理,以保证电气控制线路运行可靠,节省连接导线,便于施工,维修方便。

2.2　电气控制的保护

在机械生产过程中,为了保证人身安全,避免由于各种故障造成的电气设备、机械设备的损坏,电气控制系统必须设置各种安全保护措施和安全保护装置。因此,安全保护环节是自动控制系统不可缺少的组成部分。保护的内容是十分广泛的,不同类型的电动机、生产机械和控制线路有着不同的要求。本节将集中介绍低压电动机常用的保护措施。

低压电气控制系统中常用的保护环节有过载保护、短路保护、零压与欠压保护及弱磁保护等。

2.2.1　短路保护

电动机绕组的绝缘、导线的绝缘损坏或线路发生故障时,会造成短路现象,产生强大的短路电流,引起电气设备绝缘损坏,且可能产生强大的电动力使电动机绕组和电路中的各种电气设备产生机械性损坏。因此,当电路出现短路电流或数值上接近短路电流时,必须可靠而迅速地将电源切断,但这种短路保护装置不应受启动电流的影响而动作。常用的短路保护电器有熔断器和自动开关。

1. 熔断器保护

由于熔断器的熔体受很多因素的影响,因此其动作值不太稳定;熔断器适用于对动作准确度和自动化程度要求较差的系统,如小容量的笼型异步电动机、小容量的直流电动机以及一般的普通交流电源等。

对于直流电动机和绕线转子异步电动机来说,熔断器熔体的额定电流应选 1～1.25 倍的电动机额定电流;对于启动电流达 7 倍额定电流的笼型异步电动机来说,熔断器熔体的额定电流应选 2～3.5 倍的电动机额定电流;对于启动电流低于 7 倍额定电流的笼型异步电动机来说,熔断器熔体的额定电流应选 1/2.5～1/1.6 倍的电动机额定电流。

2. 过电流继电器保护或低压断路器保护

当采用过电流继电器保护或低压断路器保护时,其线圈的动作电流按下式计算:

$$I_{sk} = 1.2 I_{st}$$

式中:I_{sk}——电流继电器或低压断路器的动作电流;

　　　I_{st}——电动机的启动电流。

值得指出的是,在发生短路时,熔断器和低压断路器自身能切断电源,且低压断路器在发生短路时可将三相电路同时切断,低压断路器结构复杂,操作频率低,广泛用于控制要求较高的场合。而过电流继电器只是一个测量元件,当发生短路时,需要接触器配合来切断电源,因此要求加大接触器触头的容量。

2.2.2　过载保护

当电动机长期超载运行、绕组温升超过其允许值时,电动机的绝缘材料就会变脆,使其寿命降低,严重时将使电动机损坏,因此应采取过载保护措施。常用的过载保护装置是热继电器。热继电器应具备这样的特性:当电动机为额定电流时,电动机为额定温升,热继电器不动作;当过载电流较大时,热继电器能经过较短时间切断电源,而且过载电流越大,达到允许温升的时间就越短,则热继电器动作时间越快。

由于热惯性的原因,热继电器不会受电动机短时过载冲击电流或短路电流的影响而瞬时动作。当电路有 8～10 倍的额定电流通过时,热继电器需经过 1～3 s 才动作,这样在热继电器未动作之前,电路其他设备可能已经烧坏,所以在使用热继电器作过载保护的同时,还必须装有熔断器或过电流继电器等短路保护装置。熔断器熔体的额定电流不应超过 4 倍热继电器发热元件的额定电流,而过电流继电器的动作电流不应超过 6~7 倍的热继电器发热元件的额定电流。

热继电器发热元件的额定电流等于电动机额定电流。若电动机的环境温度比继电器的环境温度高 15~25 ℃,则选用比额定电流小 1 号的发热元件;若电动机的环境温度比继电器的环境温度低 15~25 ℃,则选用比额定电流大 1 号的发热元件。

2.2.3 零压与欠压保护

当电动机正常运行时,如果电源电压因某种原因消失,那么在电源电压恢复时,电动机将自行启动,这就可能造成生产设备损坏,甚至造成人身事故。对电网来说,同时有许多电动机及其他用电设备自行启动也会引起不允许的过电流及瞬间网络电压下降,为了防止电压恢复时电动机自启动的保护称为零压保护。

当电动机正常运行时,由于短路故障等原因,线路电压会在短时间内出现大幅度降低甚至降为零,造成控制电路不正常工作,可能产生事故;电源电压过分降低也会引起电动机转速下降甚至停转。因此,需要在电源电压降到一定值以下时将电源切断,这就是欠压保护。

一般利用电磁式电压继电器实现欠压保护。电压继电器的吸合电压通常整定为 $0.8~0.85U_{RT}$,电压继电器的释放电压通常整定为 $0.5~0.7U_{RT}$。

一般利用启动按钮的自动回复作用和接触器的自锁作用,实现零压保护。当电源电压过低或断电时,接触器线圈失电,其主触点和辅助触点同时断开,使电动机电源切断并失去自锁。当电源恢复正常时,必须由操作人员重新按下启动按钮,才能使电动机重新启动。这种带有自锁环节的电路本身已兼备了零压保护环节。

2.2.4 过流保护

过流往往是由于不正确的启动和过大的负载转矩引起的,一般比短路电流要小,在电动机运行中产生过电流要比发生短路电流的可能性更大,尤其是在频繁正反转起制动的重复短时工作制的电动机中更是如此。过电流的危害是,电动机流过过大的冲击电流损坏电动机的换向器,且同时产生过大的电动机转矩损伤机械传动部件,因此应瞬时切断电源。

过流保护广泛应用于直流电动机或绕线型异步电动机,对于三相笼型异步电动机,一般不采用过流保护而采用短路保护。通常采用过电流继电器作为过流保护,其动作值为启动电流的 1.2 倍左右。过电流继电器在直流电动机和绕线型异步电动机线路中除起过流保护外,还起短路保护作用。

2.2.5 弱磁保护

通常,直流电动机只有在磁场具有一定强度时,才能正常启动。当电动机启动时励磁电流很小,产生的磁场太弱,启动电流将很大。在电动机正常运转过程中,当电动机磁通突然减弱或消失时,如负载不变,电动机速度会上升;同时电流变大,电动机特性变软。一般情况下,弱磁升速是不能使用的,因为磁通减弱得太多,速度会大幅度上升,甚至发生"飞车"事故,且电流也相应地增大,会造成电动机发热严重甚至烧毁。因此,需对电动机进行弱磁保护,一般采用电磁式电流继电器作为弱磁保护。

电动机的弱磁保护,是在励磁回路中串联弱磁继电器(即欠电流继电器)来实现的。在电动机的启动和运行过程中,当励磁电流值达到弱磁继电器的动作电流值时,继电器就吸合,使串联在控制电路中的常开触点闭合,允许电动机启动或维持正常运转;当励磁电流减小很多或消失时,弱磁继电器就释放,其常开触点断开,切断控制电路,接触器线圈失电,于是电动机脱离电源而停转。

考虑到电网电压可能发生的压降和继电器动作的不准确度,对于并励和复励直流电动机,弱磁保护继电器的吸上电流一般整定在 0.8 倍的额定励磁电流;对于调速的并励电动机,弱磁保护继电器的释放电流应整定在 0.8 倍的最小励磁电流。

2.3 三相异步电动机的启动控制

三相异步电动机是一种将电能转化为机械能的电力拖动装置。按转子结构的不同,三相异步电动机可分为笼型和绕线型两种。笼型异步电动机结构简单、运行可靠、过载能力强,同时具备使用、安装、维护方便等优点,因此得到了广泛的应用;在生产实际中,它的应用占到了使用电动机的 80% 以上。其主要缺点是调速困难。而绕线型三相异步电动机的转子和定子也设置了三相绕组,并通过滑环、电刷与外部变阻器连接。调节变阻器电阻可以改善电动机的启动性能和调节电动机的转速。本节将主要介绍三相异步电动机的启动控制线路。

三相异步电动机从接通电源开始运转,转速逐渐上升直到稳定运转状态,这一过程称为电动机的启动。按照启动方式的不同,它可以分为全压启动和降压启动。全压启动又称直接启动,它是通过开关或接触器将额定电压直接加在电动机的定子绕组上来启动电动机。全压启动的启动电流大,过大的启动电流易使电动机过热,加速老化、缩短使用寿命,且会降低电网电压而影响其他设备的稳定运行。因此,功率较大的电动机需采用降压启动,以减小启动电流。

降压启动就是将电源电压适当降低后,再加到电动机的定子绕组上进行启动,待电动机启动结束或将要结束时,再使电动机的电压恢复到额定值。这样做的目的主要是为了减小启动电流,但因为降压,电动机的启动转矩也将降低。因此,降压启动仅适用于空载或轻载启动。

　　一般电动机的启动要求是:容量小于 10 kW 的三相笼型异步电动机常采用全压启动;容量大于 10 kW 的三相笼型异步电动机可否采用直接启动,应按经验公式判断,若满足下式即可全压启动。

$$\frac{I_{ST}}{I_N} \leqslant \frac{3}{4} + \frac{电源容量(kV \cdot A)}{4 \times 电动机额定功率(kW)}$$

式中:I_{ST}——电动机直接启动电流,A;

　　I_N——电动机额定电流,A。

2.3.1　三相笼型异步电动机全压启动控制

　　全压启动控制包括多种启动方式,主要有开关直接启动、点动启动、连续启动,以及点动与连续混合启动控制等多种方式。

1. 手动开关直接启动控制

　　对于功率较小且工作要求简单的电动机,如小型台钻、砂轮机、冷却泵的电动机,可用手动开关(如刀开关、转换开关、自动空气开关等)接通电源直接启动。因此,手动开关直接启动控制仅适用于不频繁启动的小容量电动机,它不能实现远距离控制和自动控制,也不能实现零压、欠压和过载保护。其控制电路如图 2-1 所示。

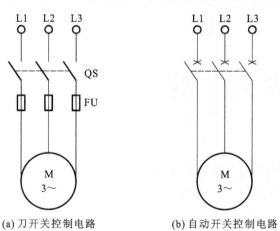

(a) 刀开关控制电路　　　　　(b) 自动开关控制电路

图 2-1　手动开关直接启动控制

2. 连续启动控制

　　图 2-2 所示的为三相笼型异步电动机单向全压启动控制线路。电路分为两部分:主电路由刀开关 QS、熔断器 FU1、接触器 KM 的主触点、热继电器 FR 的热元件和电动机 M 构成;控制电路(辅助电路)由熔断器 FU2、热继电器 FR 的常闭触点、停止按

钮 SB1、启动按钮 SB2、接触器 KM 的线圈和常开辅助触点 KM 组成。这是最基本的电动机控制线路。

1）控制线路工作原理

启动时，合上刀开关 QS，主电路引入三相电源。按下启动按钮 SB2，接触器 KM 线圈通电，其常开主触点闭合，使电动机接通电源开始全压启动运转；同时与 SB2 并联的接触器常开辅助触点 KM 也闭合，使接触器 KM 线圈有两条通电路径。当松开启动按钮 SB2 后，KM 线圈通过其自身常开辅助触点继续保持通电，从而保证电动机的连续运行。这种依靠接触器本身辅助触点使其线圈保持通电的现象称为自锁或自保持。起自锁作用的触点称为自锁触点。

电动机停止运转时，可按下停止按钮 SB1，接触器 KM 线圈失电，其主触点和自锁触点均断开，切断电动机三相电源，电动机 M 脱离电源停止运行；同时接触器 KM 自锁触点也断开，控制回路解除自锁。松开停止按钮 SB1，控制电路又回到启动前的状态。由于此时控制电路已断开，电动机不能恢复运行，只有再按下启动按钮 SB2，电动机才能重新启动运行。

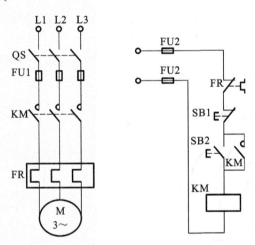

图 2-2　单向全压启动控制线路

（1）短路保护：由熔断器 FU1、FU2 分别实现对主电路和控制电路的短路保护。

（2）过载保护：由热继电器 FR 实现对电动机的过载保护。当电动机出现长期超载运行时，会造成电动机绕组温升超过允许值而损坏，通常要采取过载保护。过载保护的特点是，负载电流越大，保护动作时间越快，但不能受电动机启动电流影响而动作。热继电器发热元件的额定电流一般按电动机额定电流来选取。由于热继电器惯性很大，即使热元件流过几倍的额定电流，热继电器也不会立即动作，因此在电动机启动时间不长的情况下，热继电器是不会动作的。只有过载时间比较长时，热继电器动作，常闭触点 FR 断开，接触器 KM 失电跳闸，主触点 KM 断开主电路，电动机停止运转,才能实现电动机的过载保护。

（3）欠压和失压保护：电动机正常运行时,若电源电压由于某种原因消失（停电）而使电动机停转,为了避免电源恢复时设备自行启动造成人身或设备事故而设置的保护措施,称为零电压保护。零电压保护的作用是在电气设备失电后重新恢复时,必须人为地再次进行启动,电气设备才能正常运行。

电动机正常运行时,若电源电压由于某种原因过分降低而使电动机转速明显下降、转矩降低,若负载转矩不变,使电流过大,造成电动机停转和损坏电动机。由于电源电压过分降低可能会引起一些电器释放,造成电路不正常工作产生事故,为此需迅速切断电源。因此,欠电压保护指的是,当电源电压下降达到最小允许的电压值时将电动机电源切断的保护措施。欠电压保护的作用就是当电源电压下降到一定值时立即将电源切断,以保证设备和人身的安全。

图 2-2 所示的电路中,依靠接触器本身实现欠压和失压保护。当电源电压由于某种原因欠压或失压时,接触器 KM 的电磁吸力急剧下降或消失,衔铁释放,KM 的常开主触点断开,切断电源,电动机停转。而当电源恢复正常时,由于控制电路失去自锁,电动机不会自行启动,避免了事故发生。

以上这三种保护是三相笼型异步电动机常用的保护环节,它对保证三相笼型异步电动机安全运行非常重要。

3. 点动与连续混合启动控制

在生产实践中,有的生产机械既有连续运转状态,又有短时间间断运转状态,因此对电动机的控制需要有点动与连续运转混合控制方式。图 2-3 所示的是能实现点动与连续运转的几种控制线路。

图 2-3(a)所示的是最基本的点动控制线路。当按下启动按钮 SB 时,KM 线圈通电,电动机启动运转；松开按钮 SB,KM 线圈断电释放,电动机停止运转。启动按钮 SB 没有并联接触器 KM 的自锁触点,没有自锁保护,因此这种电路只能实现点动,不能实现连续运行。

图 2-3(b)所示的是点动与连续混合控制线路。其中,复合按钮 SB3 用来实现点动控制,SB2 用来实现连续控制。当需要点动控制时,按下点动按钮 SB3,其常闭触点先将 KM 自锁电路断开,常开触点闭合后,使 KM 线圈通电,衔铁被吸合,主触点闭合接通三相电源,电动机启动运行；当松开点动按钮 SB3 时,其常开触点先断开,常闭触点后闭合,KM 线圈断电释放,主触点断开电源,电动机停止运转。此线路中由按钮 SB2 和 SB1 来实现连续控制,其缺点是可靠性较差。

图 2-3(c)所示的也是点动与连续混合控制线路。当需要点动控制时,由按钮 SB 来实现点动控制；当需要连续控制时,按一下按钮 SB2,中间继电器 KA 线圈得电,KA 常开触点闭合,KM 线圈得电,即可实现电动机连续运行；按一下按钮 SB1,中间继电

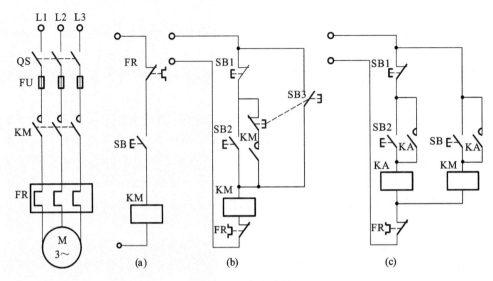

图 2-3 几种点动控制

器 KA 线圈失电,KA 常开触点打开,KM 线圈失电,即可实现电动机停止运行。

4. 正反转启动控制

许多生产机械常常要求具有上下、左右、前后等相反方向的运动,如机床工作台的前进和后退,电梯的上升和下降等,这就要求电动机能正反转可逆运行。由电动机原理可知,要实现正反转控制,只需改变接入电动机的三相电源的相序即可。也就是说,将三相电源进线中任意两相对调,电动机即可反向运转。因此,可借助正反向接触器改变定子绕组相序来实现正反转控制工作,其线路如图 2-4 所示。

图 2-4(a)所示的是接触器无互锁的正反转控制电路。图中 KM1 为正转接触器,KM2 为反转接触器。当按下正转启动按钮 SB2,KM1 线圈通电并自锁,电动机正转;按下反转启动按钮 SB3,KM2 线圈通电并自锁,电动机反转。当误操作即同时按正反向启动按钮 SB2 和 SB3 时,KM1 与 KM2 主触点都闭合,将会使主电路发生两相电源短路事故。

为避免上述事故的发生,图 2-4(b)所示的电路在上述基础上加了电气互锁控制。它将接触器 KM1 与 KM2 常闭触点分别串联在对方线圈电路中,形成相互制约控制,即互锁或联锁控制。这种利用接触器(或继电器)常闭触点的互锁称为电气互锁。

当按下正转启动按钮 SB2 时,KM1 线圈通电,主触点闭合,电动机正转;同时 KM1 的常闭辅助触点断开,切断反转接触器 KM2 线圈电路。这时即使误操作按下反转启动按钮 SB3,KM2 线圈也不能通电。若要实现反转运行,必须先按下停止按钮 SB1,使 KM1 线圈断电释放,再按下 SB3 才能实现。即先停止正转运行,再按反向启动按钮才能启动反转运行,反之亦然,所以这个电路称为"正—停—反"控制电路。此

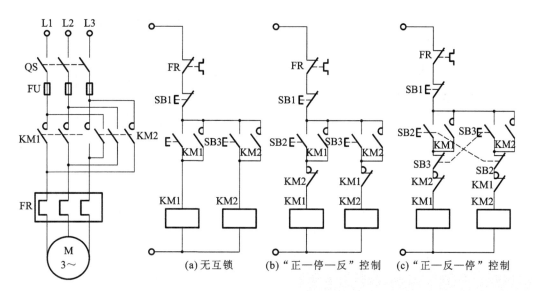

图 2-4 正反向工作的控制线路

线路虽然保证了正反转接触器不能同时通电,但需按"正—停—反"顺序实现正反转切换控制,切换不直接也不方便。

图 2-4(c)所示的电路可实现电动机正反转的直接转换控制,这个电路称为"正—反—停"控制电路。它将正反转启动按钮的常闭触点串入对方接触器线圈电路中的一种互锁控制,这种互锁称为按钮互锁或机械互锁。当电动机由正转变为反转时,只需按下反转启动按钮 SB3,便会通过 SB3 的常闭触点使 KM1 线圈断电,KM1 的电气互锁触点闭合,KM2 线圈通电,从而实现电动机反转。该线路中同时存在电气互锁和机械互锁,称为具有双重互锁的电动机正反转控制。若只采用机械互锁,也能实现电动机正反转的直接转换,但可能会发生电源短路事故,所以在电力拖动控制系统中普遍使用双重互锁的电动机正反转控制线路,以提高控制的可靠性。

5. 行程控制

在生产实践中,有些机床的工作台需要自动往复运动,如龙门刨床、导轨磨床等。自动往复运动通常利用行程开关检测往复运行的相对位置,进而控制电动机的正反转,这种控制通常称为行程控制。

图 2-5 所示的为机床工作台自动往复运动示意图。限位开关 SQ1、SQ2 分别放在床身两端,用来反映工作台运行的终点和起点。撞块 A 和 B 安装在工作台上,跟随工作台一起移动。SQ3、SQ4 为极限保护开关。当工作台运行到终点和起点,撞块 A 和 B 分别压下 SQ1、SQ2,从而改变控制电路的通断状态,实现电动机的正反转控制,进而实现工作台的自动往复运动。

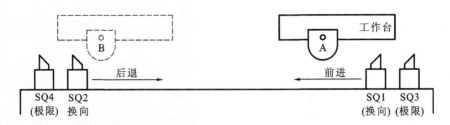

图 2-5　机床工作台自动往复运动示意图

　　图 2-6 所示的为机床工作台自动循环往复运动控制线路。电路工作过程如下：合上电源开关 QS，按下正转启动按钮 SB2，KM1 线圈得电并自锁，电动机正转，工作台前进；当运行到 SQ2 位置时，撞块 B 压下 SQ2，SQ2 常闭触点断开、常开触点闭合，使得 KM1 线圈失电，KM2 线圈得电并自锁，电动机由正转变换为反转，工作台后退。当后退到 SQ1 位置时，撞块 A 压下 SQ1，SQ1 常闭触点断开、常开触点闭合，使得 KM2 线圈失电，KM1 线圈得电并自锁，电动机由反转变换为正转，工作台又前进，如此周而复始自动往复工作。按下停止按钮 SB1，电动机停止，工作台停止运行。当限位开关 SQ1 或 SQ2 失灵时，极限保护开关 SQ3 或 SQ4 实现保护，避免工作台因超出极限位置而发生故障。

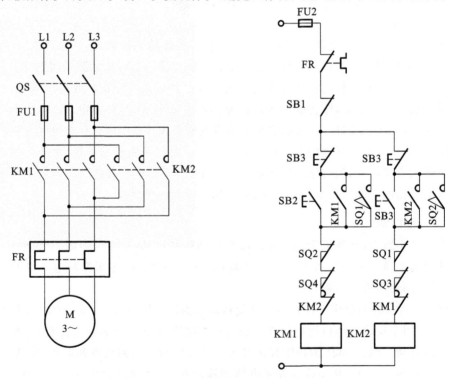

图 2-6　机床工作台自动循环往复运动控制线路

由上述控制过程可知,在一个自动循环往复运动中,电动机要进行两次反转制动,易出现较大的反转制动电流和机械冲击,因此这种电路适用于电动机容量较小、循环周期较长、电动机转轴具有足够刚性的拖动系统。另外,需选择容量较大的接触器,且机械式的限位开关容易损坏,现在多选用接近开关或光电开关实现限位控制。

6. 顺序启动控制

生产实践中常要求多台电动机按一定的顺序启动和停止。例如,车床主轴转动时,要求油泵先给齿轮箱提供润滑油再启动,主轴停止后,油泵才停止润滑。即要求润滑油泵电动机先启动,主轴电动机后启动;主轴电动机先停止,润滑泵电动机后停止。如图 2-7 所示,M1 为润滑油泵电动机,M2 为主轴电动机。将控制油泵电动机的接触器 KM1 的常开辅助触点串入控制主轴电动机的接触器 KM2 的线圈电路中,这样只有在接触器 KM1 线圈得电,KM1 常开触点闭合时,才允许 KM2 得电,即可实现电动机 M1 先启动后才允许电动机 M2 启动。将控制主轴电动机的接触器 KM2 的常开辅助触点并联在电动机 M1 的停止按钮 SB1 两端,这样当接触器 KM2 通电,电动机 M2 运转时,SB1 被 KM2 的常开触点短接,不起作用,不能使 M1 停止;只有当接触器 KM2 断电,SB1 才能起作用,油泵电动机 M1 才能停止。从而可以实现顺序启动,顺序停止的联锁控制。

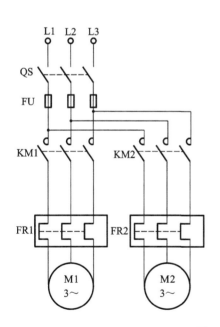
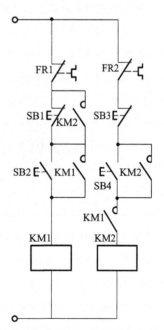

图 2-7 顺序控制线路

图 2-8 所示的是采用时间继电器实现顺序启动控制的线路。主电路与图 2-7 中

的主电路相同,线路要求电动机 M1 启动 t 秒后,电动机 M2 自动启动。可利用时间继电器的延时闭合常开触点来实现。按启动按钮 SB2,接触器 KM1 线圈通电并自锁,电动机 M1 启动,同时时间继电器 KT 线圈也通电。定时 t 秒,时间继电器延时闭合的常开触点 KT 闭合,接触器 KM2 线圈通电并自锁,电动机 M2 启动,同时接触器 KM2 的常闭触点切断了时间继电器 KT 的线圈电源。

7. 多地启动控制

有些机械和生产设备,由于种种原因常需要在两地或两个以上的地点进行操作,因此需要多地控制。如重型龙门刨床,有时需要在固定的操作台上控制,有时需要站在机床四周用悬挂按钮控制。要实现多地控制,要求启动按钮并联、停止按钮串联。图 2-9 所示的控制线路可实现两地控制,图中 SB3、SB4 为启动按钮,SB1、SB2 为停止按钮,分别安装在两个不同位置,在任一位置按下启动按钮,KM 线圈都能得电并自锁,电动机启动;而在任一位置按下停止按钮,KM 线圈都会失电,电动机停止。

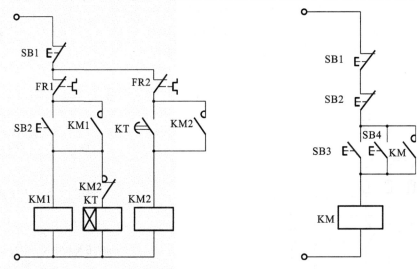

图 2-8 采用时间继电器实现顺序启动控制线路图　　图 2-9 实现两地控制线路

2.3.2 三相笼型异步电动机降压启动控制

容量大于 10 kW 的三相笼型异步电动机直接启动时,电流较大,为额定电流的 4~8 倍,这将对电网产生巨大冲击,所以容量较大的三相笼型异步电动机一般都采用降压方式启动。所谓降压启动,是指启动时降低加在电动机定子绕组上的电压,待电动机启动后,再将电压恢复到额定值,并在额定电压下运行。因电枢电流与电压成正比,所以降低电压可以减小启动电流,减小电路的电压降,进而减小对线路电压的影响。

降压启动方法有星形-三角形降压启动、自耦变压器降压启动、延边三角形降压启动和软启动等多种方式。以下将介绍几种常用降压启动方法。

1. 星形-三角形降压启动控制

对于正常运行时定子绕组接成三角形的笼型异步电动机，可采用星形-三角形降压启动方法，以达到限制启动电流的目的。启动时，将电动机定子绕组先接成星形，此时加到电动机定子绕组上的电压为相电压，为额定电压的 $1/\sqrt{3}$，从而减小了启动电流；当转速上升到接近额定转速时，再将定子绕组改接成三角形，使电动机在额定电压下正常运转。

图 2-10 所示的为星形-三角形降压启动控制线路。该线路按时间原则控制启动过程，待启动结束后按预定整定的时间换接成三角形接法。当合上刀开关 QS，按下启动按钮 SB2 时，接触器 KM1、KM2 与时间继电器 KT 的线圈同时得电并自锁，电动机接成星形降压启动，同时时间继电器开始定时。当电动机转速接近额定转速时，KT 的延时时间到，KT 动作，KT 的常闭触点断开，KM2 线圈断电，KM2 主触点断开；同时 KT 的常开触点闭合，KM3 线圈通电并自锁，其主触点闭合，使电动机接成三角形全压运行。当 KM3 通电吸合后，KM3 常闭触点断开，使 KT 线圈断电，避免时间继电器长期工作。KM3、KM2 常闭触点实现互锁控制，可有效防止星形和三角形同时接通造成电源短路。

星形-三角形降压启动的优点在于，星形启动电流只是原来三角形接法直接启动时的 $1/3$，启动电流小且特性好、线路简单、投资小；缺点是限制启动电流的同时，启动转矩也相应下降为原来三角形直接启动时的 $1/3$，转矩特性差。因此，星形-三角形降压启动只适用于电动机空载或轻载启动的场合。

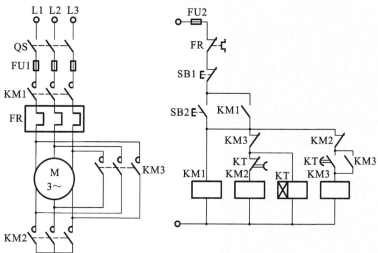

图 2-10 星形-三角形降压启动控制线路

2. 自耦变压器降压启动控制

在自耦变压器降压启动控制中,通过自耦变压器的降压来降低电动机启动电流。该方法将自耦变压器的原边接电源,副边低压侧接定子绕组。电动机启动时,定子绕组接到自耦变压器的副边低压侧,待电动机转速上升接近额定转速时,把自耦变压器切除,将额定电压直接加到电动机定子绕组,电动机进入全压正常运行状态。

图 2-11 所示的是自耦变压器降压启动控制线路,采用时间继电器的设计思路完成电动机由启动到正常运行的自动切换。启动时串入自耦变压器,启动结束时自动将其切除。

该电路的工作原理是,当启动电动机时,合上刀开关 QS,按下启动按钮 SB2,接触器 KM1、KM3 与时间继电器 KT 的线圈同时得电并自锁,KM1、KM3 主触点闭合,KT 的瞬时触点闭合,自耦变压器接入电动机定子绕组,电动机降压启动;同时时间继电器 KT 开始定时。当电动机转速上升到接近额定转速时,时间继电器 KT 延时时间到,KT 动作,一方面 KT 的常闭延时触点断开,KM1、KM3 线圈失电,KM1、KM3 主触点断开,将自耦变压器切除;另一方面 KT 的常开延时触点闭合,接触器 KM2 线圈得电,KM2 主辅常开触点均闭合,电动机投入正常运转,同时 KM2 辅助常闭触点断开使 KT 线圈失电,避免时间继电器长期工作。

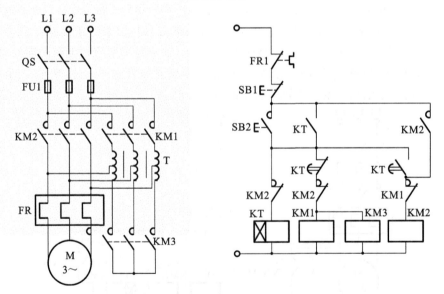

图 2-11 自耦变压器降压启动控制线路

采用自耦变压器降压启动方法启动时,对电网的电流冲击小,功率损耗小,且启动转矩可以通过改变自耦变压器触头的位置来调节,因此适用于较大容量的电动机;其缺点是自耦变压器的结构相对较为复杂,成本较高,且不适用于频繁启动。

2.3.3 软启动器控制

三相异步电动机的全压启动和降压启动的线路都比较简单,不需要增加启动设备,但它们都属于有级降压启动,启动过程中存在二次冲击电流,因此仍存在启动电流比较大,启动转矩较小且固定不可调等缺点。如在全压启动方式下,启动电流为额定值的4~8倍,启动转矩为额定值的0.5~1.5倍;在星形-三角形降压启动方式下,启动电流为额定值的1.8~2.6倍,在星形-三角形降压启动时也会出现电流冲击,且启动转矩为额定值的0.5倍;而自耦变压器降压启动,启动电流为额定值的1.7~4倍,在电压切换时会出现电流冲击,启动转矩为额定值的0.4~0.85倍。另外,三相异步电动机的全压启动和降压启动均采用控制接触器触点断开电动机的电源,电动机自由停车,这样也会造成剧烈的电网波动和机械冲击。因此,上述方法一般适用于对启动特性要求不高的场合。

在一些对启动要求较高的场合可采用软启动器。软启动器是一种集软启动、软停车,启动电流、启动转矩可调节,多种保护功能于一体的新型电动机控制装置。

1. 软启动器的工作原理

软启动器主要由三相交流调压电路和控制电路构成,其基本原理是利用晶闸管的移相控制原理,通过控制晶闸管的导通角,改变其输出电压,达到通过调压方式来控制启动电流和启动转矩的目的。软启动器原理如图2-12所示。控制电路按预定的不同启动方式,通过检测主电路的反馈电流,控制其输出电压,可以实现不同启动特性。最终软启动器输出全压,电动机全压运行。由于软启动为电子调压并对电流实时检测,因此还具有对电动机和软启动器本身的热保护、限制转矩和电流冲击、三相电源不平衡、缺相、断相等保护功能,并可实时检测、显示电流、电压、功率因素等参数。

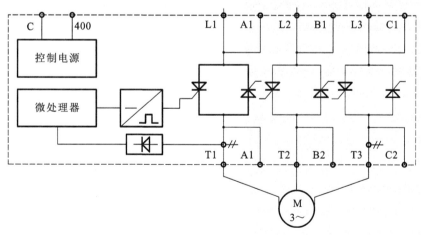

图 2-12 软启动器原理示意图

2. 软启动器的控制功能

异步电动机在软启动过程中,软启动器通过控制加到电动机上的电压来控制电动机的启动电流和转矩,启动转矩与转速逐渐增加。软启动器可以通过改变参数的设置得到不同的启动特性,以满足不同的负载特性要求。常用的软启动方式有以下几种。

(1)斜坡升压软启动方式。这种启动方式最简单,不具备电流闭环控制,仅调整晶闸管导通角,使之与时间成一定函数关系。在电动机启动过程中,电压线性逐渐增加,在设定的时间内达到额定电压。其缺点是,由于不限流,在电动机启动过程中,有时要产生较大的冲击电流使晶闸管损坏,对电网影响较大,实际很少应用。

(2)斜坡恒流软启动。这种启动方式是在电动机启动的初始阶段启动电流逐渐增加,当电流达到预先所设定的值后保持恒定($t_1 \sim t_2$ 阶段),直至启动完毕。启动过程中,电流上升变化的速率可以根据电动机负载调整设定。电流上升速率大,则启动转矩大,启动时间短。该启动方式是应用最多的启动方式,尤其适用于风机、泵类负载的启动。

(3)阶跃启动。以最短时间使启动电流迅速达到设定值,即为阶跃启动。通过调节启动电流设定值,可以达到快速启动效果。

(4)脉冲冲击启动。在启动开始阶段,让晶闸管在极短时间内以较大电流导通一段时间后回落,再按原设定值线性上升,进入恒流启动。该启动方法在一般负载中较少应用,适用于重载并需克服较大静摩擦的启动场合。

3. 软启动器的保护功能

(1)过载保护功能:软启动器引进了电流控制环,因而可随时跟踪检测电动机电流的变化状况。通过增加过载电流的设定和反时限控制模式,实现了过载保护功能,使电动机过载时,关断晶闸管并发出报警信号。

(2)缺相保护功能:工作时,软启动器随时检测三相线电流的变化,一旦发生断流,即可作出缺相保护反应。

(3)过热保护功能:通过软启动器内部热继电器检测晶闸管散热器的温度,一旦散热器温度超过允许值后自动关断晶闸管,并发出报警信号。

(4)其他功能:通过电子电路的组合,还可在系统中实现其他多种联锁保护。

由于软启动器具有软启动、软停车,启动电流与转矩可调节等多种功能,软启动器适用于不需要调速的笼型异步电动机的各种应用场合,且特别适用于各种泵类负载或风机类负载等需要软启动与软停车的场合。而且,对于电动机长期处于轻载、变负载运行的场合,或只有短时、瞬间处于重载的场合,应用软启动器可以达到轻载节能的效果。

2.4 三相异步电动机的制动控制

由于惯性作用,三相异步电动机从断电到完全停止旋转,总要经过一段时间,这往往不能适应某些生产工艺的要求,如万能铣床、卧式镗床以及组合机床等机械所要求的迅速、准确停车。为提高生产效率和安全性,要求对电动机进行制动控制。制动控制的方法主要有两大类:机械制动和电气制动。机械制动是采用机械装置来强迫电动机迅速停车,主要采用电磁铁操纵机械进行制动,如电磁抱闸制动器。电气制动实质上是当电动机停车时,产生一个与原来旋转方向相反的制动转矩,迫使电动机速度迅速下降。由于机械制动比较简单,下面着重介绍电气制动方法。常用的电气制动方法有反接制动和能耗制动。

2.4.1 反接制动控制

反接制动是指电动机在正常运行时,突然改变电源相序,使定子绕组产生相反方向的旋转磁场,从而产生制动转矩的一种制动方法。此时电动机的状态将由原来的电动状态转变为制动状态,这种制动方式就是电源相序反接制动。

当电源的相序发生改变时,定子绕组中产生了相反方向的旋转磁场,而转子由于惯性,仍按原来方向旋转,在转子绕组中产生了与原来方向相反的感应电流。在电源相序刚反接的瞬间,转子与旋转磁场的相对速度接近于两倍的同步转速,流过的反接制动电流也相当于全电压直接启动时电流的两倍。因此,反接制动特点是制动电流大、制动力矩大,制动迅速,效果好,但制动电流和机械冲击大。反接制动方法通常仅适用于 10 kW 以下的小容量电动机。

为了限制制动电流和减小机械冲击,在反接制动过程中,通常要求在笼型感应电动机的定子电路中串联反接制动电阻。而且当电动机转速接近于零时,要求及时切断反相序的电源,以防止电动机反向再启动。

电动机运行包括单向运行和正反向运行,因此对应的制动控制也包括单向运行反接制动控制和正反向运行反接制动控制两种线路。以下将以电动机单向运行反接制动控制线路为例来说明。

图 2-13 所示的为带制动电阻的单向反接制动的控制线路,在该线路中引入了速度继电器,用来实时检测电动机的速度变化。当电动机的转速在 120~3000 r/min 范围时,速度继电器常开触点闭合;当电动机的转速低于 100 r/min 时,其常开触点恢复原位断开。该线路工作原理如下。

按下启动按钮 SB2,接触器 KM1 线圈得电并自锁,主触点 KM1 闭合,电动机 M 正常启动运行。当电动机正常运行时,电动机的转速在 120~3000 r/min 范围,速度继电器 KS 的常开触点闭合,为反接制动做好了准备。

按下停止按钮 SB1,其常闭触点断开,使得接触器 KM1 线圈失电,主触点 KM1 断开,电动机 M 脱离原来电源。由于惯性作用,此时电动机的转速仍然很高,速度继电器 KS 的常开触点仍保持闭合状态。因此,当按下停止按钮 SB1 时,SB1 常开触点闭合,速度继电器 KS 的常开触点也处于闭合状态,使得反接制动接触器 KM2 线圈得电并自锁,其主触点 KM2 闭合,电动机 M 切换到与正常运转相序相反的三相交流电源上,接入了反向制动电流。电动机转速开始迅速下降,当转速低于 100 r/min 时,速度继电器动作,其常开触点恢复原位断开,接触器 KM2 线圈失电,主触点 KM2 断开,电路被切断,反接制动结束。

在上述过程中,电路实现了两项功能:当电动机正常运行时,改变电动机的电源相序,接入反向制动电流;当电动机转速下降到接近于零时,自动将电源切除,从而实现了反接制动的目的。

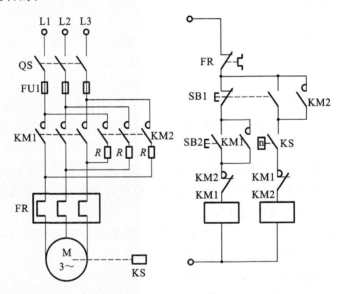

图 2-13　单向反接制动的控制线路

2.4.2　能耗制动控制

所谓能耗制动,就是在电动机脱离三相交流电源之后,定子绕组上加一个直流电压,即通入直流电流,利用转子感应电流与静止磁场的作用以达到制动的目的。根据能耗制动的时间控制原则,采用时间继电器进行控制,也可以根据能耗制动的速度控制原则,采用速度继电器进行控制。下面将以单向能耗制动控制线路为例来说明。

图 2-14 所示的是按时间原则控制的单向能耗制动控制线路。该电路工作原理如

下：当按下停车按钮 SB1 时，接触器 KM1 线圈失电，主触点 KM1 断开，电动机 M 脱离三相交流电源。同时，停车按钮 SB1 的联动常开触点闭合，时间继电器 KT 线圈与接触器 KM2 线圈同时得电并自锁，主触点 KM2 闭合，电动机接入直流电源进入能耗制动状态。当电动机转子速度下降接近于零时，时间继电器 KT 达到动作值，延时打开的常闭触点 KT 断开。KM2 线圈失电，主触点 KM2 断开，电动机脱离直流电源，能耗制动结束。同时，辅助触点 KM2 也断开，KT 线圈失电。

图 2-14 中，时间继电器的瞬间常开触点 KT 的作用是，当时间继电器的线圈出现断线或机械卡住故障时，瞬间常开触点 KT 断开。此时，按下停车按钮 SB1，电动机仍能进入迅速制动状态；当电动机速度下降接近于零时，松开停车按钮 SB1，KM2 线圈仍能失电，主触点 KM2 断开，电动机脱离直流电源，制动结束。因此，瞬间常开触点 KT 保障了在 KT 线圈出现故障时，该线路仍然具有手动控制能耗制动的功能。

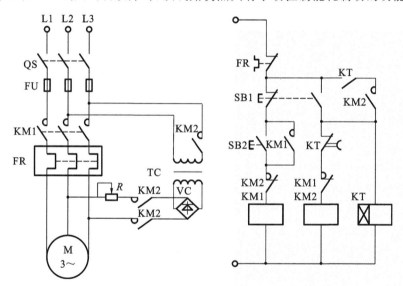

图 2-14 按时间原则控制的单向能耗制动控制线路

图 2-15 所示的是按速度原则控制的单向能耗制动控制线路。该电路工作原理如下：该线路用速度继电器 KS 取代了时间继电器 KT。当电动机在刚刚脱离三相交流电源时，由于惯性作用，电动机转子的速度仍然很高，速度继电器 KS 的常开触点仍然处于闭合状态，所以接触器 KM2 线圈保持得电自锁状态，主触点 KM2 闭合，电动机接入直流电源进入能耗制动状态。当电动机转子的速度下降且低于速度继电器 KS 动作值时，KS 常开触点断开，KM2 线圈失电，主触点 KM2 断开，能耗制动结束。

能耗制动比反接制动消耗的能量少，其制动电流也比反接制动电流小得多，但能耗制动的制动效果不及反接制动明显，同时还需要一个直流电源，控制线路相对比较复杂,一般适用于电动机容量较大和启动、制动频繁的场合。

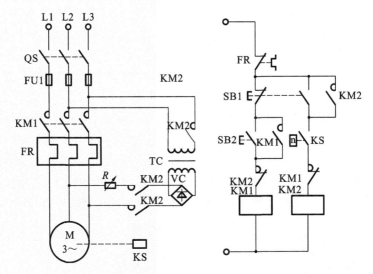

图 2-15　按速度原则控制的单向能耗制动控制线路

2.5　三相异步电动机的调速控制

在许多机械和生产设备中,为了实现自动操作控制,要求三相异步电动机的速度可调。如钢铁行业的轧钢机、鼓风机、车床等设备都要求电动机速度可调。电动机调速一般可分为两类:机械调速和电气调速。机械调速是定速电动机与变速联轴配合的调速方式,一般调速范围小,效率低;电气调速是电动机直接调速的调速方式。

由电动机原理可知,三相笼型异步电动机的转速为

$$n = n_0(1-s) = 60 f_1 (1-s)/p_1$$

式中:n_0——同步转速;

　　p_1——极对数;

　　s——转差率;

　　f_1——供电电源频率。

由上式可见,电动机转速与定子绕组的极对数、转差率及电源频率有关。因此,三相异步电动机调速方法有变极调速、变转差率调速和变频调速等三种。变极调速一般仅适用于笼型异步电动机;变转差率调速可通过调节定子电压、改变转子电路中的电阻以及采用串级调速来实现;变频调速是现代电力传动的一个主要发展方向,已广泛应用于工业自动控制中。本节主要介绍三相笼型异步电动机常用的变极调速和变频调速等两种方式。

2.5.1 变极调速控制

变极调速是通过改变定子空间磁极对数的方式改变同步转速,从而达到调速的目的。在电网频率恒定的情况下,电动机的同步转速与磁极对数成反比,磁极对数增加一倍,同步转速就下降一半,从而引起异步电动机转子转速的下降。因此,改变电动机绕组的接线方式,使其在不同的极对数下运行,其同步转速跟随变化。异步电动机的极对数是由定子绕组的连接方式来决定的,因此可以通过改换定子绕组的连接方式来改变异步电动机的极对数。显然,这种调速方法只能一级一级地改变转速,而不能平滑地调速。

变极调速通过接触器触点来改变电动机绕组的接线方式,以获得不同的极对数来达到调速目的。变极电动机一般有双速、三速、四速之分。

下面以双速电动机控制线路来阐述变极调速的原理。图 2-16 所示的是双速电动机的定子绕组的接线图。双速电动机的定子绕组的连接方式常有两种:一种是绕组从三角形改成双星形,如图 2-16(a)所示的连接方式转换成图 2-16(c)所示的连接方式;另一种是绕组从单星形转换成双星形,如图 2-16(b)所示的连接方式转换成图2-16(c)所示的连接方式。这两种接法都能使电动机产生的磁极对数减少一半,即电动机的转速提高一倍。

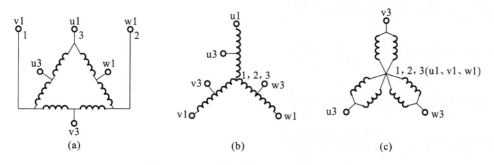

图 2-16　双速电动机的定子绕组的接线图

图 2-17 所示的是双速电动机三角形变双星形的控制线路图。其工作原理如下:当按下启动按钮 SB2,KM1 线圈得电,KM1 常开主触点闭合,绕组接成三角形,电动机低速启动;同时中间继电器 KA 线圈得电自锁,KA 常开触点闭合,时间继电器 KT 线圈得电。当时间继电器计时且达到整定时间,KT 延时断开的常闭触点断开,使得 KM1 线圈失电,KM1 常开主触点断开;同时 KT 延时闭合的常开触点闭合,KM3 线圈得电,从而使得 KM3 常开主、辅触点的常开触点闭合,KM2 线圈得电,主触点 KM2 进而闭合;绕组由三角形变成双星形连接,电动机以高速运行。

变极调速的优点是设备简单,运行可靠,既可适用于恒转矩调速(Y/YY),也可适用于近似恒功率调速(△/YY);其缺点是转速只能成倍变化,为有级调速。Y/YY 变极调速主要应用于起重电葫芦、运输传送带等;△/YY 变极调速主要应用于各种机床的粗加工和精加工。

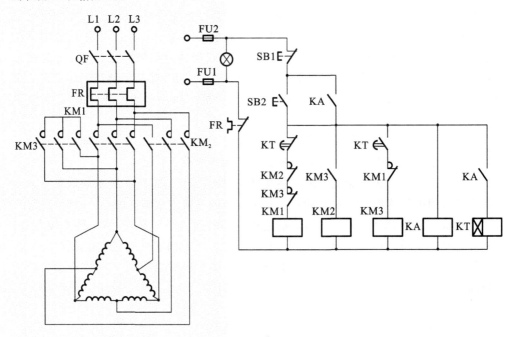

图 2-17 双速电动机三角形变双星形的控制线路

2.5.2 变频调速控制

由电动机原理可知,改变电源频率 f_1 可以改变电动机同步转速。变频调速是利用电动机的同步转速随频率变化而变化的特性,通过改变电动机的供电频率进行调速的方法。

三相异步电动机定子每相电动势的有效值为: $E_1 = 4.44 f_1 N_1 \Phi$,其中 f_1 为定子的频率;N_1 为定子绕组有效匝数;Φ 为每极磁通量。当忽略定子阻抗压降时,定子端电压 $U_1 = E_1 = 4.44 f_1 N_1 \Phi$。若端电压 U_1 不变,则随着频率 f_1 的升高,磁通量 Φ 将减小;从转矩公式 $T = C_M \Phi T_2 \cos \varphi_2$ 可知,磁通量 Φ 的减小将使电动机的转矩下降,从而降低电动机的负载能力,严重时会使电动机堵转。若保持定子端电压 U_1 不变,减小 f_1,则磁通量 Φ 将增加,导致磁路饱和,励磁电流上升,铁芯发热,铁损急剧增加,这也是不允许的。因此,调频时要求在保证磁通量 Φ 不变的前提下,同时成比例地改变定子端电压和频率,即保持 $U_1 / f_1 = 4.44 N_1 \Phi$ 为常数。这种调频方式通常称为 V/F 控制方式。

V/F 控制根据频率的大小可分为额定频率以下恒磁通变频调速和额定频率以上

弱磁变频调速等两种。

1. 额定频率以下的恒磁通变频调速

为了保持电动机的负载能力,应保持磁通量 Φ 不变,因此在降低电源频率的同时,必须降低电动机的定子电压 U_1,以保持 U_1/f_1＝常数,这就是恒压频比(V/F)控制方式。由于磁通量 Φ 不变,调速过程中电磁转矩 $T=C_M\Phi T_2\cos\varphi_2$ 也不变,因此,电动机额定频率以下的调速也近似为恒磁通调速或恒转矩调速。

2. 额定频率以上的弱磁变频调速

当电源频率 f_1 在额定频率以上调节时,电动机的定子相电压由于受额定电压 U_{1N} 的限制不能再升高,只能维持电动机定子额定相电压 U_{1N} 不变。因此,磁通量 Φ 随着 f_1 的升高而下降,但电动机转速 n 上升;相当于电动机弱磁调速,属于恒功率调速。

根据 U_1 和 f_1 的不同比例关系,将有不同的变频调速方式。保持 U_1/f_1＝常数的比例控制方式适用于调速范围不大或转矩随转速下降而减小的负载,如风机、水泵等。保持转矩为常数的恒磁通控制方式适用于调速范围较大的恒转矩性质的负载,如升降机械、搅拌机、传送带等。保持功率为常数的恒功率控制方式适用于负载随转速的增高而变轻的场所,如主轴传动、卷绕机等。

由上述可知,异步电动机的变频调速必须按照一定的规律同时改变定子的电压和频率,基于这种原理构成的变频器即为所谓的 VVVF 调速控制,也是通用变频器(VVVF)的基本原理。

变频调速是通过平滑改变异步电动机的供电频率来调节异步电动机的同步转速,从而实现异步电动机的无级调速。这种调速方法由于调节同步转速,故可以由高速到低速保持有限的转差率,实现连续调速;具有启动电流小、加减速度可调,调速范围大、精度高、效率高,电动机可以高速化和小型化,保护功能齐全等优势。因此,变频调速广泛应用于各生产领域中,如应用于风机、泵、搅拌机、压缩机、机床、钻床、磨床以及起重机械中,以提高生产效率和质量,达到节能的目的。

2.6　电气控制综合举例

装卸料小车是工业运料的主要设备之一,广泛应用于自动生产线、冶金、煤矿、港口、码头等行业。小车通常采用电动机驱动,电动机正转小车前进,电动机反转小车后退。图2-18所示的为小车自动往复运动工作示意图。在图 2-18 中,带导轨的工作台上设有行程开关和启停按钮。当按下启动按钮,装满料的小车前进,运行到目的地,小车卸料,自动返回原地。A、B 两处装有限位开关,用来反映小车运行的终点和起点。当小车运行到终点和起点,撞块 A 和 B 分别压下 SQ1、SQ2,从而改变控制电路的通断状态,实现电动机的正反转控制,进而实现小车的自动往复运动。

图 2-18 小车工作示意图

设计一个运料小车控制电路如下。

1. 具体控制要求

(1)小车启动后,前进到 A 处,然后做以下往复运动:到 A 处后停 2 min 等待装料;然后自动走向 B;到 B 处后停 2 min 等待卸料,最后自动走向 A 处。

(2)有过载和短路保护。

(3)小车可停在任意位置。

2. 电路分析

1) 主电路分析

图 2-19(a)所示的为运料小车主电路,电源开关 QS 将 380 V 的三相电源引入。电动机 M 由正转控制交流接触器 KM1 和反转控制交流接触器 KM2 的两组主触点构成,用 KM1 和 KM2 的主触点改变进入电动机的三相电源的相序,从而改变电动机的运行方向。电动机正转时,小车前进,从 B 处运行到 A 处;电动机反转时,小车后退,从 A 处返回到 B 处。为保证主电路的正常运行,主电路采用熔断器 FU 和热继电器 FR 分别实现短路保护与过载保护。

2) 控制电路分析

图 2-19(b)所示的为运料小车控制电路,SB1 为停止按钮,SB2、SB3 分别为控制小车前进与后退的启动按钮;SQ1、SQ2 分别为 A、B 两处小车运行的限位开关。该电路工作过程如下:合上电源开关 QS,按下前进启动按钮 SB2,交流接触器 KM1 线圈得电并自锁,电动机正转,小车前进;常开辅助触点 KM1 闭合实现自锁,常闭辅助触点 KM1 断开,以保证交流接触器 KM1、KM2 线圈不同时得电,从而实现电气互锁。当小车运行到 A(即极限位置 SQ1)处时,撞块压下 SQ1,SQ1 常开触点闭合、常闭触点断开,使得延时继电器 KT1 线圈得电,开始延时;KM1 线圈失电,切断电源小车停止前进,小车在 A 处停止 2 min 卸料;2 min 后常开触点 KT1 闭合,KM2 线圈得电,常开主触点 KM2 闭合,电动机由正转变换为反转,小车后退,向 B 处返回,运行过程与正向类似,如此周而复始自动往复工作。

当按下停止按钮 SB1 时,电源被切断,小车停止运行,但不能实现任意位置停车。原因在于:当小车在两端极限位置 A、B 处时,由于限位开关的常开触点 SQ1 或 SQ2 处于闭合状态,要使小车停止运行,需长期按下停止按钮 SB1 才能实现停车;否则,一旦松开停止按钮 SB1,延时线圈 KT1 或 KT2 得电,延时 2 min 后,KT1 或 KT2 常开触点闭合,小车将继续正向或反向运行。

据此,对控制电路进行了改进,如图 2-20 所示,增加中间继电器 KA。当按启动按钮 SB,中间继电器 KA 线圈得电,常开辅助触点 KA 闭合实现自锁,再通过正反向启动按钮可以控制小车的运行方向;运行过程与图 2-19 所示的类似,不再赘述。当按下停止按钮 SB1,中间继电器 KA 线圈失电,辅助常开触点 KA 断开,切断电源,从而可以实现任意位置停车。

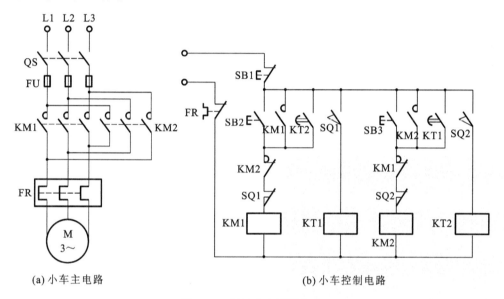

(a) 小车主电路　　　　　　　　　　(b) 小车控制电路

图 2-19　运料小车控制电路

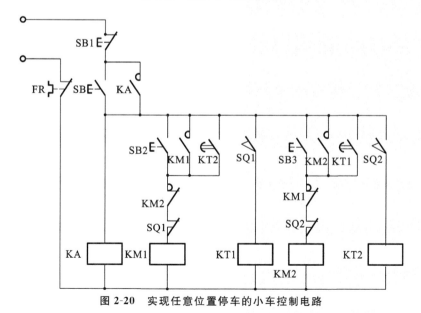

图 2-20　实现任意位置停车的小车控制电路

2.7　本章小结

　　本章介绍了电气控制线路图的识图及绘制基础知识,低压电气控制系统中常用的保护措施;着重介绍了电气控制中常用的典型控制线路,即三相异步电动机的启动控制线路、三相异步电动机的制动控制线路,三相异步电动机的调速控制线路;最后,进行了电气控制的综合举例。

习题 2

　　1.电气控制系统图有哪几种?

　　2.电气原理图一般分哪两部分? 各有什么特点?

　　3.绘制电气原理图时应遵守哪些原则?

　　4.低压电气控制系统中有哪些常用的保护措施?

　　5.短路保护、过流保护和过载保护有什么区别? 各由哪些常用保护器件起作用?

　　6.为什么热继电器不能做短路保护而只能做长期过载保护,而熔断器则相反?

　　7.试述"自锁"和"互锁"的概念,并举例说明各自的作用。

　　8.分析三相异步电动机正反转启动控制系统的电气原理图。

　　9.分析三相异步电动机星形-三角形降压启动控制系统的电气原理图。

　　10.分析三相异步电动机反接制动控制系统的电气原理图。

　　11.分析三相异步电动机能耗制动控制系统的电气原理图。

　　12.三相笼型异步电动机 M1、M2 可直接启动,按下列要求设计主电路与控制电路:

　　(1) M1 先启动,经过 2 min 后 M2 自行启动;

　　(2) M2 启动后,M1 立即停车;

　　(3) M2 能单独停车;

　　(4) M1 和 M2 均能点动。

　　13.设计一控制线路,要求第一台电动机启动 10 s 后,第二台电动机自行启动,运行 5 s,第一台电动机停止并同时使第三台电动机自行启动,再运行 10 s,电动机全部停止。

　　14.一小车由异步电动机驱动,其运行过程如下:

　　(1) 小车由起点开始前进,到终点后自行停止;

　　(2) 在终点停留 2 min 后自动返回起点停止;

　　(3) 要求在前进或返回途中任意位置都能停止或启动。

3

PLC 概述

PLC 广泛应用于冶金、化工、机械、电力、建筑、环保、矿业等有控制需要的各个行业，还可用于开关量控制、模拟量控制、数字控制、闭环控制、过程控制、运动控制、机器人控制、模糊控制、智能控制及分布式等各种控制领域。

3.1 PLC 的定义

国际电工委员会(IEC)在 1989 年对可编程控制器做了如下定义：可编程控制器是一种用数字运算操作的电子系统，是专为工业环境下应用设计的。它采用可编程的存储器，在其内部存储和执行逻辑运算、顺序控制、定时、计数和算术运算等操作的指令，并通过数字式和模拟式的输入和输出，控制各种类型的机械或生产过程。可编程控制器及其有关外部设备都按易于与工业控制系统集成，易于扩充其功能的原则设计。

事实上，可编程控制器是以嵌入式 CPU 为核心，配以输入/输出模块，结合计算机(computer)技术、自动化(control)技术和通信(communication)技术(简称 3C 技术)的高度集成化的新型工业控制装置。

图 3-1 所示的是各类 PLC 实物图。

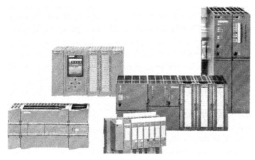

图 3-1 各类 PLC

3.2 PLC 的产生与发展

3.2.1 PLC 的产生

在 PLC 诞生之前,电气控制领域占主导地位的是由继电器、接触器等组成的继电器控制系统。当时的生产机械广泛采用这种结构简单、价格低廉又容易操作的控制系统。后来随着工业不断发展,生产规模越来越大,生产周期不断缩短,对劳动生产率及产品质量的要求不断提高,采用硬件接线的继电器控制系统本身存在体积大、通用性差、在复杂系统中可靠性低以及维修困难等诸多缺点,越来越不能满足现代工业发展的需要。

1968 年,美国通用汽车公司(GM)为了适应汽车车型的快速更新,想寻求一种比继电器更可靠、功能更齐全、响应速度更快的新型工业控制装置取代原继电器接触器的控制装置。为此,通用汽车公司对外公开招标,希望能开发出一种以计算机为基础的、采用程序代替硬件接线方式的、可以进行通用的大规模生产线流程控制的新型控制器。美国数字设备公司(DEC)首先响应并中标,并于 1969 年成功研制出了满足要求的世界上第一台 PLC(PDP-14),并将它安装在通用汽车公司的自动装配线上,取得了极大成功,开创了 PLC 技术的新纪元。

可编程逻辑控制器(programmable logic controller),早期主要是用于取代继电器来实现各种逻辑控制,因此名字里有"逻辑"二字。之后,由于电子计算机技术的飞速发展,PLC 的功能越来越丰富,不再局限于逻辑控制,故被称为可编程控制器(programmable controller,PC),但由于 PC 容易和个人计算机(personal computer)的英文缩写混淆,所以人们还是沿用 PLC 作为其英文缩写。

3.2.2 PLC 的发展

PLC 这种新型的工业控制器把继电器控制简单易懂、价格低廉的特点与计算机通用性强、灵活性好、功能完善的特点结合起来,实现了结构紧凑、体积小、操作方便、可靠性高、灵活性强等特点。随着微处理器的出现,大规模、超大规模集成电路技术的迅速发展和通信技术的不断进步,PLC 迅速在世界范围内得到研究和发展。

20 世纪 70 年代初,作为 PLC 的萌芽时期,PLC 主要是作为继电器控制装置的替代产品,执行原先由继电器完成的顺序控制、定时控制等。受限于当时的元件水平和计算机发展水平,装置中的器件主要采用分立元件和中小规模集成电路,存储器采用磁芯存储器。另外还采取了一些措施,以提高其抗干扰的能力。这一时期的 PLC 功能简单、容量小,可靠性较继电器控制装置有一定提高。

　　20世纪70年代末期,随着微处理器技术的快速发展,计算机技术的全面引入,使PLC的功能大大增强。在原有的逻辑运算、计时、计数等功能基础上,增加了算术运算、数据处理、传送、通信、自诊断以及模拟量运算、PID等功能,从而使PLC进入实用化发展阶段。

　　随着大规模和超大规模集成电路技术的迅速发展,高性能微处理器在PLC中大量使用,使得各种类型的PLC的微处理器的档次普遍提高,性能也大为增强。各制造厂商还纷纷研制开发了专用逻辑处理芯片,使它在模拟量控制、数字运算、人机接口和网络等方面的能力都得到大幅度提高,这一阶段的PLC逐渐进入过程控制领域,在某些方面取代了过程控制领域处于统治地位的DCS系统,奠定了在工业控制中不可动摇的地位。

　　20世纪末期,集成电路技术和微处理器技术继续迅猛发展,多处理器的使用,开发出各种各样的智能模块,生产了各种人机界面单元、通信单元,使应用可编程控制器的工业控制设备的配套更加容易。此外,随着计算机技术和网络通信技术的迅速发展,PLC通过以太网与上位计算机联网,实现PLC远程通信等,PLC技术得到更加广泛的使用。

　　PLC经过多年的发展,在美国、欧洲、日本等工业发达国家已成为重要产业,1987年全球PLC的销售额为25亿美元,此后每年以20%左右的速度递增。进入20世纪90年代,全球PLC的年平均销售额在55亿美元以上,其中我国约占1%。当前,PLC在国际市场上已成为最受欢迎的工业控制产品,用PLC设计自动控制系统已成为世界潮流。

　　目前生产PLC的厂家较多,国际上较有影响的、在中国市场占有较大份额的公司有德国西门子公司、日本OMRON公司、美国GE公司、美国莫迪康公司(施奈德)、美国AB(Alien-Bradley)公司、日本三菱公司和日本松下公司等。

　　2000年以后,我国的PLC生产有了一定的发展,小型的PLC已批量生产,中型PLC已有产品。国内PLC形成产品化的生产企业有30多家,如北京和利时系统工程股份有限公司、深圳德维森公司、天津中环自动化仪表公司和无锡华光电子工业有限公司,等等。

3.2.3　PLC的发展趋势

　　PLC总的发展趋势是向微型化、智能化、网络化、开放性和软PLC等方向发展。

1. 向大、小两个方向发展

　　在系统构成规模上,一是向体积更小、速度更快、功能更强、价格更低的小型化或微型化PLC方向发展;二是向大容量、高速度、多功能的大型高档PLC方向发展。

2. 开发各种智能模块,不断增强过程控制能力

智能 I/O 模块是以微处理器为基础的功能部件,模块的 CPU 与 PLC 的 CPU 并行工作,可以大大减少占用主 CPU 的时间,有利于提高 PLC 的扫描速度;又可以使模块具有自适应、参数自整定等功能,调试时间减少,控制精度得到提高,极大地增强了PLC 的过程控制能力。

3. 向网络化发展,通信联网功能不断增强

PLC 的通信联网功能可使 PLC 与 PLC 之间、PLC 与计算机之间相互交换信息,实现近距离或远距离通信,形成一个统一的分散集中控制系统。在提供网络接口方面,PLC 向两个方向发展:一是提供直接挂接到现场总线网络中的接口(如 PROFI-BUS、AS-i 等);二是提供 Ethernet 接口,使 PLC 直接接入以太网。虽然通信网络功能强大,但硬件连接和软件程序设计的工作量却不大,许多制造商为用户设计了专用的通信模块,并且在编程软件中增加了向导,所以用户大部分的工作是简单的组态和参数设置,实现了 PLC 中复杂通信网络功能的易用化。

4. 向开放性发展

早期的 PLC 缺点之一在于它的软、硬件体系结构是封闭的,因此,几乎各公司的PLC 均互不兼容。目前,PLC 在开放性方面已有实质性突破,不少大型 PLC 厂商在PLC 系统结构上采用了各种工业标准,如 IEC 61131-3 等。AEG schneider 集团已开发以 PLC 机为基础,在 Windows 平台下,符合 IEC 61131-3 国际标准的全新一代开放体系结构的 PLC。

5. 软 PLC 的发展

长期以来,PLC 始终处于工业控制自动化领域的主战场,为各种各样的自动化控制设备提供非常可靠的控制方案,与 DCS 和工业 PC 形成三足鼎立之势。同时,PLC也承受着来自其他技术产品的冲击,尤其是工业 PC 所带来的冲击。

随着 PC 进入计算机数控系统,使用 PC 的开放式 CNC 已经成为数控系统发展的新趋势。传统的 PLC 技术渐渐暴露出其不足之处,主要表现在技术封闭,各生产厂商的产品互不兼容,各类 PLC 的编程语言差别较大;同时,其技术为少数几家生产厂家所垄断,价格昂贵,所有这些因素都制约着 PLC 的发展。随着 PC-Based 控制技术的发展以及工业控制领域的 IEC 61131 国际标准的推出和实施,软 PLC(soft PLC)技术应运而生,并逐渐得到了广泛应用。

软 PLC,是在 PC 平台上,用软件模拟实现 PLC 的功能,也就是说,软 PLC 是一种基于 PC 开发结构的控制系统,它具有硬 PLC 的功能、可靠性、速度、故障查找等方面的特点,利用软件技术可以将标准的工业 PC 转换全功能的 PLC 过程控制器。软PLC 综合了计算机和 PLC 的开关量控制、模拟量控制、数学运算、数值处理、网络通信、PID 调节等功能,通过一个多任务控制内核,提供强大的指令集、快速而准确的扫

描周期、可靠的操作和可连接各种 I/O 系统及网络的开放式结构。可以说,软 PLC 不仅具有硬 PLC 的功能,还可以提供 PC 环境的各种优点。高性价比的软 PLC 成为今后高档 PLC 的发展方向。

3.3 PLC 的硬件组成和工作原理

3.3.1 PLC 的硬件组成

PLC 主要由 CPU(中央处理器)、存储器、输入/输出(I/O)接口电路、电源、外部设备通信接口、输入/输出(I/O)扩展接口、编程器等部分组成。PLC 硬件组成如图3-2所示。

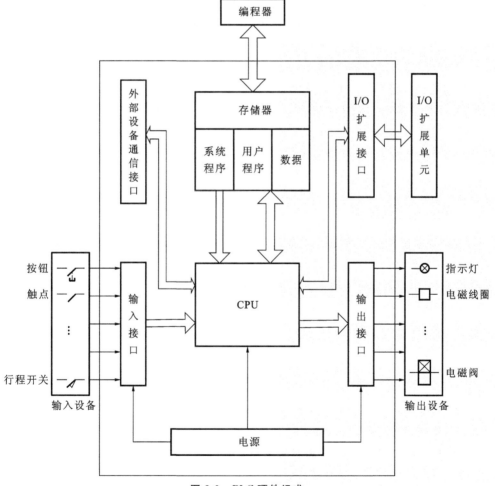

图 3-2 PLC 硬件组成

（1）CPU：CPU 是 PLC 的核心部分，很大程度上决定了 PLC 的整体性能，通过地址总线、数据总线和控制总线与存储器、I/O 接口等连接。

（2）存储器：存储器主要用于存放系统程序、用户程序和工作数据。存储器主要有两种：一种是系统存储器，用于存放系统程序，用户不能更改，使用只读存储器 EPROM；另一种是用户存储器，用于存储用户程序（用户程序存储器）和工作数据（功能存储器）。用户程序存储器一般用可进行读/写操作的随机存储器 RAM，但调试好后可固化在 EPROM 和 EEPROM 中；而功能存储器存放 PLC 运行中的各种数据，这些数据在 PLC 运行过程中是不断变化的，不需要长久保存，采用随机存储器（RAM）。

（3）I/O 接口电路：I/O 模块是 PLC 与工业现场之间的连接部件，是数据进出 PLC 的通道。它用于接收现场的输入信号（如按钮、行程开关和各类传感器等）和直接或间接地控制、驱动现场生产设备（如信号灯、接触器和电磁阀等）。

（4）电源：电源负责给 PLC 提供能源，PLC 一般采用高质量、高稳定性、抗干扰能力强的直流开关稳压电源。

（5）外部设备通信接口：通信接口主要为实现"人机"或"机机"对话，通信接口一般都带有通信处理器。PLC 通过这些接口与监视器、打印机等设备实现通信。

（6）I/O 扩展接口：I/O 扩展接口主要用于连接扩展单元。

（7）编程器：编辑器主要用于编辑、调试、检查、修改程序，监视用户程序的执行过程，显示 PLC 状态、内部器件及系统参数等。

3.3.2　PLC 的工作原理

1. PLC 的工作过程

PLC 的系统工作采用"循环扫描"的工作方式。PLC 在运行时，其内部要进行一系列操作，大致包括 6 个方面的内容，即初始化处理、系统自诊断、通信与外设服务（含中断服务）、采样输入信号、执行用户程序、输出刷新。PLC 工作流程如图 3-3 所示。

1）初始化处理

PLC 上电后，首先进行系统初始化，其中检查自身完好性是起始操作的主要工作。初始化的内容如下。

（1）对 I/O 单元的内部继电器清零，所有定时器复位（含 T_0），以消除各元件状态的随机性。

（2）检查 I/O 单元和内部连接是否正确。

（3）检查自身完好性：即启动监控定时器（就是通常说的看门狗，watch dog timer，WDT），用检查程序（即一个涉及各种指令和内存单元的专用检查程序）进行检查。

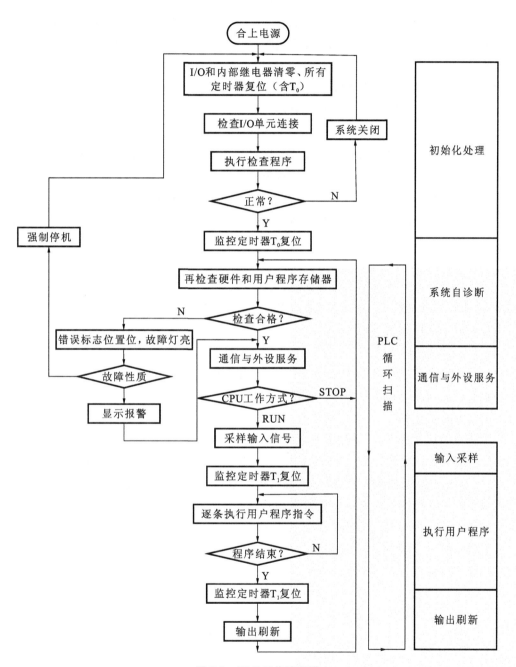

图 3-3 PLC 工作流程图

执行检查程序所用的时间是一定的,用 T_0 监测执行检查程序所用的时间。如果所用的时间不超过 T_0 的设定值,即不超时,则可证实自身完好,如果超时,用 T_0 的触点使系统关闭。若自身完好,则将监控定时器 T_0 复位,允许进入循环扫描工作。由此可见,T_0 的作用就是监测执行检查程序所用的时间,当所用的时间超时时,又用来控制系统的关闭,故称 T_0 为监控定时器。

2）系统自诊断

在每次扫描前,再进行一次自诊断,检查系统的完好性,即检查硬件(如 CPU、系统程序存储器 I/O 接口、通信接口、后备锂电池电压等)和用户程序存储器等,以确保系统可靠运行。若发现故障,则将有关错误标志位置位,再判断故障性质。若是一般性故障,则只报警而不停机,等待处理;若是严重故障,则停止运行用户程序,PLC 切断一切输出联系。

3）通信与外设服务

通信与外设服务指的是与编程器、其他设备(如终端设备、彩色图形显示器、打印机等)进行信息交换,与网络进行通信以及设备中断服务等。如果没有外设请求,系统会自动向下循环扫描。

4）采样输入信号

采样输入信号是指 PLC 在程序执行前,首先扫描各模块,将所有的外部输入信号的状态读入(存入)到输入映像存储器 I 中。

5）执行用户程序

在执行用户程序前,先复位看门狗(即监控定时器 WDT)T_1,当 CPU 对用户程序扫描时,T_1 就开始计时,在无中断或跳转指令的情况下,CPU 就从程序的首地址开始,按自左向右、自上而下的顺序,对每条指令主句进行扫描,扫描一条,执行一条,并把执行结果立即存入输出映像存储器 Q 中。

当系统正常时,执行完用户程序所用的时间不会超过 T_1 的设定值,接下来,T_1 复位,刷新输出。当程序执行过程中存在某种干扰,致使扫描失控或进入死循环时,执行用户程序就会超时,T_1 的触点会接通报警电路,发出超时警报信号并重新扫描和执行程序(即程序复执)。如果是偶然因素或者瞬时干扰而造成的超时,则重新扫描用户程序时,上述“偶然干扰”就会消失,程序执行便恢复正常。如果是不可恢复的确定性故障,T_1 的触点使系统自动停止执行用户程序,切断外部负载电路,发出故障信号,等待处理。

由上述可见,T_1 的作用就是监测执行用户程序所用的时间,当所用的时间超时时,又用来控制报警和系统的关闭。另外还可以看出,程序复执也是一种有效的抗干扰措施。

6）输出刷新

输出刷新就是指 CPU 在执行完所有用户程序后，将输出映像存储器 Q 的内容送到输出锁存器中，再由输出锁存器送到输出端子上去。刷新后的状态要保持到下次刷新。

2. 用户程序的循环扫描过程

PLC 循环扫描机制就是 CPU 用周而复始的循环扫描方式去执行系统程序所规定的操作。对 PLC 周期扫描机制的理解和应用是能否发挥 PLC 控制功能的关键所在。CPU 有两种操作方式，即 STOP 方式和 RUN 方式。其主要的差别是：RUN 方式下，CPU 执行用户程序；STOP 方式下，CPU 不执行用户程序。

下面说明 CPU 在 RUN 方式下执行用户程序的过程。

1）扫描的含义

CPU 执行用户程序与其他计算机一样，也是采用"分时"原理，即一个时刻执行一个操作，并一个操作一个操作地顺序进行，这种分时操作过程称为 CPU 对程序"扫描"。若是周而复始的反复扫描就称为"循环扫描"。显然，只有被扫描到的程序（或指令）或元件（线圈或触点）才会被执行或动作。

如果用户程序是由若干条指令组成，指令在存储器内是按顺序排列的，则 CPU 从第一条指令开始顺序地逐条执行，执行完最后一条指令又返回第一条指令，开始新的一轮扫描，并且周而复始地循环。

2）扫描周期

扫描周期是指在正常循环扫描时，从扫描过程中的一点开始，经过顺序扫描又回到该点所需要的时间。例如，CPU 从扫描第一条指令开始到扫描最后一条指令后又返回到第一条指令所用的时间就是一个扫描周期。PLC 运行正常时，扫描周期的长短与下列因素有关：CPU 的运算速度、I/O 点的数量、外设服务的多少与时间（如编程器是否接上、通信服务及其占用时间等）、用户程序的长短、编程质量（如功能程序长短，使用的指令类别及编程技巧等）。

3）循环扫描过程

由于 PLC 采用分时操作的方法，每一时刻只能执行一个操作指令，故程序的执行存在一定延时。PLC 扫描一个周期必经输入采样、程序执行和输出刷新三个阶段。PLC 的扫描过程如图 3-4 所示。

（1）输入采样阶段：首先以扫描方式按顺序将所有暂存在输入锁存器中的输入端子的通断状态或输入数据读入，并将其写入各对应的输入状态寄存器（输入映像区）中，即刷新输入。随即关闭输入端口，进入程序执行阶段。

（2）程序执行阶段：按用户程序指令存放的先后顺序扫描执行每条指令，经相应的运算和处理后，其结果再写入输出状态寄存器（输出映像区）中，输出状态寄存器中所有的内容随着程序的执行而改变。

（3）输出刷新阶段：当所有指令执行完毕，输出状态寄存器的通断状态在输出刷新阶段送至输出锁存器中，并通过一定的方式（继电器、晶体管或晶闸管）输出，驱动相应输出设备工作。

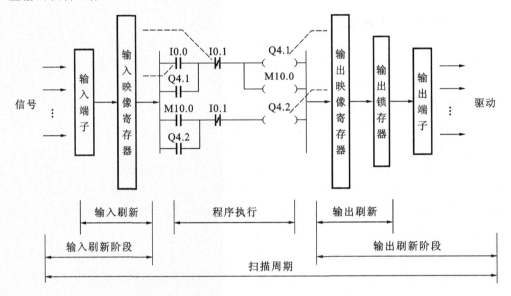

图 3-4 PLC 扫描过程

PLC 循环扫描工作方式会带来 I/O 响应滞后问题，因而需采取以下措施。

① 为保证输入信号可靠进入"输出采样阶段"，输入信息稳定驻留时间必须大于 PLC 扫描周期，这样可保证输入信息不丢失。

② 要减少 I/O 响应时间，除在硬件上想办法减少延迟时间外，在 I/O 传送方式上可采用直接传送方式。

③ 定时器的时间设定值不能小于 LPC 扫描周期。

④ 在同一扫描周期内，输出值保留在输出映像存储器内不变。此输出值可在用户程序中当作逻辑运算的变量或条件使用。

3. PLC 的中断

1）一般中断的概念

可编程控制器应用在工业控制过程中常常遇到这样的问题，要求 PLC 在某些情况下正常输入或输出循环扫描和程序运行时，转而去执行某些特殊的程序或应急处理程序，待特殊程序执行完毕后，再返回原来的程序，PLC 的这样一个过程称为中断。中断过程中执行的特殊程序称为中断服务程序，每一个可以向 PLC 提出中断处理要求的内部原因或外部设备成为"中断源"（意为中断请求源）。

2) PLC 对于中断的处理

PLC 系统对于中断的处理思路与一般微机系统对于中断处理的思路基本是一样的,但不同的厂家、不同型号的 PLC 可能有区别,使用时要做具体的分析。

(1) 中断响应问题。

CPU 的中断过程受操作系统管理控制。一般微机系统的 CPU,在执行每一条指令结束时去查询有无中断申请。有的 PLC 也是这样,若有中断申请,则在当前指令结束的就可以响应该中断;但有的 PLC 对中断的响应是在系统循环扫描周期的各个阶段,如它是在相关的程序结束后和执行用户程序时查询有无中断申请,若有中断申请,则转入执行中断服务程序;如果用户程序以块式结构组成,则在每块结束或实行块调用时处理中断。

(2) 中断源先后排队顺序及中断嵌套问题。

在 PLC 中,中断源的信息是通过输入点而进入系统的,PLC 扫描输入点是按输入点编号的前后顺序进行的,因此中断源的先后顺序只要按输入点编号的顺序排列即可。系统接到中断申请后,顺序扫描中断源,它可能只有一个中断源申请中断,也可能同时有多个中断源提出中断申请。系统在扫描中断源的过程中,就在存储器的一个特定区建立起"中断处理表",按顺序存放中断信息,中断源被扫描后,中断处理表也已建立完毕,系统就按照该表中的中断先后顺序转至相应的中断程序入口地址去工作。

必须说明的是,PLC 可以有多个中断源。多个中断源可以有优先顺序,但有的 PLC 中断无嵌套关系。也就是说,中断程序执行者,如有新的中断发生,不论新中断的优先顺序如何,都要等执行中的中断处理结束后,再进行新的中断处理。然而有的 PLC 是可以嵌套的,如西门子公司 S7 系列 PLC 高优先级的中断组织块可以中断低优先级的中断组织块,进行多层嵌套调用。

3.4 PLC 的特点、分类和功能

3.4.1 PLC 的特点

1) 可靠性好

由于 PLC 采用了输入和输出信号光电隔离滤波,电源屏蔽、稳压和保护技术,以及故障诊断等技术,所以 PLC 可以在工业控制现场、恶劣环境中可靠地工作,平均无故障时间可达 5 万~10 万小时以上。

2) 功能完善

PLC 种类多,模块丰富,指令功能强大,PLC 几乎可以完成所有的工业控制任务。

3）编程简单

类似继电器控制系统图的梯形图语言易学易懂,非常容易被技术人员掌握。

4）在线编程

在工业现场,可以使用手控编程器或笔记本电脑对 PLC 进行编程,当 PLC 联网后,可以在网络的任意位置对 PLC 编程。

5）安装简单

由于采用模块化结构,现场安装非常简单。

6）体积小、重量轻、功耗低

在现代集成电路技术支持下,PLC 体积越来越小,重量越来越轻,功耗越来越低。

7）价格越来越便宜

在生产厂家的增多、集成电路技术的进步等因素的影响下,PLC 价格越来越低。

3.4.2　PLC 的分类

PLC 的品种繁多,其分类方式一般如下。

1. 根据结构形式分类

根据 PLC 结构形式的不同,可以把 PLC 分为整体式、模块式及整体模块混合式等三种类型。

（1）整体式 PLC:将电源、CPU、I/O 模块等部件紧凑地集中装在一个标准机箱内,结构紧凑、性价比高。

（2）模块式 PLC:将 PLC 的 CPU、输入单元、输出单元、电源、通信等分别独立地进行物理封装,做成模块,在应用时按照需要进行模块组装。大中型 PLC 一般是模块式结构。

（3）整体模块混合式 PLC:将 CPU、电源模块、通信模块和一定数量的 I/O 模块集成到一起,在使用中,I/O 模块不够使用时,进行模块扩展。

2. 根据 I/O 点数分类

根据 PLC 的 I/O 点数的多少可以把 PLC 分为超小型 PLC、小型 PLC、中型 PLC和大型 PLC、超大型 PLC 等种类,其点数的划分如表 3-1 所示。

表 3-1　按 I/O 点数分类的类型

类　型	I/O 点数	存储器容量/KB	机型举例
超小型	64 以下	1~2	三菱 F10、F20,西门子 S7-200
小型	64~128	2~4	三菱 F40、F−60,西门子 S5-100U
中型	128~512	4~16	三菱 K 系列,西门子 S5-115U、S7-300
大型	512~8192	16~64	三菱 A 系列,西门子 S5-135U、S7-400
超大型	大于 8192	64~128	西门子 S5-155U

3. 根据功能分类

（1）低档机——具有开关量控制、少量的模拟量控制、远程 I/O 和通信等功能。

（2）中档机——具有开关量控制、较强的模拟量控制、远程 I/O 和通信联网等功能。

（3）高档机——除具有中档机的功能外，运算功能更强、特殊功能模块更多，有监视、记录、打印和极强的自诊断功能，通信联网功能更强，能进行智能控制、运算控制、大规模过程控制，可方便地构成全厂的综合自动化系统。

3.4.3　PLC 的功能

1. 继电器控制功能

它是最基本的、应用最广泛的功能，可以用来取代继电器控制、机电式顺序控制等所有的开关量控制系统。

2. 过程控制

PLC 具有 A/D 和 D/A 转换及运算功能，可以实现对温度、压力、流量、电流、电压、物位高度等连续变化的模拟量控制，而且 PLC 大都具有 PID 闭环控制功能。

3. 数字控制

PLC 能和机械加工中的数字控制以及计算机数控组成一体，实现数字控制。

4. 位置、速度控制

在机器人、机床、电机调速等领域进行位置速度控制。

5. 数据监控

对系统异常情况进行识别、记忆，或在系统异常情况时自动终止运行。在电力、自来水处理、化工、炼油、轧钢等方面进行数据采集和监测。

6. 组成分布式控制系统

现代 PLC 具有较强的通信联网功能。PLC 可以与 PLC、远程 I/O、上位计算机之间进行通信，从而构成"集中管理，分散管理"的分布式控制系统，并能满足工厂自动化（FA）和计算机集成制造系统（CIMS）发展的需要。

7. 其他功能

其他功能主要指显示、打印、报警已经对数据和程序硬复制等其他功能。

3.5 PLC 与继电器控制、微机控制等的区别

3.5.1 PLC 与继电器控制的区别

继电器、接触器系统是有触点系统,原理简单,抗干扰能力非常强,但体积大,可靠性差,灵活性和通用性差,系统难以维护;PLC 可靠性极高,抗干扰性能很强,通用性和灵活性很高,功能强大,但 PLC 输出电流较小,不能直接控制大功率设备,对大功率设备需进行转换或放大其输出电流。PLC 与继电器控制在控制方式、控制速度和延时控制方面还有如下区别。

1. 控制方式

继电器的控制是采用硬件接线实现的,是利用继电器机械触点的串联、并联及时间继电器等组合形成控制逻辑,只能完成既定的逻辑控制。

PLC 采用存储逻辑,其控制逻辑是以程序方式存储在内存中的,要改变控制逻辑,只需要改变程序即可,这称为软接线。

2. 控制速度

继电器控制逻辑是依靠触点的机械动作实现控制的,其工作频率低,响应时间为毫秒级,机械触点有抖动现象。

PLC 是程序指令控制半导体电路实现控制,其具有速度快、响应时间为微秒级、严格同步、无抖动等特点。

3. 延时控制

继电器控制系统是靠时间继电器的滞后动作实现延时控制,而时间继电器定时精度不高,受环境影响大。

PLC 是利用半导体集成电路定时器,脉冲由晶体振荡器产生,精度高,调整时间方便,不受环境影响。

3.5.2 PLC 与微机控制的区别

PLC 是一种为适应工业控制环境而设计的专用计算机。但从工业控制的角度来看,PLC 又是一种通用机,只要选配对应的模块便可适用于各种工业控制系统,而用户只需改变用户程序即可满足工业控制系统的具体控制要求。

微型计算机(MC)控制是在以往计算机与大规模集成电路的基础上发展起来的,其最大特点是运算速度快,功能强,应用范围广,在科学计算、科学管理和工业控制中都得到广泛应用,即 MC 是通用计算机。MC 必须根据实际需要考虑抗干扰问题及硬

件软件的设计,以适应设备控制的专门需要。

简单地讲,微机控制与 PLC 具有以下几点区别。

(1) PLC 抗干扰性能比 MC 的高:PLC 由于采用大规模集成电路技术,以及严格的生产工艺制造,内部电路采取了先进的抗干扰技术,具有很高的可靠性。

(2) PLC 编程比 MC 编程简单:PLC 有着一套专用的开发平台和编程语言,可方便实现对被控制设备进行编程、修改及监控功能;MC 的程序是基于 PC 操作系统的编程语言,是通用的编程语言,如 VB、VC 等。MC 需要专用的接口卡,编程较 PLC 困难,修改困难。

(3) PLC 设计调试周期短。

(4) PLC 的 I/O 响应时间慢,有较大的滞后现象(毫秒级),而 MC 的响应速度快(微秒级)。

(5) PLC 易于操作,人员培训时间短;而 MC 则较难,人员培训时间长。

(6) PLC 易于维修,MC 则较困难。

随着 PLC 技术的发展,其功能越来越强,同时 MC 也在逐渐提高和改进,两者之间将相互渗透,使 PLC 与 MC 的差距越来越小,但在今后很长一段时间内,两者将继续共存。在一个控制系统中,PLC 将集中于功能控制上,而 MC 将集中于信息处理上。

3.5.3　PLC 与单片机的区别

PLC 是建立在单片机之上的产品,而单片机是一种集成电路。单片机可以构成各种各样的应用系统,从微型、小型到中型、大型都可,PLC 是单片机应用系统的一个特例。不同厂家的 PLC 有相同的工作原理、类似的功能和指标,有一定的互换性,质量有保证,编程软件正朝标准化方向迈进,这正是 PLC 获得广泛应用的基础。而单片机应用系统则是功能千差万别,质量参差不齐,学习、使用和维护都很困难。

从工程的角度,对单项工程或重复数极少的项目,采用 PLC 方案是明智、快捷的途径,成功率高,可靠性好,但成本较高。对于量大的配套项目,采用单片机系统具有成本低、效益高的优点,但这要有相当的研发力量和行业经验才能使系统稳定、可靠地运行。单片机的应用考量的是开发者的能力、经验,这其中的能力包括电源、滤波、隔离、软件的规范、通信、对工艺的理解,更重要的是器件选择、采购、焊接、老化、改进、可扩展性、外壳设计、面板设计、小批量、大批量、开发周期等,其中的任何一条都可能为制约因素。最好的方法是单片机系统嵌入 PLC 的功能,这样可大大简化单片机系统的研制时间,性能得到保障,效益也就有保证。

3.5.4　PLC 与集散系统的区别

从硬件的角度来看,PLC 和集散系统(DCS)之间的差别正在缩小,都将由一些微电子元件、微处理器、大容量半导体存储器和 I/O 模件组成,结构差异不大,只是在功能上的着重点不同。编程方面也有很多相同点。

集散控制系统(DCS)又称分布式控制系统,是从工业自动化仪表控制系统发展到以工业控制计算机为中心的集散系统,是集 4C(communication、computer、control、CRT)技术于一身的监控技术,是专门为工业过程控制设计的过程控制装置。该控制系统的核心思想是"信息集中,控制分散"。它一般由系统网络、现场 I/O 控制站、操作员站和工程师站等四个基本部分组成,通过系统网络连接在一起,成为一个完整统一的系统。其中现场 I/O 控制站、操作员站和工程师站都是由独立的计算机构成,它们分别完成数据采集、控制、监视、报警、系统组态、系统管理等功能,以此来实现分散控制和集中监视、集中操作的目标。

DCS 既有计算机控制系统先进、精度高、响应速度快等优点,又有仪表控制系统安全可靠、维护方便的优点,是从上到下的树状拓扑大系统,其中通信(communication)是关键。DCS 可实现复杂的控制规律,如串级、前馈、解耦、自适应、最优和非线性控制等,也可实现顺序控制。

PLC 是由继电器逻辑系统发展而来,主要用在离散制造、工序控制,初期主要是代替继电器控制系统,侧重于开关量顺序控制方面。近年来随着微电子技术、大规模集成电子技术、计算机技术和通信技术等的发展,PLC 在技术和功能上发生了飞跃。在初期逻辑运算的基础上,增加了数值运算、闭环调节等功能,增加了模拟量和 PID 调节等功能模块;运算速度提高,CPU 的能力赶上了工业控制计算机;通信能力的提高发展了多种局部总线和网络(LAN),因而可构成一个集散系统,也可作为 DCS 的子系统。

PLC 用编程器或计算机编程,编程语言是梯形图、功能块图、顺序功能表图和指令表等,可用一台 PC 为主站,多台同型 PLC 为从站;也可用一台 PLC 为主站,多台同型 PLC 为从站,构成 PLC 网络。有用户编程时,不必知道通信协议,只要按说明书格式写就行。

集散系统采用 CRT 操作站,有良好的人机交互界面;软硬件采用模块化积木式结构;用组态软件,编程简单,操作方便。DCS 系统的软件、硬件的集成度较高,因此通信不属于项目过程中考虑的问题。

集散控制系统是按用户的程序指令工作的,PLC 是按扫描方式工作的,其对每个采样点的采样速度是相同的,在存储器的容量上,由于 PLC 所执行的大多是逻辑运算,因此,所需的存储器容量较小。

通常 DCS 的项目都比较大,只使用一个厂商的系统,如 ABB、HONYWELL、AB 等。PLC 系统中,上位机和下位机分别是相对独立的单元,可以用西门子的 PLC 做现场,使用 INTOUCH 做上位机,因此 PLC 的移植性相对来说比较高。当然,目前两者都在相互渗透,DCS 正在朝灵活方向发展,而 PLC 则向高集成方向发展,PLC 的各种特性提高和各种功能完善的速度越来越快,DCS 和 PLC 的控制功能将进一步融合。

3.6 本章小结

本章介绍了 PLC 的定义、PLC 的产生和发展,以及 PLC 的特点、分类和功能,阐述了 PLC 的硬件组成和工作原理,并将 PLC 与继电器控制、微机控制、单片机和集散系统做比较,说明了 PLC 与它们之间的区别。

习题 3

1. 为什么可编程控制器被习惯上称为 PLC?

2. 简述 PLC 的发展过程。

3. 简述 PLC 的工作工程。

4. 简述 PLC 循环扫描过程。

5. 循环扫描为什么有利于 PLC 的抗干扰?

6. 循环扫描为什么会导致输入延迟、输出滞后的问题?通常用什么方法解决?

7. 可编程控制器的特点是什么?

8. PLC 按功能和结构形式分哪几类?

9. PLC 有哪些主要功能?

10. 简述 PLC 与继电器控制、微机控制、单片机和集散系统的区别。

S7-300 PLC 硬件组成

4.1　S7-300 PLC 的组成与结构

4.1.1　S7-300 PLC 概述

SIMATIC S7 系列 PLC 是德国西门子公司在 S5 系列 PLC 基础上于 1995 年陆续推出的 PLC 系统,其性能价格比比较高。其中,微型的有 SIMATIC S7-200 系列,最小配置为 8DI/6DO,可扩展 2～7 个模块,最大 I/O 点数为 64DI/DO、12AI/4AO;中小型的有 SIMATIC S7-300 系列;中高档的有 S7-400 系列。SIMATIC S7 系列 PLC 都采用了模块化、无排风扇的结构,且具有易于用户掌握等特点,使得 S7 系列 PLC 成为从小规模到中等性能要求以及大规模应用的首选产品。

S7-300 PLC 是模块化的中小型 PLC,适用于中等性能的要求。品种繁多的 CPU 模块、信号模块和功能模块能满足各领域的自动控制任务,用户可以根据系统的具体情况选择合适的模块,维修时更换模块也很方便。

S7-300 PLC(见图 4-1)采用模块化结构,各种模块能以不同的方式组合在一起,模块式 PLC 由机架和模块组成。S7-300 PLC 的每个 CPU 都有一个使用 MPI(多点接口)通信协议的 RS-485 接口。有的 CPU 还带有集成的现场总线 PROFIBUS-DP 接口、PROFINET 接口或 PtP 串行通信接口。S7-300/400 PLC 不需要附加任何硬件、软件和编程,就可以建立一个 MPI 网络。

功能最强的 CPU 319-3PN/DP 的 RAM 存储容量为 1400 KB,可以插入 8 MB 的微存储卡,有 8192 B 存储器位,2048 个 S7 定时器和 2048 个 S7 计数器,数字量输入和输出最多均为 65536 点,模拟量输入和输出最多均为 4096 个,位操作指令的执行时间为 0.01 μs。

由于使用 Flash EPROM,CPU 断电后无需后备电池也可以长时间保持动态数

图 4-1 S7-300 PLC

据,使 S7-300 PLC 成为完全无需维护的控制设备。

S7-300/400 PLC 有很高的电磁兼容性和抗振动、抗冲击能力,可以用于恶劣环境条件下的 SIPLUS S7-300 PLC 的温度范围为 $-25\sim+70$ ℃,有更强的耐振动和耐污染性能。

S7-300/400 PLC 有 350 多条指令,其编程软件 STEP 7 功能强大,使用方便。STEP 7 的功能模块图和梯形图编程语言符合 IEC 61131 标准,语句表编程语言与 IEC 标准稍有不同,以保证与 STEP 5 的兼容,三种编程语言可以相互转换。用转换程序可以将西门子的 STEP 5 或 TISOFT 编写的程序转换到 STEP 7。STEP 7 还有 SCL、GRAPH、CFC 和 HiGraph 等编程语言供用户选购。

S7-300 PLC 的大量功能能够支持和帮助用户进行编程、启动和维护,其主要功能如下。

(1) 高速的指令处理。$0.1\sim0.6~\mu\mathrm{s}$ 的指令处理时间在中等到较低的性能要求范围内开辟了全新的应用领域。

(2) 人机界面(HMI)。方便的人机界面服务已经集成在 S7-300 操作系统内,因此人机对话的编程要求大大减少。

(3) 诊断功能。CPU 的智能化诊断系统可连续监控系统的功能是否正常,记录错误和特殊系统事件。

(4) 口令保护。多级口令保护可以使用户高度、有效地保护其技术机密,防止未经允许的复制和修改。

4.1.2 S7-300 PLC 的组成

S7-300 PLC 采用了模块式结构,主要由机架(RACK)、电源模块(PS)、中央处理单元模块(CPU)、接口模块(IM)、信号模块(SM)、功能模块(FM)和通信处理器(CP)等部分组成,如图 4-2 所示。S7-300 PLC 的模块都有名称,同样名称的模块根据接口名称和功能的不同,又有不同的规格,在 PLC 的硬件组态中,以订货号为准。

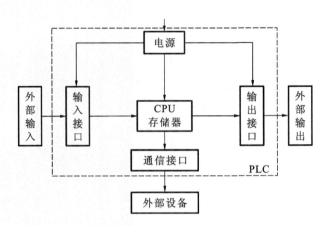

图 4-2 S7-300 PLC 的硬件组成

1. 中央处理单元模块(CPU)

CPU 用于存储和处理用户程序,控制集中式 I/O 和分布式 I/O。各种 CPU 有不同的性能,有的 CPU 集成有数字量和模拟量输入/输出点,有的 CPU 集成有 PROFI-BUS-DP 等通信接口。CPU 前面板上有状态故障指示灯、模式选择开关、24 V 电源端子和微存储卡插槽。

专用 CPU 还有其他特性:作为 PROFIBUS 子网中的 DP 主站;作为 PROFIBUS 子网中 DP 从站;技术功能;点对点通信。CPU 还有不同的模式选择开关;312IFM 至318-2DP 有钥匙选择开关;312C 至 314C-2PtP/DP 有滑动开关。

2. 电源模块(PS)

电源模块用于将 AC 220 V 的电源转换为 DC 24 V 电源,供 CPU 模块和 I/O 模块使用。电源模块的额定输出电流有 2 A、5 A 和 10 A 等三种,过载时模块上的 LED闪烁。

3. 信号模块(SM)

信号模块是数字量输入/输出模块(简称 DI/DO)和模拟量输入/输出模块(简称AI/AO)的总称,它们使不同的过程信号电压或电流与 PLC 内部的信号电平匹配。模拟量输入模块可以输入热电阻、热电偶、DC 4~20 mA 和 DC 0~10 V 等多种不同类型和不同量程的模拟量信号。每个模块上有一个背板总线连接器,现场的过程信号连接到前连接器的端子上。

4. 功能模块(FM)

功能模块是智能的信号处理模块,它们不占用 CPU 的资源,对来自现场设备的信号进行控制和处理,并将信息传送给 CPU。它们负责处理那些 CPU 通常无法以规定的速度完成的任务,以及对实时性和存储容量要求很高的控制任务,如高速计数、定位和闭环控制等。功能模块包括计数器模块、电子凸轮控制器模块、用于快速进给/慢速驱动的双通道定位模块、高速布尔处理器模块、闭环控制模块、温度控制器模块、称重模块、超声波位置编码器模块等。

5.通信处理器(CP)

通信处理器用于 PLC 之间、PLC 与计算机和其他智能设备之间的通信,可以将PLC 接入 PROFIBUS-DP、AS-i 和工业以太网,或用于实现点对点通信。通信处理器可以减轻 CPU 处理通信的负担,并减少用户对通信的编程工作。

6.接口模块(IM)

接口模块用于多机架配置时连接主机架和扩展机架。

7.导轨

铝质导轨用来固定和安装 S7-300 PLC 的各种模块。

4.1.3 S7-300 PLC 的结构

S7-300 PLC 采用紧凑的、无槽位限制的模块式结构,将电源模块(PS)、中央处理单元模块(CPU)、接口模块(IM)、信号模块(SM)、功能模块(FM)和通信处理器(CP)都安装在导轨上。导轨是一条专用的金属机架,安装时只需要将模块钩在 DIN 标准导轨上,并用模块自带的螺栓固定即可。有多种不同长度的导轨可供选择,S7-300 的安装如图 4-3 所示。

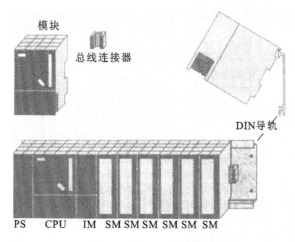

图 4-3 S7-300 的安装

电源模块总是安装在机架的最左边,CPU 模块紧靠电源模块。如果有接口模块,它应放在 CPU 模块的右侧。

在 S7-300 中,用背板总线将除电源模块之外的各个模块连接起来(只负责数据传输,对模块的供电需要单独从电源模块引出接线)。背板总线集成在模板上,模块通过 U 形总线连接器相连接,每个模块都有一个总线连接器,总线连接器插在各模块的背后,负责连接本模块与其左侧的模块。安装时先将总线连接器插在 CPU 模块上,并固定在导轨上,然后依次装入各个模块。外部连接线接在信号模块和功能模块的前连接器的端子上,前连接器用插接的方式安装在模块前门后面的凹槽中。

S7-300 的电源模块通过电源连接器或导线与 CPU 模块相连,为 CPU 模块和其他模块提供 DC 24 V 电源。

更换模块时只需松开安装螺钉,拔下已经接线的前连接器。

每个机架最多只能安装 8 个信号模块、功能模块或通信处理模块,组态时系统自动分配模块的地址。如果这些模块超过 8 块,可以增加扩展机架,低端 CPU 没有扩展功能。

除了带 CPU 的中央机架(CR),最多可以增加 3 个扩展机架(ER),每个机架可以插 8 个模块(不包括电源模块、CPU 模块和接口模块 IM),4 个机架最多可以安装 32 个模块。

机架最左边是 1 号槽(见图 4-4),最右边是 11 号槽,电源模块总是在 1 号槽的位置。中央机架(0 号机架)的 2 号槽上是 CPU 模块,3 号槽上是接口模块。这 3 个槽号被固定占用,信号模块、功能模块和通信处理模块使用 4~11 号槽。

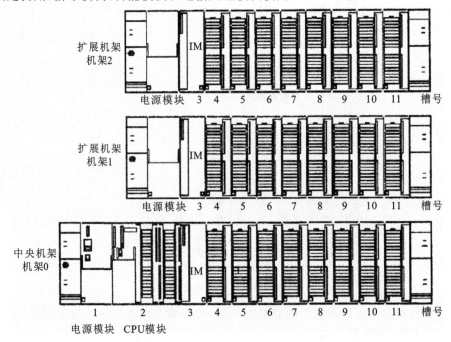

图 4-4 多机架的 S7-300 PLC

因为模块是用总线连接器连接的,而不是像其他模块式的 PLC 那样,用焊在背板上的总线插座来安装模块,所以槽号是相对的,机架导轨上并不存在物理槽位。例如,在不需要扩展机架时,中央机架上没有接口模块,CPU 模块和 4 号槽的模块是挨在一起的,此时 3 号槽位仍然被实际上并不存在的接口模块占用。

如果有扩展机架,接口模块占用 3 号槽位,负责中央机架与扩展机架之间的数据通信。

每个机架上安装的信号模块、功能模块和信号处理模块除了不能超过 8 块外,还受到背板总线 DC 5 V 电源的供电电流的限制。0 号机架的 DC 5 V 电源由 CPU 模块产生,其额定电流值与 CPU 的型号有关。扩展机架的背板总线的 DC 5 V 电源由接口模块 IM 361 产生。各类模块消耗的电流可以查 S7-300 模块手册。

4.2 S7-300 PLC 的模块

4.2.1 电源模块

PS307 是西门子公司为 S7-300 专配的 DC 24 V 电源。PS307 系列模块除输出额定电流不同外(有 2 A、5 A、10 A 三种),其工作原理和各种参数都相同。

PS307 可安装在 S7-300 的专用导轨上,除了给 S7-300 CPU 供电外,还可给 I/O 模块提供负载电源。

图 4-5 所示的为 PS307 10 A 模块端子接线图。

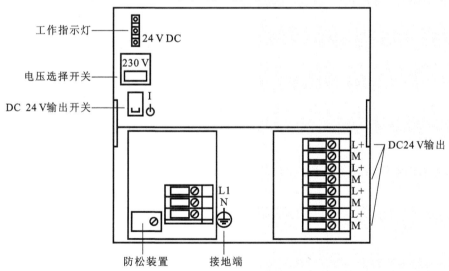

图 4-5 PS307 10 A 模块端子接线图

4.2.2　CPU 模块

1. CPU 模块概述

S7-300 的 CPU 模块分为紧凑型、标准型、技术功能型和故障安全型等。

1）紧凑型 CPU

S7-31xC 有 6 种紧凑型 CPU（见表 4-1），它们均有集成的数字量输入/输出（DI/DO），有的有集成的模拟量输入/输出（AI/AO）。它们还有集成的高速计数、频率测量、脉冲输出、闭环控制和定位等计数功能，脉宽调制频率最高为 2.5 kHz。I/O 地址区为 1025 B/1024 B，I/O 过程映像区为 128 B/128 B。CPU 314C-2DP 和 CPU 314C-2PtP 有定位控制功能。

CPU 312C 有软件实时钟，其余的均为硬件实时钟。CPU 模块的第一个通信接口是内置的 RS-485 接口，没有隔离，默认的传输速率为 187.5 Kb/s。该接口的 MPI 有 PG/OP 通信功能和全局数据（GD）通信功能。

CPU 313C-2PtP 和 CPU 314C-2PtP 集成有点对点通信接口，ASCII 协议的通信速率为 19.2 Kb/s（全双工）和 38.4 Kb/s（半双工）；3964R 协议的为 38.4 Kb/s；RK512 协议的为 38.4 Kb/s。

S7-31xC 的 RAM 不能扩展，没有集成的装载存储器，运行时需要插入 MMC 卡，通过 MMC 卡执行程序和保存数据，MMC 卡为免维护的 FEPROM，可以扩展至 4 MB。各 CPU 均有实时钟，CPU 312C 的时钟没有电池后备功能。CPU 有一个运行小时计数器，有日期时间同步功能。FB（功能块）、FC（功能）、DB（数据块）的最大容量为 16 KB。

CPU 312C 有集成的数字量 I/O，适用于有较高要求的小型系统。CPU 313C 有集成的数字量 I/O 和模拟量 I/O，适用于有较高要求的系统。CPU 313C-2PtP，CPU 314C-2PtP 有集成的数字 I/O 和第二个串口，两个接口均有点对点（PtP）通信功能。CPU 314C-2PtP 还有集成的模拟量 I/O，适用于较高要求的系统。CPU 313C-2DP 和 CPU 314C-2DP 有集成的数字 I/O 和两个 PROFIBUS-DP 主站、从站接口，通过 CP（通信处理器）各 CPU 可以扩展一个 DP 主站。CPU 314C-2DP 还有集成的模拟量 I/O，适用于有较高要求的系统。

表 4-1　紧凑型 CPU 部分技术参数

CPU	312C	313C	313C-2PtP	313C-2DP	314C-2PtP	314C-2DP
集成工作存储器 RAM/KB	32	64	64	64	96	96
装载存储器（MMC）	最大 4 MB	最大 8 MB	最大 8 MB	最大 8 MB	最大 8 MB	最大 8 MB

续表

CPU	312C	313C	313C-2PtP	313C-2DP	314C-2PtP	314C-2DP
位操作指令执行时间/μs	0.2	0.1	0.1	0.1	0.1	0.1
浮点数运算指令执行时间/μs	6	3	3	3	3	3
集成 DI/DO	10/6	24/16	16/16	16/16	24/16	24/16
集成 AI/AO		4+1/2			4+1/2	4+1/2
位存储器/MB	128	256	256	256	256	256
S7 定时器/S7 计数器	128/128	256/256	256/256	256/256	256/256	256/256
计数通道数/最高频率	2/10 kHz	2/30 kHz	2/30 kHz	2/30 kHz	2/30 kHz	2/30 kHz
最大机架数/模块总数	1/8	4/31	4/31	4/31	4/31	4/31
通信接口与功能	MPI	MPI	MPI/PtP	MPI/DP	MPI/PtP	MPI/DP
定位通道数	—	—	—	—	1	1

2)标准型 CPU

标准型 CPU 的计数参数如表 4-2 所示。

带有 PN 的 CPU 有集成的工业以太网接口,可以在 PROFINET 网络上实现基于组件的自动化(CBA),组成分布式智能系统。它们可以作为 PROFINET 代理,或者作为 PROFINET I/O 控制器,用于在 PROFINET 上运行分布式 I/O。

表 4-2 标准型 CPU 技术参数

CPU	312	314	315-2DP	315-2PN/DP	317-2DP	317-2PN/DP	319-3PN/DP
集成工作存储器 RAM/KB	32	96	128	256	512	1024	1400
装载存储器 MMC	最大 4 MB		最大 8 MB				
最大位操作指令执行时间/μs	0.2	0.1	0.1			0.05	0.01
浮点数指令执行时间/μs	6	3	2			1	0.04
FB 最大块数/最大容量	1024/32 KB	2048/64 KB	2048/64 KB		2048/16 KB	2048/64 KB	2048/64 KB
FC 最大块数/最大容量	1024/32 KB	2048/64 KB	1024/64 KB		1024/16 KB	2048/64 KB	2048/64 KB

续表

CPU	312	314	315-2DP	315-2PN/DP	317-2DP	317-2PN/DP	319-3PN/DP
DB 最大块数/最大容量	1024/32 KB	1024/64 KB	1024/64 KB	1024/64 KB		2047/64 KB	4096/64 KB
OB 最大容量/KB	32	64	64	16		64	64
位存储器/MB	256	256	2048			4096	8192
S7 定时器/计数器	128/128	256/256	256/256			512/512	2048/2048
全部 I/O 地址区	1024 B/1024 B	1024 B/1024 B	2048 B/2048 B			8192 B/8192 B	8192 B/8192 B
最大分布式 I/O 地址区	—		2048 B/2048 B			8192 B/8192 B	8192 B/8192 B
I/O 过程映像区	1024 B/1024 B	1024 B/1024 B	2048 B/2048 B			8192 B/8192 B	8192 B/8192 B
最大数字量 I/O 点数	256/256	1024/1024	16384/16384			65536/65536	65536/65536
最大模拟量 I/O 点数	64/64	256/256	1024/1024			4096/4096	4096/4096
最大机架数/模块总数	1/8	4/32	4/32	4/32		4/32	4/32
内置/经 CP 的 DP 接口数	0/4	0/4	1/4	1/4		2/4	1/4

　　CPU 315-2DP 和 CPU 315-2PN/DP 的参数基本上相同,CPU 317-2DP 和 CPU 317-2PN/DP 的参数基本上相同,其区别在于第二个通信接口是 DP 接口还是 PROFINET(PN)通信接口。

　　CPU 319-3PN/DP 具有智能技术/运动控制功能,是 S7-300 系列中性能最高的 CPU(见表 4-2),它集成了 1 个 MPI/DP 接口、1 个 DP 接口和一个 PROFINET 接口,提供 PROFIBUS 接口的时钟同步功能,可以连接 256 个 I/O 设备。

　　CPU 312 有软件实时钟,其余的还有硬件实时钟。它们有 8 个时钟存储器位,有一个运行小时计数器,有实时钟同步功能。

　　3) 技术功能型 CPU

　　CPU 315T-2DP 和 CPU 317T-2DP 分别具有标准型 CPU 315-2DP 和 CPU 317-2DP 的全部功能。CPU 317T-2DP 执行每条二进制指令的时间约为 100 ns,每条

浮点数指令的执行时间约 $2 \mu s$。对于双字指令和 32 位定点数运算具有极高的处理速度。

技术功能型 CPU 用于对 PLC 性能以及运动控制功能具有较高要求的设备。除了准确的单轴定位功能以外,还适用于复杂的同步运动控制,如与虚拟或实际的主轴耦合、减速器同步、电子凸轮控制和印刷标记点修正等。它们可以用于 3 轴到 8 轴控制,采用 S7 Technology V2.0 和 HW Release 02 时最大为 32 轴。

技术功能型 CPU 有两个集成的 PROFIBUS 接口:一个是 DP/MPI 接口,可组态为 MPI 或 DP 接口(主站或从站);另一个是 DP(DRIVE)接口,用于连接带 PROFI-BUS 接口的驱动系统。该接口通过 PROFIdrive 行规 V3 认证,其等时特性可以实现高速生产过程的高质量控制,因此特别适用于管理快速以及对时间要求苛刻的过程控制。除了驱动系统外,在特定的条件下,DP 从站可以在 DP(DRIVE)上运行。

技术功能型 CPU 还有本机集成的 4 点数字量输入和 8 点数字量输出,以用于工艺功能,如输入 BERO 接近开关的信号或进行凸轮控制。

技术功能型 CPU 使用标准的编程语言编程,无需专用的运动控制系统语言。可选软件包 S7 Technology 提供符合 PLCopen 标准的功能块(FB),对运动控制进行组态和编程。由于这些标准功能块直接集成在固件中,占用的 CPU 工作存储器很少,可以方便地调用 STEP 7 的运动控制库中的这些功能块。除了通常的 SIMATIC 诊断功能外,S7 Technology 还提供一个控制面板和实时跟踪功能,可以显著减少调试和优化的时间。

4)故障安全型 CPU

故障安全型 CPU 用于组成故障安全型自动化系统,以满足安全运行的需要。

CPU 315F-2DP 和 CPU 317F-2DP 各有一个 MPI/DP 接口和一个 DP 接口。CPU 315F-2PN/DP 和 CPU 317F-2PN/DP 各有一个 PROFINET 接口和一个 MPI/DP 接口。

5)SIPLUS 户外型 CPU

SIPLUS CPU 包括 SIPLUS 紧凑型 CPU、SIPLUS 标准型 CPU 和 SIPLUS 故障安全型 CPU。这些模块可以在环境温度-25~+70 ℃下运行,允许短时的冷凝。它们适用于特殊的环境,如空气中含有氯和硫的场合。除了 SIPLUS CPU 模块外,SIPLUS 还有配套的 SIPLUS 数字量 I/O 模块和 SIPLUS 模拟量 I/O 模块。

CPU 312IFM 和 CPU 314IFM 各有一个计数器,最高计数频率为 10 kHz,一个通道可以测量频率最高为 10 kHz;CPU 314IFM 的一个通道可用增量式编码器进行位置检测。

CPU 314IFM 有 4 路集成的模拟量输入,信号类型为±10 V 和±20 mA,数据精度 12 位(11 位+符号位)。1 路集成的模拟量输出,输出类型为±10 V 和±20 mA,

数据精度 12 位(11 位＋符号位)。

MPI 接口可以连接 32 个站,可以与 PG/PC、OP、其他 S7-300/400 和 C7 通信,最多有 2 个动态连接和 4 个静态连接。最大传输速率为 187.5 Kb/s,10 个中继器串联时最大距离为 9100 m,通过光纤通信可达 23800 m。

6) 其他 CPU

CPU 317-2DP 和 CPU 318-2DP 具有大容量程序存储器和 PROFIBUS-DP 主站/从站接口,用于大规模 I/O 配置和建立分布式 I/O 结构。

CPU 315F-2DP 带有 PROFIBUS-DP 主站/从站接口,可以组态为故障安全型自动化系统,满足安全的要求,不需要对故障 I/O 进行额外的布线,使用 PRODISAVE 协议的 PROFIBUS-DP 实现与安全有关的通信。

2.CPU 模块的方式选择和状态指示

S7-300 系列的 CPU 312IFM/313/314/314IFM/315/315-2DP/316-2DP/318-2DP 模块的方式选择开关都一样,有以下四种工作方式,通过可卸的专用钥匙来控制选择,如图 4-6 所示。

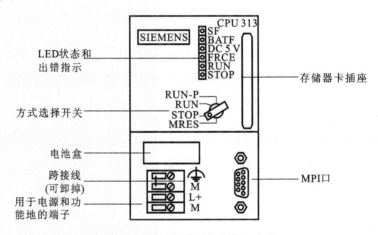

图 4-6 CPU 模块面板布置示意图

(1) RUN-P:可编程运行方式。CPU 扫描用户程序,既可以用编程装置从 CPU 中读出,也可以由编程装置装入 CPU 中。用编程装置可监控程序的运行,在此位置钥匙不能拔出。

(2) RUN:运行方式。CPU 扫描用户程序,可以用编程装置读出并监控 PLC 的 CPU 中的程序,但不能改变装载存储器中的程序。在此位置可以拔出钥匙,以防止程序在正常运行时被改变操作方式。

(3) STOP:停止方式。CPU 不扫描用户程序,可以通过编程装置从 CPU 中读出,也可以下载程序到 CPU。在此位置可以拔出钥匙。

（4）MRES：该位置瞬间接通，用以清除 CPU 的存储器。

4.2.3　信号模块

信号模块（SM）是数字量输入/输出模块和模拟量输入/输出模块的总称，它们使不同的过程信号电压或电流与 PLC 内部的信号电平匹配。信号模块主要有数字量输入模块 SM321 和数字量输出模块 SM322，以及模拟量输入模块 SM331 和模拟量输出模块 SM332。模拟量输入模块可以输入热电阻、热电偶、DC 4～20 mA 和 DC 0～10 V 等多种不同类型和不同量程的模拟信号。每个模块上有一个背板总线连接器，现场的过程信号连接到前连接器的端子上。

信号模块面板上的 LED 用来显示各数字量 I/O 点的信号状态，模块安装在 DIN 标准导轨上，通过总线连接器与相邻的模块连接。模块的默认地址由模块所在的位置决定，也可以用 STEP 7 指定模块的地址。

1. 数字量输入模块 SM321

数字量输入模块将来自现场的数字信号电平转换成 S7-300 PLC 内部信号电平。数字量输入模块有直流输入方式和交流输入方式。对现场输入元件，仅要求提供开关触点即可。输入信号进入模块后，一般都经过光电隔离和滤波，然后才送至输入缓冲器等待 CPU 采样，采样后的信号状态经过背板总线进入输入映像区。根据输入信号的极性和输入点数，SM321 共有 14 种数字量输入模块。

数字量输入模块（见图 4-7）SM321 有四种型号模块可供选择，即直流 16 点输入、直流 32 点输入、交流 16 点输入和交流 8 点输入等模块。

数字量模块的 I/O 电缆最大长度为 1000 m（屏蔽电缆）或 600 m（非屏蔽电缆）。

输入模块的输入点通常要分成若干组，每组在模块内部有电气公共端，选型时要考虑外部开关信号的电压等级和形式，不同电压等级的信号必须分配在不同的组。

模块的每个输入点有一个绿色发光二极管显示输入状态，输入开关闭合即有输入电压时，二极管点亮。

图 4-7　数字量输入模块

图 4-8、图 4-9 所示的分别为直流 32 点输入和交流 16 点输入对应的端子连接及电气原理图。图中只画了一路输入信号，其中 M 为同一输入组内各输入信号的公共端。

当图 4-8 中的外接触点接通时，光耦合器中的发光二极管点亮，光敏晶体管饱和导通；外接触点断开时，光耦合器中的发光二极管熄灭，光敏晶体管截止，信号经背板总线接口传送给 CPU 模块。

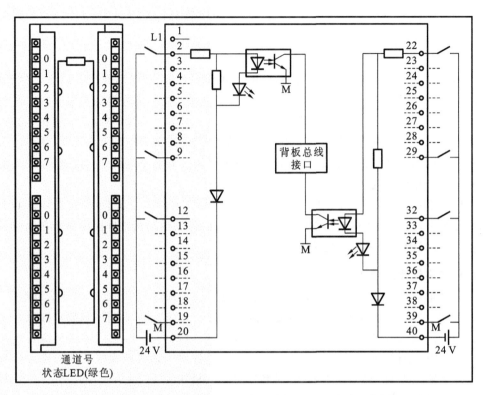

图 4-8 数字量输入模块 SM321(直流 32 点输入)端子连接及电气原理图

在图 4-9 中用电容隔离输入信号中的直流成分,用电阻限流,交流成分经桥式整流电路转换为直流电流。外接触点接通时,光耦合器中的发光二极管和显示用的发光二极管点亮,光敏晶体管饱和导通。外接触点断开时,此光耦合器中的发光二极管熄灭,光敏晶体管截止,信号经背板总线接口传送给 CPU 模块。

直流输入电路的延迟时间较短,可以直接与接地开关、光电开关等电子输入装置连接,DC 24 V 是一种安全电压。如果信号线不是很长,PLC 所处的物理环境较好,电磁干扰较轻,则应优先考虑选用 DC 24 V 的输入模块。交流输入方式适合于在有油污、粉尘的恶劣环境下使用。

2. 数字量输出模块 SM322

数字量输出模块 SM322 将 S7-300 内部信号电平转换成过程所要求的外部信号电平,可直接用于驱动电磁阀、接触器、小型电动机、灯和电动机启动器等。

根据负载回路使用电源的要求,数字量输出模块有直流输出模块(晶体管输出方式)、交流输出模块(晶闸管输出方式)和交直流输出模块(继电器输出方式)。

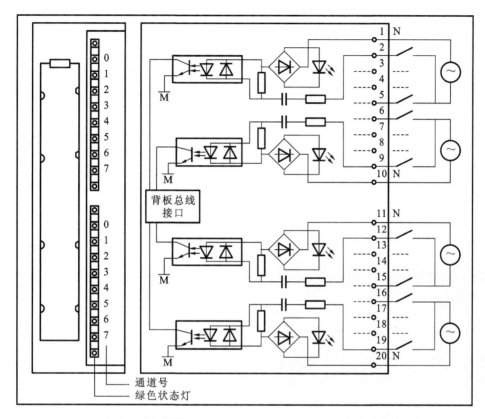

图 4-9 数字量输入模块 SM321(交流 16 点输入)端子连接及电气原理图

模块的每个输出点有一个绿色发光二极管显示输出状态,输出为逻辑"1"时,发光二极管点亮。

数字量输出模块 SM322 有多种型号可供选择,常用的模块有 8 点数字量晶体管输出、16 点数字量晶体管输出、32 点数字量晶体管输出、8 点数字量晶闸管输出、16 点数字量晶闸管输出、8 点数字量继电器输出和 16 点数字量继电器输出。

SM322 数字量输出模块的技术特性如表 4-3 所示。

表 4-3 SM322 数字量输出模块的技术特性

SM322 模块	8 点晶体管	16 点晶体管	32 点晶体管	8 点可控硅	16 点可控硅	8 点继电器	16 点继电器
输出点数	8	16	32	8	8	8	16
额定电压/V	DC 24	DC 24	DC 24	AC 120/230	AC 120	—	—

续表

SM322 模块		8 点 晶体管	16 点 晶体管	32 点 晶体管	8 点 可控硅	16 点 可控硅	8 点 继电器	16 点 继电器
额定电压 范围/V		DC 20.4～ 28.8	DC 20.4～ 28.8	DC 20.4～ 28.8	AC 93～264	AC 93～132	—	—
与总线隔 离方式		光耦	光耦	光耦	光耦	光耦	光耦	光耦
最大输 出电流	"1"信号	2 A	0.5 A	0.5 A	1 A	0.5 A	—	—
	"0"信号	0.5 mA	0.5 mA	0.5 mA	2 mA	0.5 mA	—	—
最小输出电流 ("1"信号)/mA		5	5	5	10	5	—	—
触点开关 容量/A		—	—	—	—	—	2	2
触点 开关 频率/ Hz	阻性 负载	100	100	100	10	100	2	2
	感性 负载	0.5	0.5	0.5	0.5	0.5	0.5	0.5
	灯负载	100	100	100	1	100	2	2
触点使用 寿命/次		—	—	—	—	—	10^6	10^6
短路保护		电子保护	电子保护	电子保护	熔断保护	熔断保护	—	—
诊断		—	—	—	红色 LED 指示	红色 LED 指示		
最大 电流 消耗/ mA	从背板 总线	40	80	90	100	184	40	100
	从 L+	60	120	200	2	3	—	—
功率损耗/W		6.8	4.9	5	8.6	9	2.2	4.5

在选择数字量输出模块时,应注意负载电压的种类和大小、工作频率和负载的类型(电阻性负载、电感性负载、机械负载或白炽灯)。除了每一点的输出电流外,还应注意每一组的最大输出电流。此外,由于每个模块的端子共地情况不同,还要考虑现场输出信号负载回路的供电情况。

3. 数字量 I/O 混合模块 SM323

SM323 模块有两种类型:一种是带有 8 个共地输入端和 8 个共地输出端;另一种是带有 16 个共地输入端和 16 个共地输出端,两种特性相同。I/O 额定负载电压为 DC 24 V,输入电压"1"信号电平为 11～30 V,"0"信号电平为 $-3～+5$ V,I/O 通过光耦与背板总线隔离。在额定输入电压下,输入延迟为 1.2～4.8 ms。输出具有电子短路保护功能。

图 4-10 所示的为 16 点输入和 16 点输出的直流模块的端子接线图。

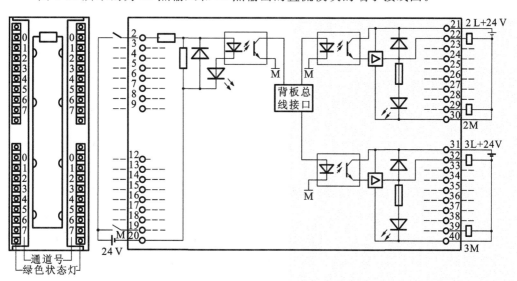

图 4-10　16 点输入和 16 点输出的直流模块的端子接线图

4. 模拟量值的表示方法

S7-300 的 CPU 用 16 位的二进制补码表示模拟量值,其中最高位为符号位 S,"0"表示正值,"1"表示负值,被测值的精度可以调整,取决于模拟量模块的性能和它的设定参数,对于精度小于 15 位的模拟量值,低字节中幂项低的位不用。表 4-4 表示了 S7-300 模拟量值所有可能的精度,标有"×"的位就是不用的位,一般填入"0"。

S7-300 模拟量输入模块可以直接输入电压、电流、电阻、热电偶等信号,而模拟量输出模块可以输出 0～10 V、1～5 V、-10 V～10 V、0～20 mA、4～20 mA、$-20～20$ mA 等模拟信号。

表 4-4 S7-300 模拟量值所有可能的精度

以位数表示的	单 位		模 拟 值	
精度(带符号位)	十进制	十六进制	高 字 节	低 字 节
8	128	80H	S 0 0 0 0 0 0 0	1 × × × × × × ×
9	64	40H	S 0 0 0 0 0 0 0	0 1 × × × × × ×
10	32	20H	S 0 0 0 0 0 0 0	0 0 1 × × × × ×
11	16	10H	S 0 0 0 0 0 0 0	0 0 0 1 × × × ×
12	8	8H	S 0 0 0 0 0 0 0	0 0 0 0 1 × × ×
13	4	4H	S 0 0 0 0 0 0 0	0 0 0 0 0 1 × ×
14	2	2H	S 0 0 0 0 0 0 0	0 0 0 0 0 0 1 ×
15	1	1H	S 0 0 0 0 0 0 0	0 0 0 0 0 0 0 1

5. 模拟量输入模块 SM331

模拟量输入模块 SM331 目前有三种规格型号,即 8AI×12 位模块、2AI×12 位模块和 8AI×16 位模块。

SM331 主要由 A/D 转换部件、模拟切换开关、补偿电路、恒流源、光电隔离部件、逻辑电路等组成。A/D 转换部件是模块的核心,其转换原理采用积分方法,被测模拟量的精度是所设定的积分时间的正函数,即积分时间越长,被测值的精度就越高。

6. 模拟量输出模块 SM332

模拟量输出模块 SM332 目前有三种规格型号,即 4AO×12 位模块、2AO×12 位模块和 4AO×16 位模块,分别为 4 通道的 12 位模拟量输出模块、2 通道的 12 位模拟量输出模块、4 通道的 16 位模拟量输出模块。

SM332 可以输出电压,也可以输出电流。在输出电压时,可以采用 2 线回路和 4 线回路两种方式与负载相连。采用 4 线回路能获得比较高的输出精度。图 4-11 所示的为 SM332 与负载/执行装置的连接。

7. 模拟量 I/O 模块 SM334

模拟量 I/O 模块 SM334 有两种规格:一种是有 4AI/2AO 的模拟量模块,其输入、输出精度为 8 位;另一种也是有 4AI/2AO 的模拟量模块,其输入、输出精度为 12 位。SM334 模块输入测量范围为 0~10 V 或 0~20 mA,输出范围为 0~10 V 或 0~20 mA。具体测量变量类型和范围参见模块手册。SM334 的通道地址如表 4-5 所示。

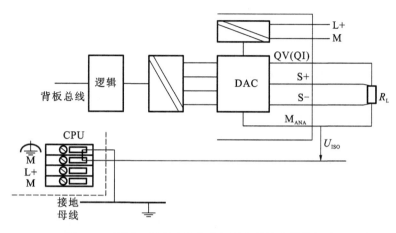

图 4-11 通过 4 线回路将负载与隔离的输出模块相连

表 4-5 SM334 的通道地址

通　　道	地　　　　　　址
输入通道 0	模块的起始
输入通道 1	模块的起始＋2 B 的地址偏移量
输入通道 2	模块的起始＋4 B 的地址偏移量
输入通道 3	模块的起始＋6 B 的地址偏移量
输出通道 0	模块的起始
输出通道 1	模块的起始＋2 B 的地址偏移量

4.2.4　接口模块

接口模块用于 S7-300 系列 PLC 的中央机架到扩展机架的连接，主要有以下三种规格。

1. 接口模块 IM365

IM365 用于连接中央机架与一个扩展机架，它有两个模块，其中一个插入中央机架，另一个通过 1 m 长的连接电缆插入扩展机架，在一个扩展机架上最多可安装 8 个模块，并且必须由两个模块配对使用。

2. 接口模块 IM360/361

当扩展机架超过一个时，将接口模块 IM360 插入中央机架，在扩展机架中插入接口模块 IM361，S7-300 系列的最大配置为 1 个中央机架与 3 个扩展机架，每个扩展机架最多可安装 8 个模块，相邻机架的间隔为 4 cm～10 m。

4.2.5　通信模块

CPU 通过 MPI 接口或 PROFIBUS-DP 接口在网络上自动广播它设置的总线参数，PLC 可以自动地"挂到"MPI 网络上。所有的 CPU 模块都有一个多点接口 MPI，有的 CPU 模块有一个 MPI 和一个 PROFIBUS-DP 接口，有的 CPU 模块有一个 MPI/DP 接口和一个 DP 接口。

通信处理器(CP)用于 PLC 之间、PLC 与计算机和其他智能设备之间的通信，可以将 PLC 接入 PROFIBUS-DP、AS-I 和工业以太网，或用于实现点对点通信等。通信处理器可以减轻 CPU 处理器的通信任务，并减少用户对通信的编程工作。

S7-300 系列 PLC 有多种用途的通信处理器模块，如 CP340、CP342-5、CP343-FMS 等，其中既有为装置进行点对点通信设计的模块，也有为 PLC 上网到西门子的低速现场总线网 SINEC L2 和高速 SINEC H1 网设计的网络接口模块。

1. 通信处理器模块 CP340

CP340 用于建立点对点(Point to Point，PtP)低速连接，最大传输速率为 19.2 Kb/s，有 3 种通信接口，即 RS-232C(V.24)、20 mA(TTY)、RS-422/RS-485(X.27)。CP340 可通过 ASCII、3964(R)通信协议及打印机驱动软件，实现与 S5 系列 PLC、S7 系列 PLC 及其他厂商的控制系统、机器人控制器、条形码阅读器、扫描仪等设备的通信连接。

2. 通信处理器模块 CP342-2/CP343-2

CP342-2/CP343-2 用于实现 S7-300 到 AS-I 接口总线的连接。最多可连接 31 个 AS-I 从站，如果选用二进制从站，最多可选址 248 个二进制元素。具有监测 AS-I 电缆的电源电压和大量的状态和诊断功能。

3. 通信处理器模块 CP342-5

CP342-5 用于实现 S7-300 到 PROFIBUS-DP 现场总线的连接。它分担 CPU 的通信任务，并允许增加其他连接，为用户提供各种 PROFIBUS 总线系统服务。

PROFIBUS-DP 对系统进行远程组态和远程编程。当 CP342-5 作为主站时，可完全自动处理数据传输，允许 CP 从站或 ET200-DP 从站连接到 S7-300。当 CP342-5 作为从站时，允许 S7-300 与其他 PROFIBUS 主站交换数据。

4. 通信处理器模块 CP343-1

CP343-1 用于实现 S7-300 到工业以太网总线的连接。它自身具有处理器，在工业以太网上独立处理数据通信并允许进一步的连接，完成与编程器、PC、人机界面装置、S5 系列 PLC、S7 系列 PLC 的数据通信。

5. 通信处理器模块 CP343-1 TCP

CP343-1 TCP 使用标准的 TCP/IP 通信协议,实现 S7-300(只限服务器)、S7-400(服务器和客户机)到工业以太网的连接。它自身具有处理器,在工业以太网上独立处理数据通信并允许进一步的连接,完成与编程器、PC、人机界面装置、S5 系列 PLC、S7系列 PLC 的数据通信。

6. 通信处理器模块 CP343-5

CP343-5 用于实现 S7-300 到 PROFIBUS-FMS 现场总线的连接。它分担 CPU的通信任务,并允许进一步的其他连接,为用户提供各 PROFIBUS 总线系统服务,可以通过 PROFIBUS-FMS 对系统进行远程组态和远程编程。

4.2.6 功能模块

1. 计数器模块

计数器模块的计数器为 32 位或 ±31 位加减计数器,可以判断脉冲的方向。有比较功能,达到比较值时,通过集成的数字量输出响应信号,或通过背板总线向 CPU 发出中断。模块采用 2 倍频和 4 倍频技术,4 倍频是指在两个互差 90°的 A、B 相信号的上升沿、下降沿都计数。通过集成的数字量输入直接接收启动、停止计数器等数字量信号。模块可以给编码器供电。

FM 350-1 是智能化的单通道计数器模块,FM 350-2 和 CM 35 是 8 通道智能型计数器模块。CM 35 可以计数和用于最多 4 轴的简单定位控制。

2. 位置控制和位置检测模块

定位模块可以用编码器来测量位置,并向编码器供电,使用步进电动机的位置控制系统一般不需要位置测量。在定位控制系统中,定位模块控制步进电动机或伺服电动机的功率驱动器完成定位任务,用模块集成的数字量输出点来控制快速进给、慢速进给和运动方向等。根据与目标的距离,确定慢速进给或快速进给,定位完成后给CPU 发出一个信号。定位模块的定位功能独立于用户程序。

FM 351 是双通道定位模块,FM 352 高速电子凸轮控制器是机械式凸轮控制器的低成本替代产品。FM 352-5 高速布尔处理器高速地进行布尔控制(即数字量控制),它集成了 12 点数字量输入和 8 点数字量输出。指令集包括位指令,定时器、计数器、分频器、频率发生器和移位寄存器等指令。

建议时钟脉冲频率高和对动态调节特性要求高的定位系统选用 FM 353 步进电动机定位模块。对于不仅要求很高的动态性能,还要求高精度的定位系统,最好使用FM 354 伺服电动机定位模块。

FM 357-2 定位和连续路径控制模块用于从独立的单轴定位控制到最多 4 轴直

线、圆弧插补连续路径控制,可以控制步进电动机和伺服电动机。

步进电动机功率驱动器 FM STEPDRIVE 与定位模块 FM 353 和 FM 357-2 配套使用,用来控制 5～600 W 的步进电动机。

SM 338 超声波位置编码器模块用超声波传感器检测位置,具有无磨损、保护等级高、精度稳定不变、与传感器的长度无关等优点。SM 338 POS 输入模块可以将最多 3 个绝对值编码器(SSI)信号转换为 S7-300 的数字值。FM 453 定位模块可以控制 3 个独立的伺服电动机或步进电动机,以高频率的时钟脉冲控制机械运动。

3. 闭环控制模块

S7-300/400 有多种闭环控制模块,它们有自优化控制和 PID 算法,有的可使用模糊控制器。FM 355 有 4 个闭环控制通道,FM 355-2 是适用于温度闭环控制的 4 通道闭环控制模块,FM 458-1DP 是为自由组态闭环控制设计的模块,有包含 300 个功能块的库函数和 CFC 图形化组态软件,带有 PROFIBUS-DP 接口。

4. 称重模块

SIWAREX U 是紧凑型电子秤,RS-232C 接口用于连接设置参数用的计算机,TTY 串行接口用于连接最多 4 台数字式远程显示器。SIWAREX M 是有校验能力的电子称重和配料单元,可以安装在易爆区域,还可以作为独立于 PLC 的现场仪器使用。

5. S5 智能 I/O 模块

S5 智能 I/O 模块可以用于 S7-400,通过专门设计的适配器,可以直接插入 S7-400。它包括 IP242B 计数器模块,IP244 温度控制模块,WF705 位置解码器模块,WF706 定位、位置测量和计数器模块,WF707 凸轮控制器模块,WF721 和 WF723A、B、C 定位模块。智能 I/O 模块的优点是它们能完全独立地执行实时任务,减轻了CPU 的负担,使它能将精力完全集中于更高级的开环或闭环控制任务上。

S7-400 与 S7-300 在许多功能模块的技术规范上基本相同,模块编号的最低两位也相同,如 FM351 和 FM451,这类模块的对应关系如表 4-6 所示。

表 4-6 S7-300 与 S7-400 **性能接近的功能模块**

功 能 模 块	S7-300 系列	S7-400 系列
计数器模块	FM 350-1	FM 450-1
定位模块	FM 351,双通道	FM 450,3 通道
定位模块	FM 353,双通道	FM 453,3 通道
电子凸轮控制器	FM 352,13 个数字量输出	FM 452,13 个数字量输出
闭环控制模块	FM 355,4 通道	FM 455,16 通道

6. 前连接器和其他模块

前连接器用于将传感器和执行元件连接到信号模块上,它被插入模块上,有前盖板保护。更换模块时接线仍然在前连接器上,只需要拆下前连接器,不用花费很长时间重新接线。模块上有两个带顶罩的编码元件,第一次插入时,顶罩永久地插入前连接器上。为避免更换模块时发生错误,第一次插入前连接器时,它就已被编码,前连接器以后只能插入同样类型的模块。

20 针的前连接器用于信号模块(32 通道模块除外)、功能模块和 312 IFM CPU。40 针的前连接器用于 32 通道信号模块。

TOP 连接器包括前连接器模块、连接电缆和端子块。所有部件均可以方便地连接,并可以单独更换。TOP 全模块化端子允许方便、快速和无错误地将传感器和执行元件连接到 S7-300 上,最长距离为 30 m。模拟信号模块的负载电源 L+ 和地 M 的允许距离为 5 m,超过 5 m 时前连接器一端和端子块一端均需要加电源。前连接器模块代替前连接器插入信号模块上,用于连接 16 通道或 32 通道信号模块。

如果总电流超过 4 A,不要通过连接电缆将外部电源送给信号模块,此时电源应直接接到前连接器模块。

仿真模块 SM374 用于调试程序,用开关来模拟实际的输入信号,用 LED 显示输出信号的状态。模块上有一个功能设置开关,可以仿真 16 点输入/16 点输出,或 8 点输入/8 点输出,具有相同的起始地址。

用 STEP 7 给仿真模块的参数赋值时,应使用被仿真模块的型号。例如,SM374被设置为 16 点输入时,组态时应输入某一 16 点数字量输入模块的订货单。

占位模块 DM370 为模块保留一个插槽,如果用一个其他模块代替占位模块,整个配置和地址设置保持不变。占用两个插槽的模块,必须使用两个占位模块。

模块上有一个开关,开关在 NA 位置时,占位模块为一个接口模块保留插槽,NA表示没有地址,即不保留地址空间,不用 STEP 7 进行组态。

开关在 A 位置时,占位模块为一个信号模块保留插槽。A 表示保留地址,需要用STEP 7 对占位模块进行组态。

4.3　S7-300 硬件安装

4.3.1　导轨安装

正确的硬件安装是系统正常工作的前提,要严格按照电气安装规范安装。S7-300PLC 电气安装规范如下。

（1）在安装导轨时，应留有足够的空间用于安装模板和散热（模板上下至少应有 40 mm 的空间，左右至少应有 20 mm 的空间）；

（2）在安装表面画安装孔。在所画线的孔上钻直径为 6.5+0.2 mm 的孔；

（3）用 M6 螺钉安装导轨；

（4）把保护地连到导轨上（通过保护地螺丝，导线的最小截面积为 10 mm²）。应注意，在导轨和安装表面（接地金属板或设备安装板）之间会产生一个低阻抗连接。如果在表面涂漆或者经阳极氧化处理，应使用合适的接触剂或接触垫片。

4.3.2 模块安装

从左边开始，按照图 4-12 顺序装上：①电源模块；②CPU；③信号模块、功能模块、通信模块、接口模块。

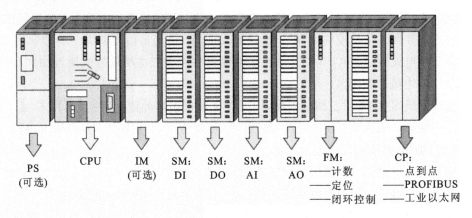

图 4-12 模块安装导轨顺序

4.3.3 模块贴标签

模块安装完毕后，给各个模块指定槽号，按照图 4-13 所示操作步骤在（第一个信号）模块上插入槽号标签 4，其他依次顺延。

4.3.4 模块更换

需要更换模块时，应先解锁前连接器，然后取下模块。在开始安装一个新的模块之前，应将前连接器的上半部编码插针从该模块上取下来，这样做是因为该编码部件早已插入已接线的前连接器，如不把它取下，会阻碍前连接器插回原位置。

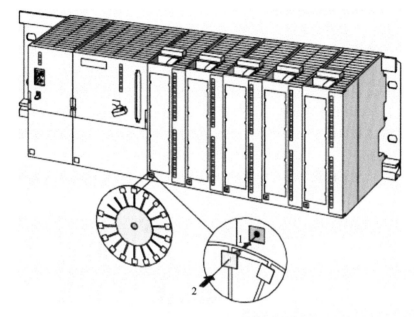

图 4-13　将槽号标签插入模块中

4.4　模块接线

4.4.1　地线连接

连接保护接地导线至导轨,应使用 M6 保护导线螺栓。为保证保护接地导线的低阻抗连接,可使用尽可能短的低阻抗电缆连接到一个较大的接触表面上。保护接地导线的最小截面积为 10 mm²。

检查电源模块上的电压选择开关是否设置为所需电路电压。图 4-14 描述的是连接电源模块和 CPU 的操作过程。

4.4.2　前连接器接线

前连接器用于将系统中的传感器和执行器连接到 S7-300 PLC,将传感器和执行器连接到该前连接器,并插入模块中。

1.前连接器类型

前连接器按端子密度分有两种类型:20 针和 40 针,如图 4-15 所示。对于 CPU 31xC 和 32 通道信号模块,需要使用 40 针前连接器。前连接器按连接方式又可分为弹簧负载型端子和螺钉型端子。

2. 使用弹簧端子连接的提示

为了连接一个有弹簧负载端子的前连接器中的导线，通过红色开启机构将螺钉旋具（螺丝刀）直接插入开口，然后将连接线插入组合端子并撤走螺丝旋具（螺丝刀）。

在实时控制系统中，接地是抑制干扰以使系统可靠工作的主要方法。在设计中若能把接地和屏蔽正确地结合起来使用，则可以解决大部分干扰问题。

PS307 除了给 CPU 供电外，还给 DC 24 V 模块提供负载电流，在一些场合，可能需要参考电位不接地的 S7-300 系统，此时应该把在 CPU 313/314 上 M 端子和功能性地之间跨接线拆下。对 CPU 312 IFM，只能实现一个接地结构，参考电位和地在内部已连接好。在带隔离的模块结构中，控制回路的参考电位和负载回路的参考电位是隔离的。

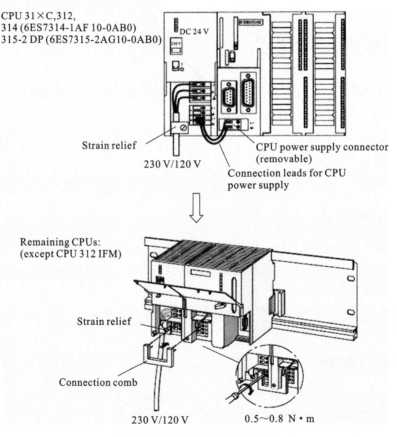

图 4-14　连接电源模块和 CPU

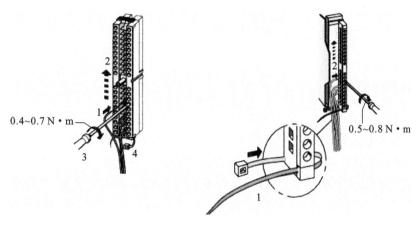

图 4-15　前连接器类型

4.4.3　前连接器插入

1. 20 针前连接器

（1）将开启机构推在模块上方，如图 4-16 所示。

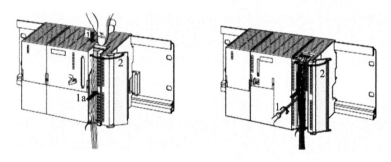

图 4-16　插入前连接器的步骤

（2）在该位置保持开启机构，将前连接器插入模块。

（3）所提供的前连接器在模块中正确定位，开启机构在释放后将自动返回初始位置。

注意：当将前连接器插入模块中时，可以在前连接器中安装一个编码机构，由此可保证下次替换模块时不会产生差错。

（4）盖上前盖板。

2. 40 针前连接器

（1）拧紧连接器中心的固定螺钉，就可使前连接器与模块完全接触。

（2）盖上前盖板。

4.5 S7-300 PLC 扩展能力

4.5.1 基本原理

一台 S7-300 PLC 由一个主机架和一个或多个扩展机架组成。如果主机架的模块数量不能满足应用要求,可以使用扩展机架。安装有 CPU 的模块机架用作主机架;安装有模块的模块机架可以用作扩展机架,与系统的主机架相连。

在设计 PLC 控制系统初期,首先应根据系统的输入、输出信号的性质和点数,以及对控制系统的功能要求,确定系统的硬件配置。例如,CPU 模块与电源模块的型号,需要哪些输入/输出模块(即信号模块 SM)、功能模块(FM)和通信处理模块(CP),各种模块的型号和每种型号的块数等。确定了系统的硬件组成后,需要在 STEP 7 中完成硬件组态工作,并将组态信息下载到 CPU。

硬件组态确定了 PLC 输入/输出变量的地址,为设计用户程序打下了基础。硬件组态包括下列内容。

(1)系统组态。从硬件目录中选择机架,将模块分配给机架中的插槽。用接口模块连接多机架系统的各个机架。对于网络控制系统,需要生成网络和网络上的站点。

(2)CPU 的参数设置。设置 CPU 模块的多种属性,如启动特性、扫描监视时间等,设置的数据储存在 CPU 的系统数据中。如果没有特殊要求,则可以使用默认的参数。

(3)模块的参数设置。定义模块所有的可调整参数。组态的参数下载后,CPU 之外的其他模块的参数一般保存在 CPU 中。在 PLC 启动时,CPU 自动地向其他模块传送设置的参数,因此在更换 CPU 之外的模块后不需要重新对它们组态和下载组态信息。

4.5.2 单机架组态

一个 S7-300 站最多可以有 4 个机架,0 号机架是主机架,1～3 号机架是扩展机架。使用单机架组态,可以使结构紧凑,使用价格便宜的 IM365 接口模块对,它由两个接口模块和连接它们的 1 m 长的电缆组成。CPU 312、CPU 312IFM、CPU 312C 和 CPU 313 只能用于单机架模块配置。

组态时将两个 IM365 模块分别插到主机架和扩展机架的第 3 槽,机架之间的连线是自动生成的。由于 IM365 不能给扩展机架提供通信总线,扩展机架上只能安装信号模块,不能安装通信处理模块(CP)和功能模块(FM)。扩展机架的 DC 5 V 电源的电流之和应在允许值之内。与使用 IM360 和 IM361 的方案相比,IM365 的价格低,使用方便,只有两个机架时应优先选用。

4.5.3 多机架组态

当所需处理的信号量大和没有足够的插槽时,可以使用多机架组态。若需将 S7-300 装在多个机架上,则需要接口模块 IM。接口模块的作用是将 S7-300 背板总线从一个机架连接到下一个机架。中央处理单元(CPU)总是在 0 号机架上。接口模块分为两种,如表 4-7 所示。

表 4-7　两种接口模块的特性

特　　性	双线和多线配置	低成本双线配置
机架 0 中的发送接口模块	IM360	IM365
机架 1～3 中的接收接口模块	IM361	IM365
扩展装置的最大数量	3	1
连接电缆长度/m	1,2.5,5,10	1

注:总电流负荷不能超过 1.2 A;模块机架 1 只能安装接收信号模块,最大电流不能超过 0.8 A,但是这些限制不适用于接口模块 IM360/361。

中央机架使用 IM360,扩展机架使用 IM361,最多可以增加 3 个扩展机架。各相邻机架之间的电缆最长为 10 m。每个 IM361 需要接外部的 DC 24 V 电源,给本扩展机架上的所有模块供电。IM360/361 有通信总线,除 CPU 和 IM360 之外的模块都可以安装在扩展机架上。组态时将 IM360 插入主机架的 3 号槽,IM361 插入扩展机架的 3 号槽,机架之间的连线是自动生成的。

4.5.4 模块地址计算

S7-300 的数字量(或称开关量)I/O 点地址由地址标识符、地址的字节部分和位部分组成,一个字节由 8 位组成。地址标识符 I 表示输入,Q 表示输出,M 表示位存储器,如图 4-17 所示。

图 4-17　输入量模块的地址

除了带 CPU 的中央机架,S7-300 最多可以增加 3 个扩展机架。每个机架最多只能安装 8 个信号模块、功能模块或通信处理器模块,它们安装在 4～11 号槽。

S7-300 的信号模块的字节地址与模块所在的机架号和槽号有关,模块内各 I/O 点的位地址与信号线接在模块上的那一个端子有关。图 4-18 所示的是 32 点数字量

I/O 模块,其起始字节地址为 X,每个字节由 8 个 I/O 点组成。图中标出了各 I/O 字节的位置和字节内各点的位置。

从 0 号字节开始,S7-300 给每个数字量信号模块分配 4 B(4 个字节)的地址,相当于 32 个 I/O 点。M 号机架(M=0~3)的 N 号槽(N=4~11)的数字量信号模块的起始字节地址为

$$32 \times M + (N-4) \times 4$$

模拟 I/O 模块每个槽划分为 16 B(等于 8 个模拟量通道),每个模拟量输入通道或输出通道的地址总是一个字地址,即模拟量模块以通道为单位,一个通道占一个字的地址。

S7-300 为模拟量模块保留了专用的地址区域,字节地址范围为 IB256~IB767。一个模拟量模块最多有 8 个通道,从 256 号字节开始,S7-300 给每一个模拟量模块分配 16 B 的地址。M 号机架的 N 号槽的模拟量模块的起始字节地址为

$$128 \times M + (N-4) \times 16 + 256$$

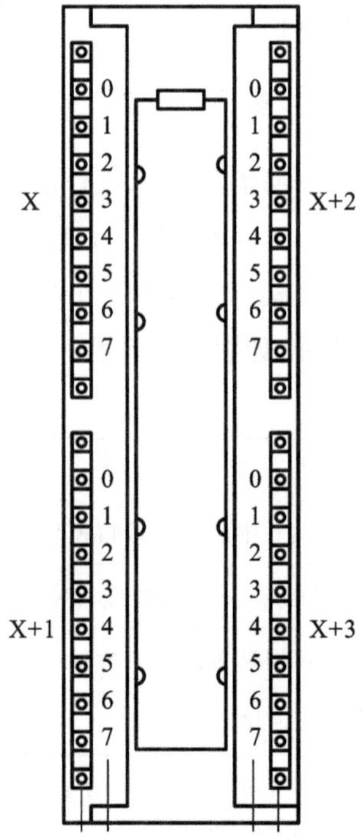

图 4-18 信号模块的地址

对信号模块组态时,将会根据模块所在的机架号和槽号,按上述原则自动地分配模块的默认地址。表 4-8 所示的为 S7-300 信号模板的起始地址。

表 4-8 S7-300 信号模板的起始地址

机架	模块起始地址	槽 位 号										
		1	2	3	4	5	6	7	8	9	10	11
0	数字量	PS	CPU	IM	0	4	8	12	16	20	24	28
	模拟量				256	272	288	304	320	336	352	368
1	数字量	—		IM	32	36	40	44	48	52	56	60
	模拟量				384	400	416	432	448	464	480	496
2	数字量	—		IM	64	68	72	76	80	84	88	92
	模拟量				512	528	544	560	576	592	608	624
3	数字量	—		IM	96	100	104	108	112	116	120	124
	模拟量				640	656	672	688	704	720	736	752

4.5.5　功耗计算

S7-300 模块使用的电源由 S7-300 背板总线提供,一些模块还需从外部负载电源供电。在组建 S7-300 应用系统时,考虑每块模块的电流耗量和功率损耗是非常必要的,表 4-9 列出了在 24 V 直流负载电源情况下,各种 S7-300 模块的电流耗量、功率损耗以及从 24 V 负载电源吸取的电流。

表 4-9　S7-300 **模块的电流耗量和功率损耗**(24 V **直流负载电源**)

模　　块	从 S7-300 背板总线吸取的电流(最大值)/A	从 24 V 负载电源吸取的电流(不带负载运行)/A	功率损耗(正常运行)/W
CPU 312IFM	0.8	0.8	9
CPU 313	1.2	1	8
CPU 314	1.2	1	8
接口模块 IM360	0.35	—	2
接口模块 IM361	0.8	0.5	5
接口模块 IM365	1.2	—	0.5
数字量输入模块 SM321 DC 16×24 V	0.025	0.001	3.5

表 4-10 列出了在 120/230 V 交流负载电源下,模块的电流耗量和功率损耗。一个实际的 S7-300 PLC 系统,确定所有的模块后,要选择合适的电源模块,所选定的电源模块的输出功率必须大于 CPU 模块、所有 I/O 模块、各种智能模块等总消耗功率之和,并且要留有 30% 左右的裕量。当同一电源模块既要为主机单元又要为扩展单元供电时,从主机单元到最远一个扩展单元的线路压降必须小于 0.25 V。

表 4-10　S7-300 **模块的电流耗量和功率损耗**(120/230 V **交流负载电源**)

模　　块	从 S7-300 背板总线吸取的电流(最大值)/mA	功率损耗(正常运行)/W
SM321,数字量输入 AC 8×120/230 V	22	4.8
SM321,数字量输入 AC 16×120 V	3	4.0
SM322,数字量输入 AC 8×120/230 V	200	9.0
SM322,数字量输入 AC 8×120 V	200	9.0

例如，一个 S7-300 PLC 系统由下面的模块组成：

- 1 块中央处理单元 CPU 314；
- 2 块数字量输入模块 SM321,16×24 V；
- 1 块继电器输出模块 SM322,AC 8×230 V；
- 1 块数字量输出模块 SM322,DC 16×24 V；
- 1 块模拟量输入模块 SM331,8×12 位；
- 2 块模拟量输出模块 SM332,4×12 位；
- 各模块从 S7-300 背板总线吸取的电流＝$(2×25＋40＋70＋60＋2×60)$ mA＝340 mA；
- 各模块从 24 V 负载电源吸取的电流＝$(1000＋2×1＋75＋100＋200＋2×240)$ mA＝1857 mA
- 各模块的功率损耗＝$(8＋2×3.5＋2.2＋4.9＋1.3＋2×3)$ W＝29.4 W。

从上面计算可知,信号模块从 S7-300 背板总线吸取的总电流是 340 mA,没有超过 CPU 314 提供的 1.2 A 电流。各模块从 24 V 电源吸取的总电流约为 1.857 A,虽没有超过 2 A,但考虑到电源应留有一定裕量,所以电源模块应选 PS307 5 A。上述计算没有考虑接输出执行机构或其他负荷时的电流消耗,设计中不应忽略这一点。PS307 5 A 的功率损耗为 18 W,所以该 S7-300 结构总的功率损耗是$(18＋29.4)$ W＝47.4 W。该功率不应超过机柜所能散发的最大功率,在确定机柜的大小时要确保这一点。

4.6 S7-300 PLC 通信技术

本节具体介绍三种 PLC 通信与组网方式,即 MPI 方式、PROFIBUS 现场总线通信方式和工业以太网通信方式(西门子 PLC 通信网络如图 4-19 所示)。

4.6.1 MPI 通信方式

MPI 通信是当通信速率要求不高、通信数据量不大时,可以采用的一种简单经济型的通信；MPI 网络的通信速率为 19.2 Kb/s～12 Mb/s,通常默认设置为 187.5 Kb/s,西门子 S7-200/300/400 CPU 上的 RS-485 接口不仅是编程接口,同时也是一个 MPI 的通信接口。

1. MPI 网络通信与组建

MPI 是多点通信接口(Multipoint Interface)的简称。MPI 物理接口符合 PROFIBUS RS-485(EN 50170)接口标准。MPI 网络的通信速率为 19.2 Kb/s～12 Mb/s,S7-200 只能选择 19.2 Kb/s 的通信速率,S7-300 通常默认设置为 187.5 Kb/s,只有能

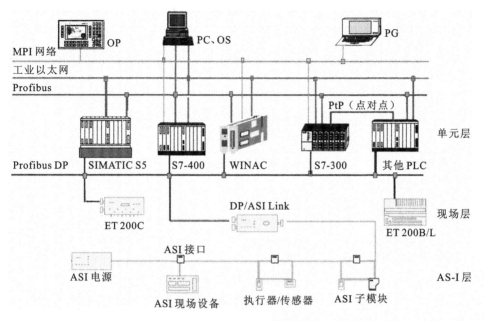

图 4-19 西门子 PLC 通信网络

够设置为 PROFIBUS 接口的 MPI 网络才支持 12 Mb/s 的通信速率。MPI 网络示意图如图 4-20 所示。

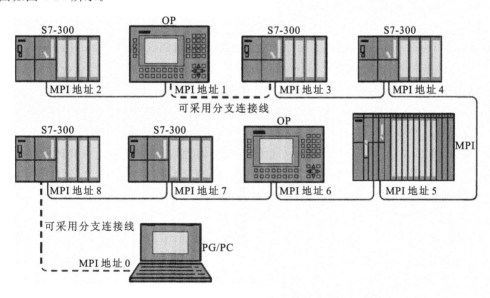

图 4-20 MPI 网络示意图

用 STEP 7 软件包中的 Configuration 功能为每个网络节点分配一个 MPI 地址

和最高 MPI 地址,最好标在节点外壳上;然后对 PG、OP、CPU、CP、FM 等包括的所有节点进行地址排序,连接时需在 MPI 网的第一个及最后一个节点接入通信终端匹配电阻。在 MPI 网添加一个新节点时,应该切断 MPI 网的电源。MPI 的缺省地址如表 4-11 所示。

为了保证网络通信质量,总线连接器或中继器上都设计了终端匹配电阻。组建通信网络时,在网络拓扑分支的末端节点需要接入浪涌匹配电阻。

表 4-11   MPI 缺省地址

节点(MPI 设备)	缺省 MPI 地址	最高 MPI 地址
PG/PC	0	15
OP/TP	1	15
CPU	2	15

2. 全局数据通信方式

全局数据(GD)通信方式以 MPI 分支网为基础而设计的。在 S7 中,利用全局数据可以建立分布式 PLC 间的通信联系,不需要在用户程序中编写任何语句。S7 程序中的 FB、FC、OB 都能用绝对地址或符号地址来访问全局数据。最多可以在一个项目中的 15 个 CPU 之间建立全局数据通信。

在 MPI 分支网上实现全局数据共享的两个或多个 CPU 中,至少有一个是数据的发送方,有一个或多个是数据的接收方。发送或接收的数据称为全局数据,或称为全局数。具有相同 Sender/Receiver(发送者/接收者)的全局数据,可以集合成一个全局数据包(GD Packet)一起发送。每个数据包用数据包号码(GD Packet Number)来标识,其中的变量用变量号码(Variable Number)来标识。参与全局数据包交换的 CPU 构成了全局数据环(GD Circle)。每个全局数据环用数据环号码来标识(GD Circle Number)。例如,GD 2.1.3 表示 2 号全局数据环,1 号全局数据包中的 3 号数据。

在 PLC 操作系统的作用下,发送 CPU 在它的一个扫描循环结束时发送全局数据,接收 CPU 在它的一个扫描循环开始时接收全局数据。这样,发送全局数据包中的数据,对于接收方来说是"透明的"。也就是说,发送全局数据包中的信号状态会自动影响接收数据包;接收方对接收数据包的访问,相当于对发送数据包的访问。

全局数据可以由位、字节、字、双字或相关数组组成,它们被称为全局数据的元素。一个全局数据包由一个或几个全局数据元素组成,最多不能超过 24 B。表 4-12 给出了全局通信的数据结构。

表 4-12   全局通信数据结构

数据类型	类型所占存储字节数	在全局数据中类型设置的最大数量
相关数组	字节数＋两个头部说明字节	一个相关的 22 个字节数组

续表

数据类型	类型所占存储字节数	在全局数据中类型设置的最大数量
单独的双字	6 B	4 个单独的双字
单独的字	4 B	6 个单独的双字
单独的字节	3 B	8 个单独的双字
单独的位	3 B	8 个单独的双字

全局数据环中的每个 CPU 可以发送数据到另一个 CPU 或从另一个 CPU 接收数据。全局数据环有以下 2 种。

（1）环内包含 2 个以上的 CPU，其中一个发送数据包，其他 CPU 接收数据。

（2）环内只有 2 个 CPU，每个 CPU 既可发送数据又可接收数据。

S7-300 的每个 CPU 可以参与最多 4 个不同的数据环，在一个 MPI 网上最多可以有 15 个 CPU 通过全局通信来交换数据。

其实，MPI 网络进行全局数据通信的内在方式有 2 种：一种是一对一方式，当 GD 环中仅有 2 个 CPU 时，可以采用类全双工点对点方式，不能有其他 CPU 参与；另一种为一对多（最多 4 个）广播方式，一个点播，其他接收。

应用全局数据通信，就要在 CPU 中定义全局数据块，这一过程也称为全局数据通信组态。在对全局数据进行组态前，需要先执行下列任务：

（1）定义项目和 CPU 程序名；

（2）用 PG 单独配置项目中的每个 CPU，确定其分支网络号、MPI 地址、最大 MPI 地址等参数。

在用 STEP 7 开发软件包进行全局数据通信组态时，由系统菜单"Options"中的"Define Global Data"程序进行全局数据表组态。具体组态步骤如下：

（1）在全局数据空表中输入参与全局数据通信的 CPU 代号；

（2）为每个 CPU 定义并输入全局数据，指定发送全局数据；

（3）第一次存储并编译全局数据表，检查输入信息语法是否为正确数据类型，是否一致；

（4）设定扫描速率，定义全局数据通信状态双字；

（5）第二次存储并编译全局数据表。

4.6.2　PROFIBUS 现场总线通信方式

PROFIBUS 是一种应用广泛的数字通信系统，特别适用于工厂自动化和过程自动化领域。PROFIBUS 适用于快速、时间要求严格的应用和复杂的通信任务，PRO-FIBUS-DP 主要侧重于工厂自动化，它使用的是 RS-485 传输技术，PROFIBUS-PA 主要侧重于过程自动化，使用 MBP-IS 传输技术和扩展的 PROFIBUS-DP。

1. 协议结构

为了满足工业控制的不同要求,西门子采用多种工业通信网络,每种网络可包含有通信协议和通信服务。PROFIBUS 以其独特的技术特点、严格的认证规范、开放的标准、众多厂商的支持而得到广泛应用。

PROFIBUS 是目前国际上通用的现场总线标准之一,PROFIBUS 总线于 1987 年由西门子公司等 13 家企业和 5 家研究机构联合开发,1999 年 PROFIBUS 成为国际标准 IEC 61158 的组成部分,2001 年经批准成为中国的行业标准 JB/T 10308.3—2001。

PROFIBUS 使用 ISO/OSI 参考模型的物理层第一层作为其物理层,PROFIBUS 可以使用多种通信媒体(电、光、红外、导轨以及混合方式),传输速率为 9.6 Kb/s～12 Mb/s。每个 DP 从站的输入数据和输出数据最大为 244 B。使用屏蔽双绞线电缆时最常通信距离为 9.6 km,使用光缆时最长为 90 km,最多可以接 127 个从站。

PROFIBUS 可以使用灵活的拓扑结构,支持线形、树形、环形结构以及冗余的通信模型,支持基于总线的驱动技术和符合 IEC 61508 的总线安全通信技术。

PROFIBUS 协议结构如图 4-21 所示,PROFIBUS 协议包括 3 个主要部分。

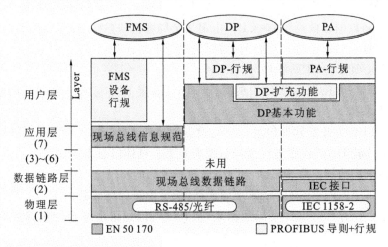

图 4-21 PROFIBUS 协议结构

1) PROFIBUS-DP

PROFIBUS-DP 是一种高速、低成本数据传输,用于自动化系统中单元级控制设备与分布式 I/O(如 ET 200)的通信。主站之间的通信为令牌方式,主站与从站之间为主从轮询方式,以及这两种方式的混合。一个网络中有若干个被动节点(从站),而它的逻辑令牌只含有一个主动令牌(主站),这样的网络为纯主-从系统。

DP 是 Decentralized Periphery(分布式外部设备)的缩写。PROFIBUS-DP(简称 DP)主要用于制造业自动化系统中单元级和现场级通信,特别适用于 PLC 与现场级分布式 I/O 设备之间的通信。DP 是 PROFIBUS 中应用最广的通信方式。

PROFIBUS-DP 用于连接下列设备:PLC、PC 和 HMI 设备;分布式现场设备,如 SIMATIC ET 200 和变频器等设备。PROFIBUS-DP 的响应速度快,所以很适合在制造业使用。

作为 PLC 硬件组态的一部分,分布式 I/O 用 STEP 7 来组态。通过供货方提供的 GSD 文件,可以用 STEP 7 将其他制造商生产的从站设备组态到网络中。

GSD(General Station Description,常规站说明)文件是可读的 ASCII 码文本文件,包括通用的和设备有关的通信的技术规范。为了将不同厂家生产的 PROFIBUS 产品集成在一起,生产厂家必须以 GSD 文件的方式提供这些产品的功能参数,如 I/O 点数、诊断信息、传输速率、时间监视等。GSD 文件分为总规范、主站规范和与 DP 从站有关的规范。

如果在 STEP 7 的硬件组态工具 HW Config 右边的硬件目录窗口中没有组态时需要的 DP 从站,应安装制造商提供的 GSD 文件,GSD 文件可以在制造商的网站下载,如在西门子中文网站的下载中心搜索和下载。

有的 S7-300/400 CPU 配备有集成的 DP 接口,S7-200/300/400 也可以通过通信处理器(CP)连接到 PROFIBUS-DP。

2) PROFIBUS-PA

PROFIBUS-PA 用于过程自动化的现场传感器和执行器的低速数据传输,使用扩展的 PROFIBUS-DP 协议。

PROFIBUS-PA 由于采用了 IEC 1158-2 标准,确保了本质安全和通过屏蔽双绞线电缆进行数据传输和供电,可以用于防爆区域的传感器和执行器与中央控制系统的通信。

PROFIBUS-PA 采用 PROFIBUS-DP 的基本功能来传送测量值和状态,并用扩展的 PROFIBUS-DP 功能来指定现场设备的参数和进行设备操作。PROFIBUS-PA 行规保证了不同厂商生产的现场设备的互换性和互操作性。PA 行规已对所有通用的测量变送器和其他一些设备类型做了具体规定。

使用 DP/PA 连接器可以将 PROFIBUS-PA 设备很方便地集成到 PROFIBUS-DP 网络中。

与 PROFIBUS-DP 设备一样,PROFIBUS-PA 设备也是用制造商的 GSD 文件来描述。

3) PROFIBUS-FMS

PROFIBUS-FMS 可用于车间级监控网络,FMS 提供大量的通信服务,用以完成中等级传输速度进行的循环和非循环的通信服务。

PROFIBUS 使用三种传输技术:PROFIBUS DP 和 PROFIBUS FMS 采用相同

的传输技术,可使用 RS-485 屏蔽双绞线电缆传输,或光纤传输;PROFIBUS PA 采用 IEC 1158-2 传输技术。

2. 系统配置

PROFIBUS 通信规程采用了统一的介质存取协议,此协议由 OSI 参考模型的第二层来实现。使用上述的介质存取方式,PROFIBUS 可以实现以下三种系统配置。

(1) 纯主-从系统(单主站)。

单主系统可实现最短的总线循环时间。以 PROFIBUS-DP 系统为例,一个单主系统由一个 DP-1 类主站和 1 到最多 125 个 DP-从站组成。

(2) 纯主-主系统(多主站)。

若干个主站可以用读功能访问一个从站。以 PROFIBUS-DP 系统为例,多主系统由多个主设备(1 类或 2 类)和 1 到最多 124 个 DP-从设备组成。

(3) 两种配置的组合系统(多主-多从)。

3. 设备类型

PROFIBUS-DP 在整个 PROFIBUS 应用中,应用最多、最广泛,可以连接不同厂商符合 PROFIBUS-DP 协议的设备。PROFIBUS-DP 定义以下三种设备类型。

1) DP-1 类主设备(DPM1)

DP-1 类主设备(DPM1)可构成 DP-1 类主站。这类设备是一种在给定的信息循环中与分布式站点(DP 从站)交换信息,并对总线通信进行控制和管理的中央控制器。典型的设备有可编程控制器、微机数值控制器或计算机等。

2) DP-2 类主设备(DPM2)

DP-2 类主设备(DPM2)可构成 DP-2 类主站。这类设备在 DP 系统初始化时用来生成系统配置,是 DP 系统中组态或监视工程的工具。除了具有 1 类主站的功能外,可以读取 DP 从站的输入/输出数据和当前的组态数据,可以给 DP 从站分配新的总线地址。属于这一类的装置包括编程器、组态装置和诊断装置、上位机等。

3) DP-从设备

DP-从设备可构成 DP 从站。这类设备是 DP 系统中直接连接 I/O 信号的外围设备。典型 DP-从设备有分布式 I/O、ET200、变频器、驱动器、阀、操作面板等。

4.6.3 工业以太网和 PROFINET 通信方式

1. 西门子工业以太网

西门子公司在工业以太网领域有着非常丰富的经验和领先的解决方案。其中 SIMATIC NET 工业以太网基于经过现场验证的技术,符合 IEEE 802.3 标准并提供 10 Mb/s 以及 100 Mb/s 快速以太网技术。经过多年的实践,SIMATIC NET 工业以太网的应用已多于 400000 个节点,遍布世界各地,用于严酷的工业环境,并包括有高强度电磁干扰的地区。

1) 基本类型

10 Mb/s 工业以太网应用基带传输技术,基于 IEEE 802.3,利用 CSMA/CD 介质访问方法的单元级、控制级传输网络。传输速率为 10 Mb/s,传输介质为同轴电缆、屏蔽双绞线或光纤。100 Mb/s 快速以太网基于以太网技术,传输速率为 100 Mb/s,传输介质为屏蔽双绞线或光纤。

2) 网络硬件

网络的物理传输介质主要根据网络连接距离、数据安全以及传输速率来选择。工业以太网链路模块 OLM、ELM 依照 IEEE 802.3 标准,利用电缆和光纤技术,SIMATIC NET 连接模块使得工业以太网的连接变得更为方便和灵活。OLM(光链路模块)有 3 个 ITP 接口和 2 个 BFOC 接口。ITP 接口可以连接 3 个终端设备或网段,BFOC 接口可以连接 2 个光路设备(如 OLM 等),传输速率为 10 Mb/s。ELM(电气链路模块)有 3 个 ITP 接口和 1 个 AUI 接口。通过 AUI 接口,可以将网络设备连接至 LAN 上,传输速率为 10 Mb/s。

3) 通信处理器

常用的工业以太网通信处理器 CP(Communication Processor,通信处理单元),包括用在 S7 PLC 站上的处理器 CP243-1 系列、CP343-1 系列、CP443-1 系列等。S7-300 PLC 的以太网通信处理器是 CP343-1 系列,按照所支持协议的不同,可以分为 CP343-1、CP343-1 ISO、CP343-1 TCP、CP343-1 IT 和 CP343-1 PN。

4) 通信方法

(1) 标准通信。

标准通信运行于 OSI 参考模型第七层的协议。MAP(Manufacturing Automation Protocol,制造业自动化协议)提供 MMS 服务,主要用于传输结构化的数据。MMS 是一个符合 ISO/IES 9506-4 的工业以太网通信标准,MAP3.0 的版本提供了开放统一的通信标准,可以连接各个厂商的产品,现在很少应用。

(2) S5 兼容通信。

SEND/RECEIVE 是 SIMATIC S5 通信的接口,在 S7 系统中,该协议进一步发展为 S5 兼容通信"S5-compatible Communication"。ISO 传输协议支持基于 ISO 的发送和接收,使得设备(如 SIMATIC S5 或 PC)在工业以太网上的通信非常容易,该服务支持大数据量的数据传输(最大 8 KB)。ISO 数据接收有通信方确认,通过功能块可以看到确认信息。TCP 即 TCP/IP 中传输控制协议,提供了数据流通信,但并不将数据封装成消息块,因而用户并没有接收到每一个任务的确认信号。TCP 支持面向 TCP/IP 的 Socket。TCP 支持给予 TCP/IP 的发送和接收,使得设备(如 PC 或非西门子设备)在工业以太网上的通信非常容易。该协议支持大数据量的数据传输(最大 8 KB),数据可以通过工业以太网或 TCP/IP 网络(拨号网络或互联网)传输。TCP、SIMATIC S7 可以通过建立 TCP 连接来发送/接收数据。

(3) S7 通信。

S7 通信模块集成在每一个 SIMATIC S7/M7 和 C7 的系统中,属于 OSI 参考模型第七层应用层的协议,它独立于各个网络,可以应用于多种网络(MPI、PROFIBUS、工业以太网)。S7 通信模块通过不断地重复接收数据来保证网络报文的正确。在 SIMATIC S7 中,通过组态建立 S7 连接来实现 S7 通信,在 PC 上,S7 通信需要通过 SAPI-S7 接口函数或 OPC(过程控制用对象链接与嵌入)来实现。

在 STEP 7 中,S7 通信需要调用功能块 SFB(S7-400)或 FB(S7-300),最大的通信数据可以达 64 KB。对于 S7-400,可以使用系统功能块 SFB 来实现 S7 通信,对于 S7-300,可以调用相应的 FB 功能块进行 S7 通信。

(4) PG/OP 通信。

PG/OP 通信分别是 PG 和 OP 与 PLC 通信来进行组态、编程、监控以及人机交互等操作的服务。

2. PROFINET

PROFINET 是 PROFIBUS 和 PROFINET 国际组织推出的新一代基于工业以太网技术的自动化总线标准。作为一项战略性的技术创新,PROFINET 为自动化通信领域提供了一个完整的网络解决方案,它覆盖了自动化技术的所有要求,功能包括 8 个主要的模块,依次为实时通信、分布式现场设备、运动控制、分布式自动化、网络安装、IT 标准和信息安全、故障安全和过程自动化。

PROFINET 基于工业以太网,符合 TCP/IP 和 IT 标准,可以完全兼容工业以太网和现有的现场总线(如 PROFIBUS)技术,利用 TCP/IP 和 IT 标准可实现与现场总线系统的无缝集成多层次的实时概念。

1) PROFINET 的特点

(1) 一根线连接所有。

由于其集成基于以太网的通信,PROFINET 满足很宽范围的需求,包括从数据密集的参数分配到特别快速的 I/O 的数据传输。因此,PROFINET 允许实时自动化。此外,PROFINET 还提供到 IT 技术的直接接口。

(2) 灵活的网络。

PROFINET 完全兼容 IEEE 以太网标准,并且由于其灵活的线形、环形、星形拓扑结构以及铜质和光纤的线缆类型而适应已有的工厂环境。PROFINET 节省昂贵的定制方案成本,并可以使用 WLAN 和蓝牙进行无线通信。

（3）可伸缩的实时性。

不论简单控制，还是具有高要求的运动控制，通信应在相同线缆上实现。对应高精度闭环控制任务，抖动时间小于 $1\ \mu s$ 的苛刻时间要求的数据的确定和等时同步传输是可能的。

（4）高可用性。

PROFINET 自动集成冗余解决方案和智能诊断概念。非循环诊断数据传输提供了关于网络和设备状态的重要信息，包括显示网络拓扑结构。已定义的媒体冗余和系统冗余概念极大地提高了工厂的可用性。

（5）安全集成。

PROFINET 使用 PROFIBUS 和 PROFIsafe 的安全技术。在一根线缆上同时实现标准通信与安全相关通信，节约设备、工程设计和安装成本。

2）PROFINET 技术内容

PROFINET 概念具有两个技术内容：PROFINET CBA 和 PROFINET IO。

PROFINET CBA 适用于机器与机器之间的通信，也适用于模块化工厂实际要求的实时通信。它通过对智能模块间的通信进行图形化组态以实现基于分布式智能工厂和生产线的简单模块化设计。PROFINET IO 从 I/O 数据视角描述分布式 I/O。它包括循环过程数据的实时（RT）通信和等时同步实时（IRT）通信。

PROFINET CBA 和 PROFINET IO 既可独立工作，也可以 PROFINET IO 单元作为 PROFINET CBA 模块的方式联合工作。

3）PROFINET IO 系统的系统模型

PROFINET IO 采用的是 Provider/Consumer（生产者/消费者）模型进行数据交换。PROFINET IO 系统组态与 PROFIBUS 的类似。PROFINET IO 定义了以下设备类型。

（1）IO 控制器：典型的设备是运行自动化程序的可编程控制器（PLC），类似 PROFIBUS 中的 1 类主站。

（2）IO 设备：IO 设备是分布式 I/O 现场设备，通过 PROFINET IO 与一个或多个 IO 控制器相连，类似 PROFIBUS 的从站。

（3）IO 监视器：IO 监视器可以用于调试或诊断的编程设备、PC 或 HMI，对应 PROFIBUS 中的 2 类主站。

一个工厂单元至少具有一个 IO 控制器、一个或多个 IO 设备。通常临时集成 IO 监视器用于调试或故障诊断。

4）PROFINET IO 实时通信

根据响应时间的不同，PROFINET 支持下列三种通信方式。

（1）TCP/IP 标准通信。

PROFINET 基于工业以太网技术，使用 TCP/IP 和 IT 标准，其响应时间大概在

100 ms 的数量级。工程数据及非时间苛刻的数据在 TCP/IP 上传输,该标准通信可发生在所有的现场设备间。

（2）实时（RT）通信。

对于传感器与执行器设备之间的数据交换,系统对响应时间的要求更为严格,大概需要 5～10 ms 的响应时间。目前,使用现场总线技术就可达到这个响应时间,如 PROFIBUS DP。

对于基于 TCP/IP 的工业以太网技术来说,使用标准通信栈来处理过程数据包,需要很可观的时间,因此,PROFINET 提供了一个优化的、基于以太网第二层（Layer 2）的实时通信通道,通过该实时通道,极大地减少了数据在通信栈中的处理时间,因此,PROFINET 获得了等同、甚至超过传统现场总线系统的实时性能。实时通道用于传输过程数据。

（3）同步实时（IRT）通信。

在现场级通信中,对通信实时性要求最高的是运动控制（Motion Control）,PROFINET 的同步实时技术可以满足运动控制的高速通信需求,对于运动控制之类的等时同步应用,使用等时同步实时通信,可实现小于 1 ms 的时钟速率和小于 1 μs 的时钟精度。

4.7　本章小结

本章阐述了 S7-300 PLC 的组成与结构、S7-300 PLC 的模块、S7-300 硬件安装、模块接线、S7-300 PLC 扩展能力及 S7-300 PLC 通信技术。

习题 4

1.CPU 模块的集成输入对外部的要求是什么？可以采用何种连接方式？

2.CPU 模块的集成输出有哪几种规格？其驱动能力各为多大？

3.S7-300 PLC 有哪几种类型？各有哪些规格？

4.S7-300 PLC 所采用的模块式结构与其他模块式 PLC 相比有何特点？

5.同规格的标准型 CPU 与紧凑型 CPU 可以连接的最大 I/O 点数是否相同？为什么？

6.S7-300 系列 CPU 模块对外部电源的要求是什么？是否可以直接连接 AC 输入？

7.S7-300 PLC 的开关量输入模块从输入点数、信号类型、连接形式上各可以分为哪几种规格？

8.S7-300 PLC 的开关量输出模块从输出点数与驱动类型上各可以分为哪几种规格？

9.S7-300 PLC 的电源模块可分为哪几类？对外部有何要求？

10.S7-300 PLC 的扩展接口模块可分为哪几类？扩展连接距离各是多少？

11.简述数字量模块和模拟量模块的默认地址计算方法。

12.简述 S7-300 的基本通信方式。

5

STEP 7 软件使用

5.1 STEP 7 概述

STEP 7 是对 SIMATIC PLC 进行组态和编程、监控和参数设置的软件包。本书对 STEP 7 操作的描述，都是基于 STEP 7 V5.5 的。

为了在个人计算机上使用 STEP 7，应配置 MPI 通信卡或 PC/MPI 通信适配器，将计算机连接到 MPI 或 PROFIBUS 网络系统，下载和上传 PLC 的用户程序和组态数据。

STEP 7 具有硬件组态和参数设置、通信组态、编程、测试、启动、维护、文档建档、运行和诊断等功能。STEP 7 的所有功能均有大量的在线帮助，选中某一对象，按 F1 键可以得到该对象的在线帮助。

STEP 7 标准软件包的功能和组成如图 5-1 所示。

图 5-1 STEP 7 标准软件包的组成

1. SIMATIC 管理器

在 STEP 7 中,用 Project 来管理一个自动化系统的硬件和软件。STEP 7 用 SIMATIC 管理器对项目进行集中管理,通过该管理器可以方便地浏览 SIMATIC S7、M7 和 C7 的数据,实现 STEP 7 各种功能所需的 SIMATIC 软件工具都集成在 STEP 7 中。

2. 符号编辑器

符号编辑器可以管理所有的共享符号(全局符号)。符号编辑器具有以下功能:对过程信号、位存储器和各种块设定符号名、数据类型和注释;对使用符号地址的信号进行自动分类;符号的导入/导出等。

符号编辑器生成的符号表可供其他工具使用,因而对一个符合特性的任何变化都能被其他工具识别。

3. 编程语言

多语言用户程序编辑用于选择不同的 PLC 程序设计语言。用于 S7-300/400 的编程语言梯形逻辑图(LAD)、语句表(STL)和功能图(FBD),是 STEP 7 软件包的组成部分。

对 PLC 用户程序进行编辑与显示时,LAD、STL、FBD 之间可以进行自动转换。

4. 硬件诊断

硬件诊断为用户提供 PLC 控制系统各组成硬件的工作状态信息,可以通过以下两种方式显示:

(1) 快速浏览 CPU 的数据和用户编写的程序在运行中的故障原因;

(2) 用图形方式显示硬件组态(如显示模块的一般信息和模块的状态)、显示模块故障(如集中 I/O 模块和 DP 子站的通道故障)和显示诊断缓冲区的信息等。

CPU 菜单中可以显示更多附加信息,如循环周期、已占用和未用的存储区、MPI 通信的容量和利用率。同时还显示性能数据,如可能的 I/O 点数、位存储器、计数器、定时器和块的数量等。

5. 硬件组态

硬件组态工具可以为自动化项目的硬件进行组态和参数设置,以实现系统中的各 I/O 模块、接口模块、功能模块等硬件的实际安装与软件中使用的地址、管理数据等方面的对应关系。

(1) 系统组态。从目录中选择硬件机架,并将所选模块分配给机架中用户希望的插槽。

(2) CPU 参数设置。可以设置 CPU 模块的多种属性,如启动特性、扫描监视时间等,输入的数据储存在 CPU 的系统数据块中。

（3）模块参数设置。用户可以在屏幕上定义所有硬件模块的可调整参数,包括功能模块与通信处理器,不必通过 DIP 开关来设置。

6. 通信组态

通过安装 STEP 7 软件,利用计算机（编程器）的 RS-232C 接口与 CP5611（CPI）、CP5511 或 CP5512（PCMCIA）等通信卡,可以将编程计算机连接到 PLC 的 MPI 或 PROFIBUS 网络系统中;利用计算机的 CP1512（PCMCIA）或 CP1612（PCI）等通信卡,可以将编程计算机连接到 PLC 的以太网系统中。

5.2　STEP 7 的安装

5.2.1　STEP 7 对计算机系统的要求

STEP 7 软件可以在 PC 或能够运行对应操作系统的其他编程器（PG）上使用。不同版本的 STEP 7 软件对计算机的硬件要求有所不同,对于 STEP 7 V5.5 专业版,使用的 PC 与编程设备的最低配置要求如下。

1. 硬件要求

表 5-1 列出了 PC 必须满足的处理器速度/性能、RAM 以及图形处理能力的最低需求。

表 5-1　STEP 7 V5.5 的硬件要求

操 作 系 统	最 低 要 求		
	处理器	扩展内存配置	图　　形
MS Windows XP Professional	600 MHz	512MB*	XGA 1024×768 16 位彩色深度
MS Windows Server 2003	2.4 GHz	1GB	XGA 1024×768 16 位彩色深度
MS Windows 7 Professional	1 GHz	1GB**	XGA 1024×768 16 位彩色深度
MS Windows 7 Ultimate	1 GHz	1GB**	XGA 1024×768 16 位彩色深度
MS Windows 7 Enterprise	1 GHz	1GB**	XGA 1024×768 16 位彩色深度

注:* 建议至少 1GB 扩展内存配置；** 建议至少 2GB 扩展内存配置

2. 软件要求

STEP 7 V5.5 是一个 32 位的应用程序,所包含的功能已正式获得用于以下操作系统的发布许可。

- MS Windows XP Professional,带 SP2 或 SP3。
- MS Windows Server 2003 SP2/R2 SP2 Standard Edition。
- MS Windows 7 32 位操作系统,Windows 7 下的 Windows XP 模式尚未经

过认证。

STEP 7 V5.5 无法在下列系统上安装或运行。

- MS Windows 3.1；
- MS Windows for Work groups 3.11；
- MS Windows 95；
- MS Windows 98；
- MS Windows Millennium；
- MS Windows NT 4.0；
- MS Windows 2000；
- MS Windows XP Home；
- MS Windows XP Professional（不带 SP）；
- MS Windows Vista Home Basic、Premium；
- MS Windows Vista 64 位版本；
- MS Windows 7 64 位版本。

5.2.2　STEP 7 的安装过程

在安装 STEP 7 V5.5 时，可以将当前已安装的 STEP 7 V5.1、V5.2、V5.3、V5.4 覆盖，同时要遵守经授权的操作系统。在安装前，不必卸载这些版本的 STEP 7 及其可选数据包。

运行 STEP 7 安装光盘上的 Setup.exe，开始安装。STEP 7 的安装界面与大多数 Windows 应用程序相似，如图 5-2 所示。在整个安装过程中，安装程序一步一步地指导用户如何安装。在安装的任何阶段，用户都可以切换到"下一步"或"上一步"。

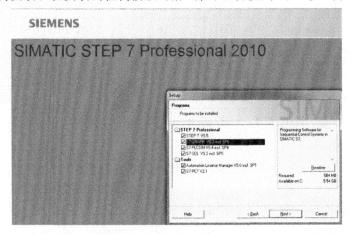

图 5-2　STEP 7 的安装界面

安装过程中,有一些选项需要用户选择。下面将对部分选项进行说明。

1. 安装方式

STEP 7 在安装过程中,有三种安装方式供用户选择(见图 5-3)。

(1) Typical(典型安装):安装所有语言、应用程序、项目示例和文档。

(2) Minimal(最小安装):只安装一种语言和 STEP 7 程序,不安装项目示例和文档。

(3) Custom(自定义安装):用户可以选择自己希望安装的程序、语言、项目示例和文档。

2. STEP 7 V5.5 许可证密钥

开始使用 STEP 7 之前,必须将许可证密钥传送到计算机。如果计算机中没有合适的许可证密钥,则在安装 STEP 7 时安装程序会弹出一条提示消息。于是可以选择是通过"安装"程序来安装许可证密钥,还是稍后使用"Automation License Manager"程序(见图 5-4)来手动安装许可证密钥。如果在安装过程中无法安装许可证密钥,请在不安装许可证密钥的情况下继续安装程序,然后使用 Programs\Siemens Automa-tion\Automation License Manager 中的任务栏(如 Windows XP Professional 的任务栏)引导计算机并安装许可证密钥。

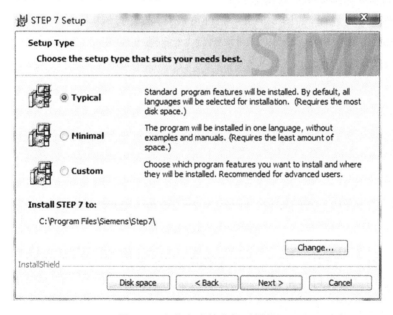

图 5-3　安装方式的选择对话框

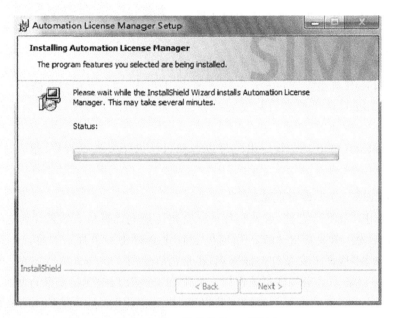

图 5-4　许可证安装提示对话框

安装完成后，在桌面上双击运行 Automation License Manager，打开 Automation License Manager 界面，如图 5-5 所示。许可证管理器的操作非常简便，选中左侧窗口中的盘符，在右侧窗口中就可以看到该磁盘上已安装的许可证的详细信息。

图 5-5　许可证管理界面

如果没有为 STEP 7 V5.5 安装有效的许可证密钥，则可以使用和安装 STEP 7 标准版附带的试用许可证密钥。使用此许可证密钥操作 STEP 7 的期限为 14 天。在首次不使用有效许可证密钥启动 STEP 7 时，将自动提示您激活试用许可证密钥。

磁盘间的授权转移，可以像在 Windows 中复制文件一样方便地实现。由于授权的加密机制在磁盘上产生了相应的底层操作，因此当用户需要对已经安装有授权程序的影片进行磁盘检查、优化、压缩、格式化等操作或在重新安装操作系统之前，应将授权程序转移到其他磁盘上,否则可能造成授权程序不可恢复的损坏。

3. 设置参数

程序安装结束后,提示用户为存储卡设置参数。

（1）如果用户没有存储卡读卡器,则选择 None 单选项。

（2）如果使用内置读卡器,请选择 Internal programming device interface（内部编程设备接口）单选项。该选项仅针对 PG,对于 PC 来说是不可选的。

（3）如果用户使用的是 PC,则可选择外部读卡器 External prommer（外部编程设备接口）单选项。这里,用户必须定义哪个接口用于连接读卡器（如 LPT1）。

4. Set PG/PC Interface**（设置 PG/PC 接口）对话框**

在安装过程中,出现 Set PG/PC Interface（设置 PG/PC 接口）对话框（见图 5-6）,其中 PG/PC 接口是 PG/PC 和 PLC 之间进行通信连接的接口,要实现 PG/PC 和 PLC 之间的通信连接,必须正确地设置该对话框,在安装过程中可以单击"Cancel"按钮忽略这一步骤。

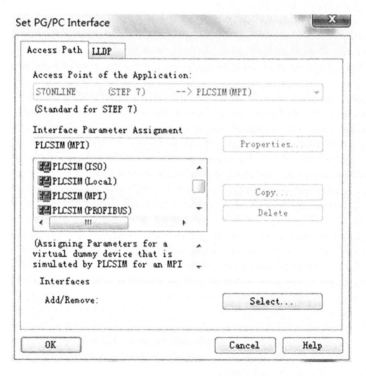

图 5-6　设置 PG/PC 接口参数对话框

软件安装完成后,通过单击计算机"开始"菜单中的"SIMATIC"→"SIMATIC Manager"选项,或双击桌面快捷方式图标,即可快速启动 STEP 7。

5.3 STEP 7 的使用

5.3.1 SIMATIC 管理器

SIMATIC 管理器是用于 S7-300/400 PLC 项目组态、编程和管理的基本应用程序。在 SIMATIC 管理器中可进行项目设置、配置硬件并为其分配参数、组态硬件网络、对程序进行调试（离线方式或在线方式）等操作，操作过程中所用到的各种 STEP 7 工具，会自动在 SIMATIC 管理器环境下启动。

1. SIMATIC 管理器的功能

建立项目、硬件组态及参数设定、组态硬件网络、编写程序、编辑程序、调试程序。

2. SIMATIC 管理器的工作方式

（1）离线方式：不与可编程控制器相连。

（2）在线方式：与可编程控制器相连。

3. SIMATIC 管理器的打开

SIMATIC 管理器窗口是 STEP 7 软件的主窗口，用户可以创建和同时管理自己的多个项目。它是一个在线/离线编辑 S7 对象的图形化用户界面，这些对象包括项目、用户程序、块、硬件站和工具。利用 SIMATIC 管理器可以管理项目和库、启动 STEP 7 的多个工具、在线访问 PLC 和编辑存储器卡等。

SIMATIC 管理器窗口如图 5-7 所示。它可以同时打开多个项目，所打开的每个项目均用一个项目窗口界面进行管理。每个项目的界面被分成左、右两个部分：左侧界面显示项目的层次结构，右侧界面显示在左侧界面中当前选中的目录下所包含的对象。

在项目结构中，单击左窗口的 SIMATIC 300 Station 项，右窗口中显示这个站的硬件（Hardware）图标，双击可以打开硬件配置界面。在项目结构中，单击左窗口的 Blocks 项，这个项目中包含的软件程序块就显示在右窗口中，用户可以继续创建或删除程序块。通过单击右窗口内各个项目的标题图标就能轻松地实现各个项目之间的切换。在右窗口中双击对象图标可立即启动与对象相关联的编辑工具或属性窗口。

4. SIMATIC 管理器窗口说明

操作界面主要由标题栏、菜单栏、工具栏、项目窗口等部分组成，如图 5-7 所示。

1）标题栏

显示区的第一行为标题栏，标题栏显示当前正在编辑程序（项目）的名称。

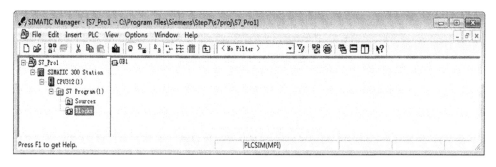

图 5-7 SIMATIC 管理器窗口

2）菜单栏

显示区的第二行为菜单栏,菜单栏由文件(File)、编辑(Edit)、插入(Insert)、检视(View)、PLC、选项(Options)、窗口(Window)、帮助(Help)等 8 组主菜单组成,每组主菜单都含有一组命令,进入菜单后选择相应的命令即可执行所选择的操作。

通过菜单栏中的对应命令,可以实现对文件的管理、对象的编辑、块的插入、显示区的设置、PLC 联机、选项设置、视窗选择或打开帮助功能等。

3）工具条

显示区的第三行为工具条,工具条由若干工具按钮组成,工具条的作用将常用操作以快捷按钮方式设定到主窗口。当用光标选中某个快捷按钮时,在状态栏上会有简单的信息提示,如果某些键不能操作,则成灰色。

工具条中除常规的文件打开、保存、打印、打印预览等标准工具按钮外,还有很多STEP 7 专用的快捷按钮。

可以通过主菜单检视(View)→工具条(Toolbar)选项来显示或隐藏工具条。

4）项目窗口

"项目窗口"用来管理生成的数据和程序,这些对象在项目下按不同的项目层次,以树状结构分布。

在 SIMATIC 管理器中可以同时打开多个项目,每个项目的视图由两部分组成:左半部窗口称为"项目树显示区",可显示所选择项目的层次结构,点击"＋"符号显示项目完整的树状结构;右半部窗口称为"对象显示区",可显示当前选中的目录下所包含的对象。

5.3.2 STEP 7 项目结构

在设计一个自动化系统时,既可以采用先硬件组态,后创建程序的方式;也可以采用先创建程序,后硬件组态的方式。如果要创建一个使用较多输入和输出的复杂程序,建议先进行硬件组态。设计步骤如图 5-8 所示。

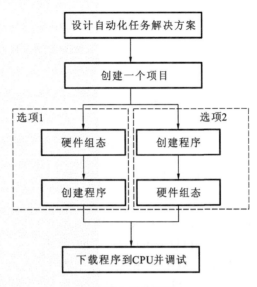

图 5-8 设计步骤

数据将以对象的形式存储在项目中。对象在项目中按树形结构排列(项目体系)。项目体系在项目窗口中的显示类似于 Windows 资源管理器中的显示,只是对象图标的外观不同。项目的结构分为三层:第一层为项目;第二层为子网、站或 S7/M7 程序;第三层取决于第二层的对象。

项目窗口分为两部分:左半部分表示项目的树形结构,右半部分表示所选视图左半部分已打开的对象所包含的对象。对象体系的最上端是代表整个项目的对象"S7_Pro1"的图标,它可用于显示项目属性,并可用作网络文件夹(用于对网络进行组态)、站文件夹(用于对硬件进行组态),以及 S7 或 M7 程序的文件夹(用于创建软件)。

项目对象中包含站对象和 MPI 对象。站对象包含硬件和 CPU,SIMATIC 300/400 站表示具有一个或多个可编程模块的 S7 硬件配置,CPU 包含 S7 程序和连接,S7 程序包含了用于 S7/M7 CPU 模块的软件或用于非 CPU 模块(如 CP 或 FM 模块)的软件(源文件、块和符号表),源文件文件夹包含了文本格式的源程序。离线视图的块文件夹可包括逻辑块(OB、FB、FC、SFB、SFC)、数据块(DB)、自定义的数据类型(UDT)和变量表。在线视图的块文件夹包括已经下载给可编程控制器的可执行程序部分。系统数据对象表示系统数据块生成程序时会自动生成一个空的符号表。

为在项目中创建一个新站,可打开项目,以便显示项目窗口。方法是先选择项目再通过使用菜单命令"插入"→"站点",为需要的硬件创建"站"对象,如图 5-9 所示。如果站没有显示,单击项目窗口中项目图标前的"+"号。

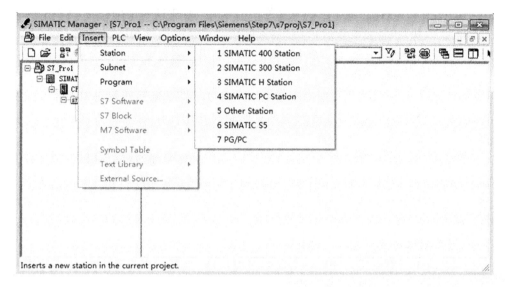

图 5-9　插入站点

在 STEP 7 软件中主要有以下几种类型的块:组织块 OB(Organization Block)、功能 FC(Function)、功能块 FB(Function Block)、系统功能 SFC(System Function)、系统功能块 SFB(System Function Block)、背景数据块 IDB(Instance Data Block)和共享数据块 SDB(Share Data Block)。

1. 组织块 OB

1) 启动组织块

(1) OB100 为完全再启动类型(暖启动)。启动时,过程映像区和不保持的标志存储器、定时器及计数器被清零,标志存储器、定时器和计数器以及数据块的当前值保持原状态,执行 OB100,然后开始执行循环程序 OB1。一般 S7-300 PLC 都采用此种启动方式。

(2) OB101 为再启动类型(热启动)。启动时,所有数据(无论是保持型和非保持型)都将保持原状态,并且将 OB101 中的程序执行一次,然后程序从断点处开始执行。剩余循环执行完以后,开始执行循环程序。一般只有 S7-400 具有热启动功能。

(3) OB102 为冷启动方式。CPU 318-2 和 CPU 417-4 具有冷启动型的启动方式,冷启动时,所有过程映像区和标志存储器、定时器和计数器(无论是保持型还是非保持型)都将被清零,而且数据块的当前值被装载存储器的原始值覆盖,将 OB102 中的程序执行一次后执行循环程序。

2) 循环执行的程序组织块

OB1 是循环执行的组织块,其优先级为最低。PLC 在运行时将反复循环执行

OB1 中的程序,当有优先级较高的事件发生时,CPU 将中断当前的任务,去执行优先级较高的组织块,执行完成以后,CPU 将回到断点处继续执行 OB1 中的程序,并反复循环下去,直到停机或者是下一个中断发生。一般用户主程序写在 OB1 中。

3）定期的程序执行组织块

OB10、OB11～OB17 为日期中断组织块。通过日期中断组织块可以在指定的日期时间执行一次程序,或者从某个特定的日期时间开始,间隔指定的时间（如一天、一个星期、一个月等）执行一次程序。

OB30、OB31～OB38 为循环中断组织块。通过循环中断组织块可以每隔一段预定的时间执行一次程序。循环中断组织块的间隔时间较短,最长为 1 分钟,最短为 1 毫秒。在使用循环中断组织块时,应该保证设定的循环间隔时间大于执行该程序块的时间,否则 CPU 将出错。

4）事件驱动的程序执行组织块

（1）延时中断组织块。OB20～OB27:延时中断,当某一事件发生后,延时中断组织块（OB20）将延时指定的时间后执行。OB20～OB27 只能通过调用系统功能 SFC32 来激活,同时可以设置延时时间。

（2）硬件中断组织块。OB40～OB47:硬件中断。一旦硬件中断事件发生,硬件中断组织块 OB40～OB47 将被调用。硬件中断可以由不同的模块触发,对于可分配参数的信号模块 DI、DO、AI、AO 等,可使用硬件组态工具来定义触发硬件中断的信号；对于 CP 模块和 FM 模块,利用相应的组态软件可以定义中断的特性。

（3）异步错误组织块。OB80～OB87:异步错误中断。异步错误是 PLC 的功能性错误。它们与程序执行时不同步地出现,不能跟踪到程序中的某个具体位置。在运行模式下检测到一个故障后,如果已经编写了相关的组织块,则调用并执行该组织块中的程序。如果发生故障时,相应的故障组织块不存在,则 CPU 将进入 STOP 模式。

（4）同步错误组织块。OB121、OB122:同步错误中断。如果在某特定的语句执行时出现错误,CPU 可以跟踪到程序中某一具体的位置。由同步错误所触发的错误处理组织块,将作为程序的一部分来执行,与错误出现时正在执行的块具有相同的优先级。

编程错误,如在程序中调用一个不存在的块,将调用 OB121。

访问错误,如程序中访问了一个有故障或不存在的模块,将调用 OB122。

2. 功能 FC 和功能块 FB

FC 和 FB 都是用户自己编写的程序块,用户可以将具有相同控制过程的程序编写在 FC 或 FB 中,然后在主程序 OB1 或其他程序块（包括组织块和功能、功能块）中调用 FC 或 FB。FC 或 FB 相当于子程序的功能,都可以定义自己的参数。

3. 系统功能 SFC 和系统功能块 SFB

SFC 和 SFB 是预先编好的可供用户调用的程序块,它们已经固化在 S7 PLC 的 CPU 中,其功能和参数已经确定。一台 PLC 具有哪些 SFC 和 SFB 功能,是由 CPU 型号决定的。具体信息可查阅 CPU 的相关技术手册。通常 SFC 和 SFB 提供一些系统级的功能调用,如通信功能、高速处理功能等。注意:在调用 SFB 时,需要用户指定其背景数据块(CPU 中不包含其背景数据块),并确定将背景数据块下载到 PLC 中。

4. 背景数据块 IDB 和共享数据块 SDB

背景数据块是和某个 FB 或 SFB 相关联,其内部数据的结构与其对应的 FB 或 SFB 的变量声明表一致。

共享数据块的主要目的是为用户程序提供一个可保存的数据区,它的数据结构和大小并不依赖于特定的程序块,而是用户自己定义。需要说明的是,背景数据块和共享数据块没有本质的区别,它们的数据可以被任何一个程序块读写。

5.3.3 S7-300 用户程序的模块化结构

西门子公司 S7 系列 PLC 采用的是"块式程序结构",用"块"的形式来管理用户编写的程序及程序运行所需要的数据,组成完整的 PLC 应用程序系统(软件系统)。"块"分为数据块和逻辑块。

1. 数据块

在生产控制过程中常常会遇到很多过程数据、基准值、预置值,有些经常要进行修改,把它们分类放置在不同数据块中有利于进行数据管理;其次,数据块也是各逻辑块之间交换、传递和共享数据的重要途径;数据块有丰富的数据结构,有助于高效管理复杂的变量组合,提高程序设计的灵活性。

用户可以在存储器中建立一个或多个数据块,每个数据块可大可小,但 CPU 对数据块数量及数据总量有限制,如 CPU 314,其数据块数量上限为 127 个,数据总量上限为 8 KB(8192 B)。

对数据块必须遵循先建立(定义)后使用的原则,否则将造成系统错误。

1) 数据块的类型

数据块可分为共享数据块 SDB 和背景数据块 IDB 两类,它们有不同的用途。

共享数据块 SDB 又称为全局数据块,在用户程序中任何 FB、FC 或 OB 均可读取存放在共享数据块中的数据。在共享数据块中声明的变量是全局变量(在全局符号表中声明的变量也是全局变量),全局变量可以被所有的块使用。

背景数据块 IDB 是指定给某个功能块 FB 使用的数据块,它是 FB 运行时的工作存储区,存放 FB 的部分变量。调用 FB 时必须指定一个相关的背景数据块。作为规则,只有 FB 才能访问存放在背景数据块中的数据。

一般情况下,一个 FB 都有一个对应的背景数据块,但一个 FB 可以根据需要使用不同的背景数据块。

如果几个不同的控制设备,具有不同的预设参数,但控制任务相似,就可以只编写一个功能块,而将不同的预设参数分别存储在不同的背景数据块中,这样可以减少编程工作量。

如果几个 FB 需要的背景数据完全相同,则可只定义一个背景数据块,供它们分别使用。此外,通过多重数据块,可将几个 FB 需要的不同的背景数据定义在一个背景数据块中,以优化数据管理。

背景数据块与共享数据块在 CPU 的存储器中是没有区别的,只是因为打开方式不同,才在打开时有背景数据块和共享数据块之分。一般来说,任何一个数据块都可以当作共享数据块或背景数据块来使用,但实际上一个数据块 DB 当作背景数据块使用时,必须与 FB 的要求格式相符。

2)定义数据块

在编程阶段和程序运行中都能定义(即生成、建立)数据块。大多数数据块在编程阶段与其他块一样,都是在 SIMATIC 管理器或增量编辑器中生成。用户可以选择创建共享数据块或背景数据块,创建一个新的背景数据块时必须指定它所属的功能块 FB。

定义数据块的内容包括数据块号及块中的变量(如变量符号名、数据类型、初始值等)。定义完成后,数据块中变量的顺序及类型决定了数据块的数据结构,变量的多少决定数据块的大小。数据块在使用前,必须作为用户程序的一部分下载到 CPU 中。

背景数据块直接附属于功能块,它的数据结构等是自动生成的。例如,当编好的 FB 存盘时,背景数据块中所含数据为功能块的变量声明表中所存数据。功能块的变量决定了其背景数据块的结构。背景数据块数据结构的修改只能在相关的功能块中进行,不能独自修改。对于背景数据块来说,用户可以修改变量的实际值。修改变量的实际值,需要进入数据块的数据浏览页中进行。

共享数据块不附属于任何逻辑块,它可含有生产线或设备所需的各种数值。定义时,用户按其栏目,可输入想存放在数据块中的各种变量。

3)访问数据块

在用户程序中可能定义了许多数据块,而每个数据块中又有许多不同类型的数据。因此,访问(读/写)时需要明确打开的数据块号和数据块中的数据类型与位置。

只有打开的数据块才能被访问。由于只有两个数据块寄存器(SDB 和 IDB 寄存器),所以最多可以同时打开两个数据块:一个作为共享数据块,共享数据块的块号存储在 SDB 寄存器中;另一个作为背景数据块,背景数据块的块号存储在 IDB 寄存器中。没有专门的数据块关闭指令,在打开一个数据块时,先打开的数据块自动关闭。

打开和访问数据块的方法有两种:传统访问方法(即先打开后访问)和合成指令法

（即完整地址法）。

2. 逻辑块

设计者在编程时，将其程序用不同的逻辑块进行结构化处理，也就是将程序分解为自成体系的多个部分（逻辑块），每个逻辑块为不同设备的控制程序或不同功能的控制程序。程序分块后有以下优点：

（1）规模大的程序更容易理解；

（2）可以对单个的程序进行标准化；

（3）程序组织简化；

（4）程序修改更容易；

（5）由于可以分别测试各个部分，查错更为简单；

（6）系统调试更容易。

逻辑块包括组织块 OB、功能块 FB、功能 FC，系统功能块 SFB 和系统功能 SFC。下面分别介绍。

1）组织块 OB

组织块 OB 是操作系统与用户程序在各种条件下的接口界面，用于控制程序的运行。各型的 S7 CPU 各有一套不同的可编程的 OB 块。例如，S7 CPU 314 共有 13 种组织块。不同的 OB 块由不同的事件驱动，执行不同的功能，且具有不同的优先级，可用于控制循环执行或中断执行（包括故障中断）及 PLC 启动方式等。

组织块的类型包括：① 启动特性组织块——OB100、OB101、OB102；② 主程序循环块——OB1；③ 定期的时间中断组织块——OB10～OB17（日时钟中断）；OB20～OB23（延时中断）；OB30～OB37（循环中断）；④ 事件驱动的中断组织块——OB40～OB47（硬件中断）；⑤ OB80～OB87（异步错误中断）；⑥ OB121～OB122（同步错误中断）。

OB1 是主程序块，由操作系统不断循环调用，在编程时总是需要的。可将所有程序放入 OB1 中，或部分放入 OB1 中，再在 OB1 中调用其他块来组织程序。OB1 在运行时，操作系统可能调用其他 OB 块以响应确定事件，其他 OB 块的调用实际上就是"中断"。

一个 OB 的执行可以被另一个 OB 的调用而中断。一个 OB 是否可以中断另一个 OB 由它的优先级决定。高优先级 OB 可以中断低优先级的 OB，OB1 的优先级最低。

组织块中包含一个变量声明表和一个常规的控制程序。控制程序可以各不相同，但对变量声明表中"局部数据"的类型应先进行限定说明。

OB 中局部数据的类型是有限定的。任何 OB 都是由操作系统调用而不能由用户调用，所以 OB 没有输入、输出和 I/O 参数。由于 OB 没有背景数据块，所以也不能为 OB 声明任何静态变量。因此，OB 的变量声明表中只能定义临时变量，OB 的临时变量的数据类型可以是基本的或复合的数据类型以及数据类型 ANY。对 OB 变量声明表的这一限定，用户应当注意。

2）功能块 FB

功能块中编写的程序是用户程序的一部分,这些程序可以被反复调用。

功能块由两部分组成。在功能块显示窗口可见到,上半部分是每个功能块的"变量声明表",下半部分是编写的该功能块的程序。声明表中定义的局部数据分为"参数"和"局部变量"两类。参数是在调用块和被调用块之间传递的数据,所以可定义一个参数为块的输入值或块的输出值,或块的输入/输出值,同时要声明参数类型为输入、输出和输入/输出。局部变量包括静态变量和临时变量(暂态变量),是仅供功能块本身使用的数据。

一个用户程序可以由多部分(子程序)组成,这些部分即不同的块可通过块调用组成结构化程序。进行调用时,调用块可以是任何逻辑块,被调用块只能是功能块(除 OB 外的逻辑块)。

(1) 功能块(FB)。功能块 FB 属于用户自己编程的块,相当于"子程序"。它带有一个附属的背景数据块。传递给 FB 的参数和静态变量存在背景数据块中,临时变量存在 L 数据堆栈中。背景数据块随 FB 的调用而打开,随 FB 执行结束而关闭,所以存在背景数据块中的数据不会丢失,但保存在 L 堆栈中的临时数据将丢失。

FB 可以使用全局数据块 DB。

(2) 功能(FC)。功能 FC 也是属于用户自己编程的块,但它是"无存储区"的逻辑块。FC 的临时变量存储在 L 堆栈中,在 FC 执行结束后,这些数据丢失。要将有关数据存储,功能 FC 可以使用全局数据块 DB。

由于 FC 没有它自己的存储区,所以必须为它内部的形式参数指定实际参数。另外,不能为 FC 的局域数据设置初始值。

3）系统功能块 SFB

S7 CPU 为用户提供了一些已经编好、通过了测试的程序块,这些块称为系统功能(SFC)和系统功能块(SFB)。它们属于操作系统的一部分,不需将其作为用户程序下载到 PLC,用户可以直接调用它为自己的应用程序服务,不占用用户程序空间。系统功能块 SFB 与功能块 FB 相似,必须为 SFB 生成背景数据块,并将其下载到 CPU 中作为用户程序的一部分。

5.3.4 创建 S7 项目

创建项目时,可使用向导创建项目。首先双击 SIMATIC 管理器图标或由 Windows 进入 SIMATIC Manager 窗口,弹出新建项目小窗口,单击"Next"按钮,选择 CPU 型号、需要生成的逻辑块和输入项目名称,建立过程如图 5-10 所示。

在创建项目的过程中,要完成对 CPU 型号的设定、组织块的选择、编程语言的选择和项目名称的确定。

(a) 创建项目

(b) 选择CPU型号

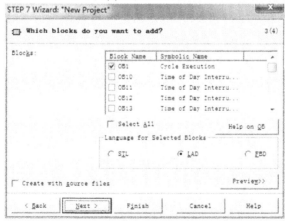

(c) 选择所用块与编程语言

图 5-10 创建项目过程

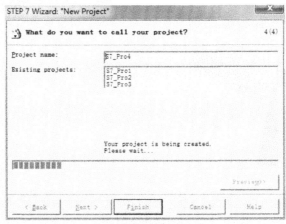

(d) 定义项目名称

续图 **5-10**

1. 设定 CPU 型号

在图 5-10(a)中,单击"Next"按钮,出现 CPU 设定界面,如图 5-10(b)所示。此时设定的 CPU 型号为 CPU 315-2 DP,默认的 MPI 地址为 2(可在 2～31 之间选择),默认的组织块是 OB1。

2. 组织块和编程语言的选择

为进一步选择其他组织块和编程语言,在图 5-10(b)中,单击"Next"按钮,出现图 5-10(c)所示的界面。此时供选择的其他组织块有 OB10、OB35、OB40、OB100 等。选择的编程语言是 LAD(梯形图)。

3. 项目名称的确定

在图 5-10(c)中单击"Next"按钮,出现确定项目名称界面,如图 5-10(d)所示,此时确定的项目名称为 S7_Pro4,读者也可定义为其他名称。单击"Finish"按钮,生成项目。创建项目时也可手动,在 SIMATIC 管理器中使用菜单命令"文件"→"新建"来创建一个新项目,它已经包含了"MPI 子网"对象。

5.3.5 硬件组态

硬件组态是指在站窗口中对机架、模块、分布式 I/O 机架,以及接口子模块等进行排列。像实际的机架一样,可在其中插入特定数目的模块。硬件组态的任务就是在 STEP 7 中生成一个与实际的硬件系统完全相同的系统,如生成网络、网络中各个站的机架和模块及设置各硬件组成部分的参数,即给参数赋值。所有模块的参数都是用编程软件来设置的。硬件组态确定了 PLC 输入/输出变量的地址,为设计用户程序打下了基础。

使用"新建项目"向导创建项目的硬件组态包括以下 5 个步骤。

1. 进入硬件组态窗口

在新项目 S7_Pro1 中，选中 SIMATIC 管理器左窗口的站对象，再双击右窗口的 Hardware（硬件）图标，打开硬件组态工具"HW Config"对话框，如图 5-11 所示，该对话框由 3 部分组成。

1）硬件目录区

硬件组态右窗口的视图是硬件目录区。在这里，选中硬件目录中的某个硬件对象，在硬件目录下面的小窗口可以看到它的简要信息，如订货号和模块的主要功能等。可以选择相应的模块插入机架。

硬件目录中的 CP 是通信处理器，FM 是功能模块，IM 是接口模块，PS 是电源模块，RACK 是机架或导轨。SM 是信号模块，其中的 DI、DO 分别是数字量输入模块和数字量输出模块，AI、AO 分别是模拟量输入模块和模拟量输出模块。

2）硬件组态区

硬件组态的左窗口的上半部分是硬件组态区，在该区放置主机架和扩展机架，并用接口模块将它们连接起来。STEP 7 用一个表格来形象地表示机架，表中的每一行表示机架中的一个插槽。

硬件组态区左下角中的向左和向右的箭头用来切换硬件组态区中的机架。

3）硬件信息显示区

硬件组态左窗口的下半部分是硬件信息显示区。选中硬件组态区中某个机架，左下方的硬件信息显示区将显示选中对象的详细信息，如模块的订货号、CPU 的组件版本号和在 MPI 网络中的站地址、I/O 模块的地址和注释等。

2. 生成机架

若在新项目生成时选择了 CPU 型号，则在进入硬件组态窗口时自动生成中央机架和已经插入的 CPU 模块。在硬件组态时，机架用组态表表示。组态表下面的区域列出了各模块的详细信息，如订货号、MPI 地址和 I/O 地址等。组态表的右边是硬件目录区，可以通过执行菜单命令 View（查看）→Catalog（目录），打开或关闭它。在硬件组态区的左下角的窗口中向左或向右的箭头用来切换机架，硬件配置时用配置表来表示机架。

3. 在机架中放置模块

在硬件目录中选择需要的模块，将它们插入机架指定的槽位。S7-300 中央机架的电源模块占用 1 号槽，CPU 模块占用 2 号槽，3 号槽用于接口模块，4~11 号槽用于其他模块。如果信号模块、功能模块和通信处理器模块不止 8 块，则需要增加扩展机架。

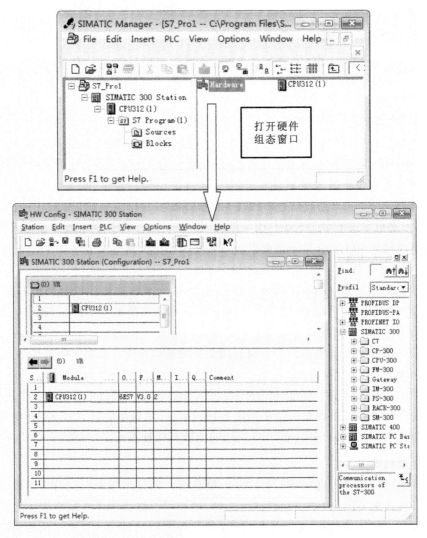

图 5-11 硬件组态窗口

如果只有主机架,没有扩展机架,则不需要接口模块,让 3 号槽空着。但在实际的硬件系统中,CPU 模块与 4 号槽的模块是紧挨着的。

若需要扩展机架,则应该在硬件目录的 IM-300 目录下找到相应的接口模块,添加到 3 号槽。

将右边硬件目录区中的模块放置到硬件配置表的某一行中,就好像将真正的模块插入机架上的某个槽位上一样。有两种放置硬件对象的方法,如下所述。

(1)用"拖放"的方法放置硬件对象。用鼠标单击打开硬件目录中的某个文件夹,单击某个模块,该模块被选中,其背景变为深色。此时硬件组态区的机架中允许放置该模块的插槽变为绿色,其他插槽仍为灰色。用鼠标左键按住该模块不放,移动鼠标,将选中的模块"拖"到机架中的指定行(某个插槽)。然后放开鼠标左键,该模块就被插入指定的槽。

没有移动到允许放置该模块的插槽时,光标的形状为禁止放置;反之,光标的形状变为允许放置。

(2)用双击的方法放置硬件对象。放置模块还有另一种简便的方法:首先用鼠标左键单击机架中需要放置模块的插槽,使它的背景变为深色,然后用鼠标左键双击硬件目录中要放置的模块,该模块便出现在选中的插槽中。

4. 检查组态是否有错误

硬件配置完成后,执行 Station(站点)→Consistency Check(一致性检查)菜单命令,可以检查组态是否有错误,在出现的一致性检查窗口中,可以看到检查的结果,如图 5-12 所示。

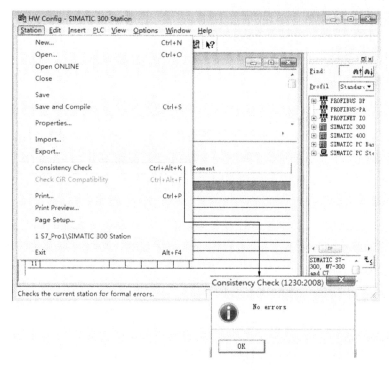

图 5-12　一致性检查窗口

在配置过程中,STEP 7 可以自动检查配置的正确性。当硬件目录中的一个模块被选中时,机架中允许插入该模块的槽会变成绿色,而不允许该模块插入的槽的颜色无变化。将选中的模块拖到不能插入该模块的槽时,会提示不能插入的原因。

5. 硬件组态的保存、下载和上传

参数设置完成后,硬件站的设定组态也就完成了,随后需要把这个设定组态存盘、下载到 CPU。

(1) 保存(Save)和下载(Download)。在 HW Config 窗口,单击 Save 图标,或执行 Station→Save 菜单命令,或单击 Save and Compile(存盘和编译),或执行 Station→Save and Compile 菜单命令,就可以把设定组态存盘。两者的区别是后者能产生系统数据块 SDB。系统数据块的内容就是组态和参数。

存盘完成后,单击 Download 图标就可以把设定组态下载到 CPU。

(2) 上传(Upload)。如果有一套实际的硬件装置,该装置的硬件配置情况及其参数设置就称为实际组态(Actual Configuration)。如果需要改变其参数设置,可以先把实际组态上传,然后按上述方法修改参数,再下载到 CPU。上载方法如下:在 SIMATIC Manager 窗口,执行 PLC→Upload Station 菜单命令;在 HW Config 窗口,执行 PLC→Upload 菜单命令,或单击 Upload to programming device。

5.3.6　编程符号表

1. 符号的基本概念

1) 绝对地址、符号地址与符号表

一般而言,PLC 程序中的所有信号都是借助于 Address(地址)进行识别与区分的。例如,当输入点 I0.0 连接了外部的电动机启动按钮 SB1 时,程序中的全部 I0.0 信号触点便代表了电动机启动按钮 SB1 的状态,这样的地址称为"绝对地址",如图 5-13(a)所示。

使用绝对地址编程时,如果程序较复杂,编程人员必须在编程的同时编制一份地址与实际信号的对应关系表,以记录程序中每一信号的含义以及对应的 PLC 地址,以便在编程时随时查阅。同样,在程序阅读、调试与检查时,也必须根据对应关系表才能确认最终系统中的实际信号以及信号的状态。

虽然使用绝对地址时,编程容易、方便,程序简单,但程序较复杂时,会带来程序理解、阅读方面的难度。因此,为了便于程序的理解,方便他人阅读,对于较复杂的程序,在 PLC 中一般可以利用文字编辑的"符号(Symbol)"来表示信号的地址。例如,在程序中直接用"m_start"这一名称来代表电动机启动信号的输入 I0.0 等,这样的地址称为"符号地址",如图 5-13(b)所示。STEP 7 在编译时会自动将符号地址转换成所需的绝对地址。

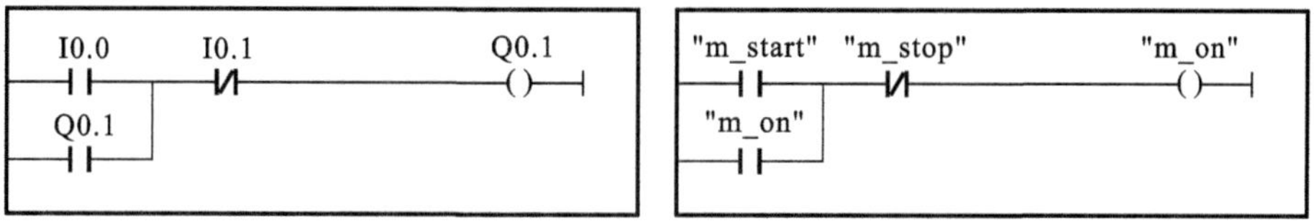

(a) 使用绝对地址的程序　　(b) 使用符号地址的程序

图 5-13　程序地址

为了在程序中能够使用“符号”来进行编程，同样必须在 STEP 7 中编写一份绝对地址与信号符号之间的对应关系表，这一对应表在 STEP 7 中称为 Symbol Table（符号表），如图 5-14 所示。符号表是符号地址的汇集。

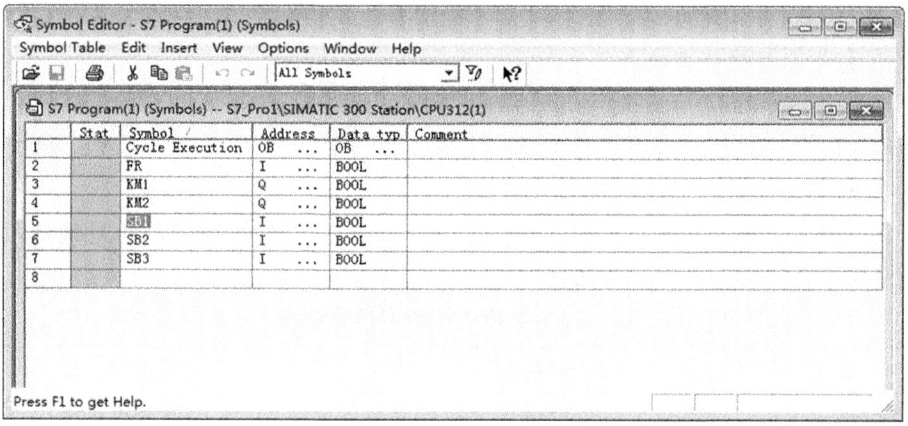

	Stat	Symbol /	Address	Data typ	Comment
1		Cycle Execution	OB ...	OB ...	
2		FR	I ...	BOOL	
3		KM1	Q ...	BOOL	
4		KM2	Q ...	BOOL	
5		SB1	I ...	BOOL	
6		SB2	I ...	BOOL	
7		SB3	I ...	BOOL	
8					

图 5-14　符号地址表

2）全局符号、局部符号

PLC 程序中所使用的信号根据用途可以分为两大类。

第一类是用于整个程序的通用信号，如输入 I、输出 Q、标志寄存器 M 等，这些信号在整个 PLC 程序中的意义与状态是唯一的，因此又称为“全局变量”。

另一类是仅用于某一个特定逻辑块（如 FC、FB、OB 等）的临时信号，主要有局部变量寄存器 L 等。变量寄存器是一种用于临时保存信号状态的暂存器，它仅在程序调用到这一逻辑块时才具有实质性的含义，在程序调用完成后，其状态就失去意义，因此又称为“局部变量”。

对于全局变量定义的符号地址称为“共享符号（Shared Symbols）”或“全局符号”；对于局部变量定义的符号地址称为“局部符号（Local Symbols）”或“局域符号”。

“共享符号”在程序中的显示加双引号，如图 5-13（b）所示，“局域符号”在显示时前面加“#”标记，如图 5-15 所示。

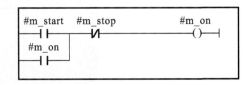

图 5-15　使用局域符号地址的程序

"共享符号"是整个程序锁使用的共同符号,在一个程序中,符号名称应是唯一的;而"局域符号"只是在某一特定的逻辑块中使用的临时性标记,因此,在同一程序的不同逻辑块中可重复使用。

"共享符号"可以由英文字母、数字、下划线、特殊字符甚至汉字所组成,"局域符号"一般不可以使用特殊字符与汉字,一个符号最多可以使用 24 个字符。

3）符号表与变量声明表

符号表(Symbol table)和变量声明表(Variable declaration table)是 STEP 7 中两种用来定义符号地址的表格形式,其本质都是为了建立绝对地址与符号地址之间的内在联系,但表格所针对的对象有所区别。

在 STEP 7 中,由于使用了"共享符号"和"局域符号"两种不同的符号地址,且其使用范围不同,因此,其定义方法也因此有所区别,如表 5-2 所示。

表 5-2　共享符号与局域符号比较表

项　目	共 享 符 号	局 域 符 号
定义方式	符号表	变量声明表
有效范围	全部 PLC 用户程序; 全部块; 同一地址使用同一符号,符号唯一	指定的逻辑块 在不同块中可以使用相同符号
符号组成	字母、数字、特殊字符; 不可以使用 STEP 7 的关键字,如 BLOCK 等	字母、数字、下划线
应用对象	I/O 信号(I、IB、IW、ID、Q、QB、QW、QD); 直接输入/输出(PI、PQ); 标志寄存器(M、MB、MW、MD); 定时器 T、计数器 C; 逻辑块(OB、FC、FB、SFC、SFB); 数据块 DB; 用户定义数据块 UDT; 变量表 VAT	块输入/输出参数(IN、OUT、IN-OUT); 静态变量(SATA); 临时变量(TEMP)

"共享符号"是整个程序所使用的共同符号,可以在程序中通过统一、通用的表进行定义。用于"全局符号"定义的表,在 STEP 7 中称为"符号表(Symbol table)"。

"局域符号"是某一特定逻辑块所使用的临时性标记,只能在特定的逻辑块中进行临时性定义。用于临时性的、"局域符号"定义的表被称为"变量声明表(Variable declaration table)"。

2. 符号表的编辑

符号表(Symbol table)是符号地址的汇集,可以被不同工具利用,如 LAD/STL/FBD 编辑器等。在符号编辑器内,用于全局变量的符号表,通过编辑符号表可以完成对象的符号定义。

1) 打开符号表编辑器(Symbol Editor)

在项目管理器的 S7 Program(1)文件夹内,双击窗口的 Symbols 图标,打开符号表编辑器,如图 5-16 所示。

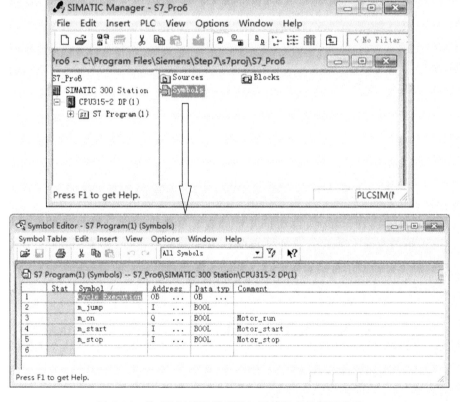

图 5-16　从 SIMATIC 管理器打开符号表编辑器窗口

也可以通过执行 LAD/STL/FBD 编辑器中的菜单命令 Options → Symbol

Table,可以打开符号表编辑器(Symbol Editor),如图 5-17 所示。

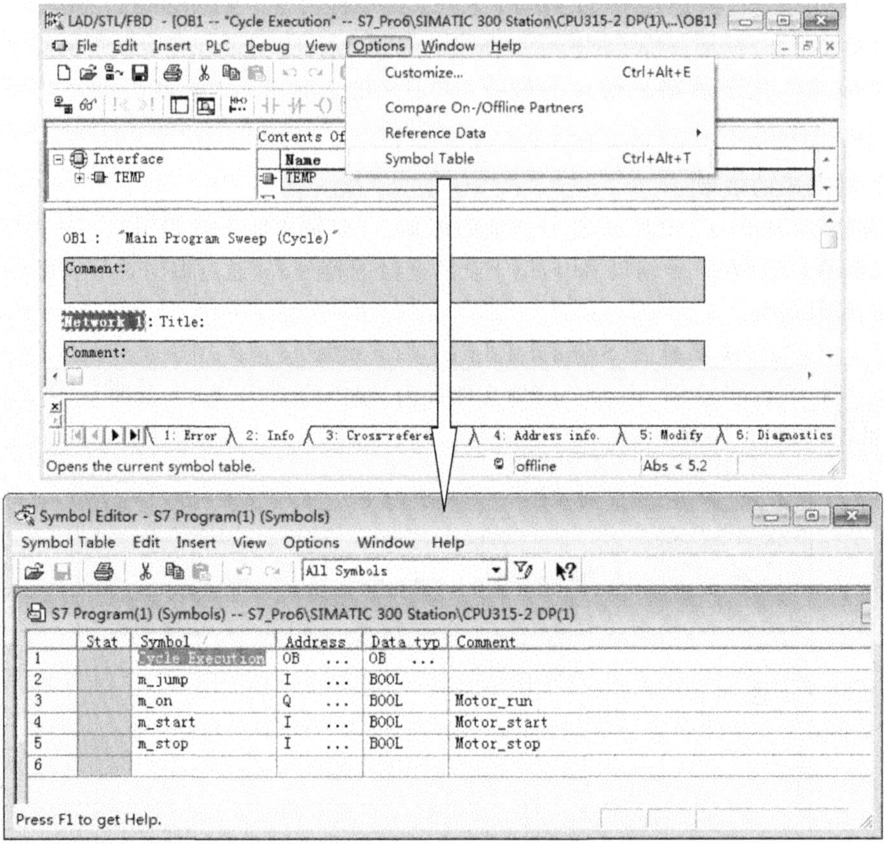

图 5-17 从 LAD/STL/FBD 编辑器打开符号表编辑器窗口

在打开符号表编辑器时,自动打开符号表。符号表包含全局符号的 Status(状态)、Symbol(符号名)、Address(地址)、Data Type(数据类型)和 Comment(注释)等表格栏。每个符号占用符号表的一行。将鼠标移动到符号表的最后一个空行,可以向表中添加新的符号定义。在定义一个新符号后,会自动插入一个空行。将鼠标移动到表格左边的标号处,选中一行,单击"Delete"按钮,即可删除一个符号。

参照图 5-17 填入 Symbol(符号名)、Address(地址)和 Comment(注释)。完成后单击"保存"按钮。

2) 符号表编辑器的结构

符号表包含全局符号的 Status(状态)、Symbol(符号名)、Address(地址)、Data Type(数据类型)和 Comment(注释)等表格栏。

(1) Symbol(符号名)。符号名不能超过 24 个字符。一张符号表最多可容纳

16380 个符号。

数据块中的地址（DBD、DBW、DBB 和 DBX）不能在符号表中定义，它们的名字应在数据块的声明表中定义。

组织块（OB）、系统功能块（SFB）和系统功能（SFC）已预先赋予了符号名，编辑符号表时可以引用这些符号名。

（2）Address（地址）。地址是一个特定存储区域和存储位置。例如，输入 I12.1，输入时程序要对地址的语法进行检查，还要检查该地址是否可以赋给指定的数据类型。

（3）Data Type（数据类型）。在 SIMATIC 中可以选择多种数据类型。输入地址后，软件将自动添加数据类型，用户可以修改它。如果所作的修改不适合该地址或存在语法错误，在退出该区域时，会显示一条错误信息。

（4）Comment（注释）。注释是可选的输入项，简短的符号名与更详细的注释混合使用，使程序更易于理解，注释不能超过 80 个字符。输入完成后需要保存符号表。

3）符号的编辑

符号的编辑不仅可以通过符号表进行一次性编辑，还可以选择指定的对象进行添加。如果所输入的内容存在错误，在回车后 STEP 7 将自动出现错误提示。在符号编辑界面，通过菜单"View"→"Sort"，可以选择不同的符号表排列方式，如按照地址的次序依次排列。

5.3.7 在 OB1 中创建程序

创建逻辑块 OB1 的步骤如图 5-18 所示。

图 5-18 用 STL 编写逻辑块的步骤

1. 打开已生成的项目

在 SIMATIC 管理器中，执行菜单命令 File（文件）→Open（打开），选择已生成的目录，打开已生成项目管理器对话框，如图 5-19 所示。

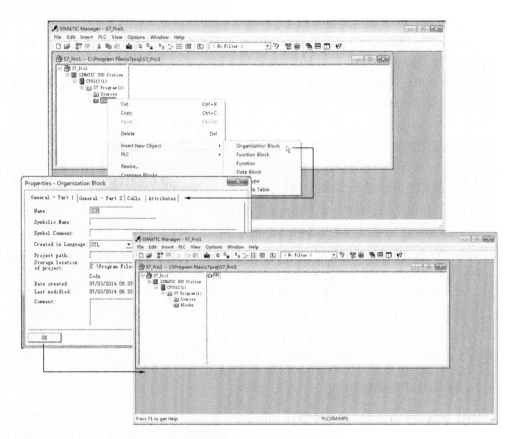

图 5-19 生成逻辑块 OB1 的方法

2. 生成逻辑块

如果没有利用"向导"生成 OB1,则在图 5-19 所示的 SIMATIC 管理器中,单击管理器对话框的左窗口 Blocks 后,执行菜单命令 Insert→New Object(插入)→Organization Block(组织块),弹出组织块属性窗口,填入 OB 的名称 OB1,输入符号名和注释,并选择编程语言,单击"OK"按钮,完成组织块的插入和属性设置。

3. 打开 LAD/STL/FBD 编辑窗口

在 STEP 7 中,允许使用梯形图(LAD)、语句表(STL)或功能块图(FBD)编辑器,生成 S7 应用程序,但在实际使用中,应预先设定使用哪种语言编辑器。一般而言,从事 PLC 控制的电气技术人员常常选择梯形图编辑器;熟悉计算机编程的,常选择语句表编辑器;熟悉数字电路的,常选择功能块图编辑器。设定方法前面已经介绍,当然也可以在 LAD/STL/FBD 编辑窗口中的 View 菜单中进行设定。

4.用梯形图(LAD)编辑器编辑组织块 OB1

编程工具栏上的按钮功能如图 5-20 所示,利用这些功能可以很快地绘制出梯形图程序。

5.用语句表(STL)编辑器编辑组织块 OB1

在 LAD/STL/FBD 窗口中,打开 View 菜单,设定编程语言为 STL 后,根据语句表逐条输入和编辑程序,如果使用符号表中不存在的符号地址或出现语法错误,则会显示为红色。

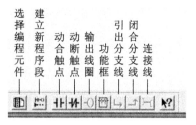

图 5-20 编程工具栏上的按钮功能

6.用功能块图(FBD)编辑器编辑组织块 OB1

在 LAD/STL/FBD 窗口中,打开 View 菜单,设定编程语言为 FBD 后,按选择编程元件按钮,与编程工具栏配合,再输入编程元件地址。如果是符号地址,可通过 Options 菜单,选择 LAD/FBD 标签中的"Width of address field",设定每行符号地址的最大字符数(最大字符数为 24 个)。

5.3.8 程序编辑窗口

下面以电动机点动控制的例子说明梯形图的编辑。

在项目管理器 Blocks 文件夹内双击按钮 **OB1** 打开 OB1 窗口,如图 5-21 所示。

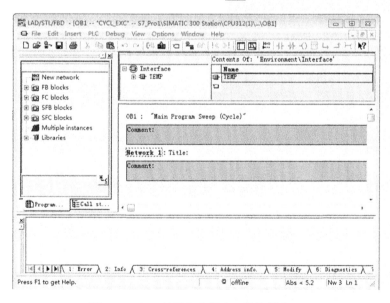

图 5-21 OB1 的语句表语言环境编辑窗口

使用菜单命令 View→LAD 切换到梯形图语言环境,如图 5-22 所示。

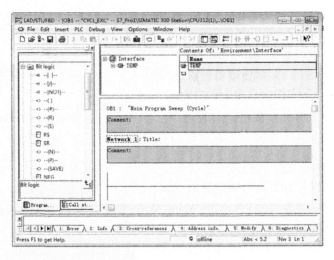

图 5-22 OB1 的梯形图语言环境编辑窗口

在 OB1 程序块说明区内输入"电动机点动控制 LAD 程序",在程序段 Network1 标题区内输入"电动机点动控制程序",在程序段 Network1 说明区内输入"SB 为常开按钮,对应输入模块的位地址为 I0.0;KM 为输出线圈,对应的输出模块的位地址为 Q4.0,用来驱动接触器",接着可以用 Bit Logic 目录中常开触点图标———l|- -||--和线圈图标-<>- --( )或工具栏的快捷按钮 完成电动机点动控制程序的编辑,如图 5-23 所示。

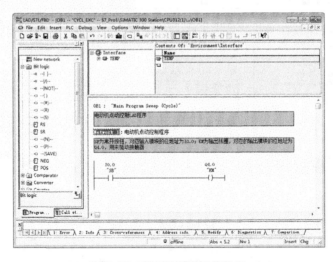

图 5-23 电动机点动控制程序

5.4 一个简单的例子

下面介绍 S7-300 系列 PLC 应用于电动机正反转控制的例子。

1.电动机正反转控制的主电路及 PLC 的 I/O 接线图

电动机正反转控制的主电路如图 5-24 所示。图中 KM1 为正转接触器,KM2 为反转接触器。当按下正转启动按钮 SB2 时,KM1 线圈通电并自锁,电动机正转;按下停车按钮 SB1,电动机自由停车;当按下反转启动按钮 SB3 时,KM2 线圈通电并自锁,电动机反转;按下停车按钮 SB1,电动机自由停车。

根据电动机正反转控制的工艺要求,PLC 的输入信号有停车按钮 SB1、正转启动按钮 SB2、反转启动按钮 SB3 和热继电器 FR 的触点信号,PLC 的输出信号有正转接触器 KM1 的线圈和反转接触器 KM2 的线圈。PLC 的 I/O 接线图如图 5-25 所示,注意:为了提高正转接触器 KM1 和反转接触器 KM2 不同时得电的可靠性,PLC 的输出信号 KM1 线圈和 KM2 线圈必须进行硬件互锁。

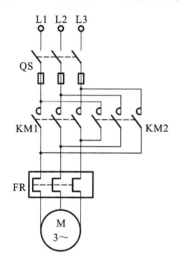

图 5-24 电动机正反转控制主电路

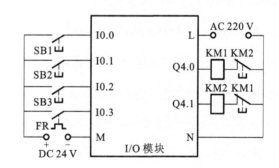

图 5-25 电动机正反转 PLC 控制的 I/O 接线图

2.创建 S7 项目

创建项目时,可使用向导创建项目。此时设定的 CPU 型号为 CPU 312,默认的组织块只有 OB1,选择的编程语言是 LAD(梯形图),项目名称为"S7_电机正反转控制"。创建的项目如图 5-26 所示。

3.硬件组态

根据电动机正反转 PLC 控制的工艺要求及 I/O 接线原理图,可以知道,此项目中只包含简单的数字量的输入信号和数字量输出信号。在新项目"S7_电机正反转控制"中,选中 SIMATIC 管理器左窗口的站对象,再双击右窗口的 Hardware(硬件)图标,打开硬件组态工具 HW Config 对话框,进行硬件组态,组态结果如图 5-27 所示。

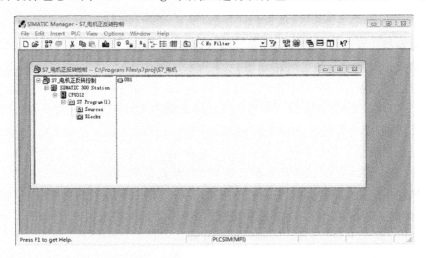

图 5-26 创建项目

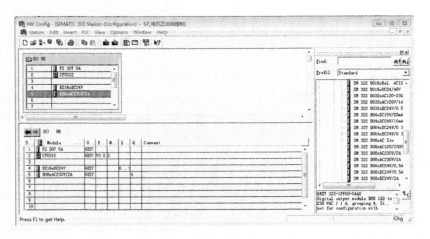

图 5-27 硬件组态

4. 编辑符号

为了在程序中能够使用"符号"来进行编程,同样必须在 STEP 7 中编写一份绝对地址与信号符号之间的对应关系表。可以在项目管理器的 S7 Program 文件夹内,双击窗口的 Symbols 图标,打开符号表编辑器进行编辑,也可以通过执行 LAD/STL/FBD 编辑器中的菜单命令 Options→Symbol Table,打开符号表编辑器(Symbol Editor),如图 5-28 所示。

	Stat	Symbol	Address		Data typ	Comment
1		Cycle Execution	OB	1	OB ...	
2		正转按钮	I	0.1	BOOL	
3		反转按钮	I	0.2	BOOL	
4		停车按钮	I	0.0	BOOL	
5		过载信号	I	0.3	BOOL	
6		正转KM1	Q	4.0	BOOL	
7		反转KM2	Q	4.1	BOOL	
8						

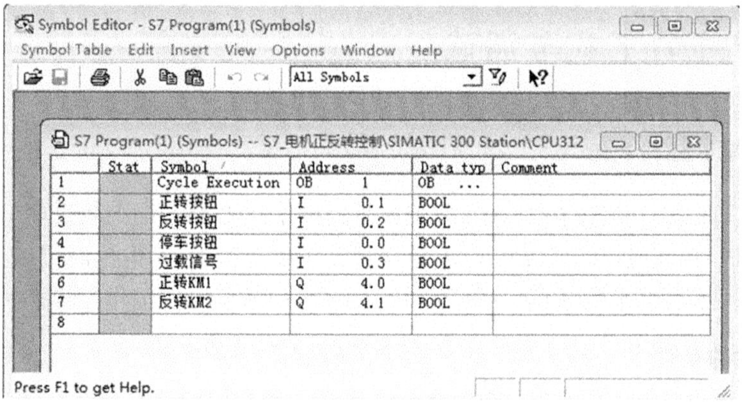

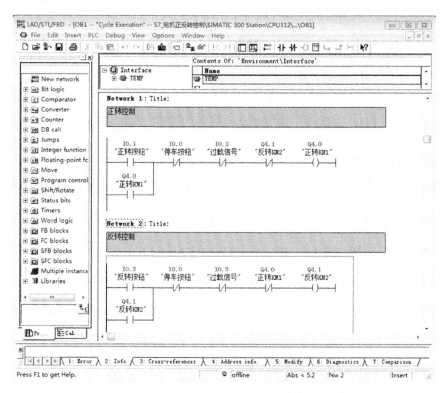

图 5-28 符号表

5. 在 OB1 中创建程序

根据工艺要求和逻辑关系，在 OB1 中编辑程序。电动机正反转控制程序如图 5-29 所示。

图 5-29 电动机正反转控制程序

5.5　程序的下载与调试

5.5.1　程序下载与上传

程序编写完成后,通过在 SIMATIC 管理器的操作,可以将程序下载到 CPU 中,程序首先下载到 CPU 的装载存储器(EPROM:程序保持不需要电池,有电池时可以保持过程数据;RAM:程序保持需要电池)中。与执行相关的部分程序存储于工作存储器中。

1. 下载的条件

(1) 编程设备和 CPU 之间必须有一个连接。最常用的连接就是编程电缆。要使用户能有效访问到 PLC,不仅需要实际的物理连接,还需要设置好"控制面板"中的 Setting PG/PC Interface(设置 PG/PC 接口)。

(2) 用户已经编译好将要下载的程序和硬件组态。建议在下载块之前,最好能在编译完后及时保存,再下载到 PLC,这样就可以保证编程设备中的程序和 PLC 中程序的一致性。"保存"的作用是将编程设备中当前的软硬件内容保存在编程设备的硬盘上;而"下载"的作用是将编程设备中当前的软硬件内容下载到 PLC 中。这是两个不同的概念。尤其是当用户在线调试时,用户会在线修改程序内容,这时一定要先将程序保存,然后再下载,避免下载的程序与最终保存的程序版本不一致。

(3) CPU 处在允许下载的工作模式(STOP 或 RUN-P)下。在 RUN-P 模式,一次只能下载一个块,这种改写程序的方式可能会出现块与块之间的时间冲突或不一致性,运行时 CPU 会进入 STOP 模式,因此建议在 STOP 模式下载。将 CPU 模块上的模式选择开关扳到 STOP 位置,STOP 的 LED 亮。

(4) 下载用户程序之前应将 CPU 中的用户存储器复位,以保证 CPU 内没有旧的程序。

2. 下载的步骤

程序下载的过程如图 5-30 所示。

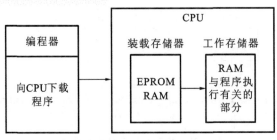

图 5-30　程序的下载

用户程序被编译后,逻辑块、数据块、符号表和注释保存在计算机的硬盘中。在完成组态、参数赋值、程序创建和建立在线连接后,可以将整个用户程序或个别的块下载到 PLC。系统数据包括硬件组态、网络组态和连接表,也应下载到 CPU。

下载操作可以按照下述的步骤进行。

(1) 启动 SIMATIC 管理器,打开项目。

(2) 在项目窗口内选中要下载的工作站。

(3) 单击工具条中的快捷按钮 ![下载] (下载),将整个 S7-300 站(包括用户程序和模块信息)下载到 PLC。

如果在程序编辑窗口执行下载操作,则下载的对象为当前编辑的程序块或数据块;如果在硬件组态时执行下载操作,则下载的对象为正在编辑的硬件组态信息。下载硬件组态需要将 CPU 切换到 STOP 模式。

3. 程序的上传

程序的上传可以将 PLC 中 CPU 的现行用户程序、配置数据等传送到编程器中,如果命名相同,则原编程器中的项目数据将被覆盖。

与程序下载一样,PLC 的程序上传同样遵守"选中什么,上传什么"的原则,即

· 可以在 SIMATIC 管理器中,通过菜单命令 PLC→Upload Station 将连接到 PG/PC 的 PLC 站上传到项目中,"Upload Station"命令的上传包含了该站的硬件配置和用户程序数据。

· 可以在 STEP 7 的硬件配置窗口中,通过菜单命令 PLC→Upload 或工具条上的快捷按钮 ![上传] 进行上传,操作结果将会在 STEP 7 的项目中插入一个站,但采用本方式的上传,只有该站的硬件配置信息而无 PLC 用户程序。

· 可以在项目中有选择地上传用户程序。例如,在 PLC 进入在线状态后,通过对在线窗口对象显示区的块选择,利用菜单命令 PLC→Upload to PG,将选中的"块"上传到编辑器的对应项目中。

可选用以下三种方式进行程序上传。

(1) 单击"上传"按钮。

(2) 选择菜单命令将文件上传。

(3) 按快捷键组合 Ctrl+U。

要上传 PLC 至编辑器,PLC 通信必须正常运行,确保网络硬件和 PLC 连接电缆正常操作。选择想要的块(程序块、数据块或系统块),选定要上传的程序组件就会从 PLC 复制到当前打开的项目,用户就可保存已上传的程序。

5.5.2 在线调试程序

1. 在线调试的基本内容

PLC 的用户程序的在线调试主要包括信号（包括输入、输出、定时器、计数器与内部标志寄存器等）状态的检查和程序执行过程的动态显示等两方面内容。

1）梯形图动态显示

通过对运行中 PLC 程序梯形图动态显示，可以形象、直观地显示 PLC 用户程序的执行情况，这是 PLC 程序调试过程中最为常用的方法，也是当前任何 PLC 产品都应具备的基本功能之一。

梯形图动态显示的最大特点是形象、直观，但由于显示页面与程序结构的限制，它不可避免地存在一次可以显示的指令条数少，只能根据程序本身的结构逐页进行显示等方面的不足。因此，为了加快调试速度，在实际使用时往往需要结合信号状态进行检查。

2）信号状态检查

信号状态的检查一般可以通过读取输入/输出映像区、定时器、计数器或标志寄存器的内容等方法进行，也可以通过对输出信号的强制操作、检查控制对象的外部连接与动作情况进行。

在大多数的 PLC 中，信号状态的检查通常采用"分类显示法"。分类显示法是一种根据信号的类型（如输入、输出），按照 PLC 内部地址的排列次序进行分类显示的方法。在调试与检查时，操作者需要通过调用不同的页面分别检查信号的状态。

在 STEP 7 中，信号状态不但可以采用常用的分类显示法进行，还可以使用所谓的"变量表检查法"进行检查。

2. STEP 7 在线调试的特点

STEP 7 的 PLC 程序梯形图动态显示与其他公司生产的 PLC 在功能、使用方法等方面无本质区别，但在信号状态的检查与程序试运行方面具有自己的特色。STEP 7 的 PLC 程序调试特点如下。

1）使用变量表

变量表检查法的优点是可以根据程序调试的需要，将某一部分程序调试所需要查看的全部信号汇编成表格的形式，不分类型地进行集中、统一的显示，它可以为程序的调试提供较大的方便。

2）单步执行

在程序试运行阶段，STEP 7 可以采用"单步执行"与"断点设定"两项功能改变 PLC 用户程序的正常执行（循环执行）过程，以便于程序的检查与调试。

选择单步执行时，PLC 可以逐条执行 PLC 用户程序。利用单步执行功能，调试时可以逐条检查程序的正确性，从而便于程序的分析与检查。

3）断点功能

断点功能是通过人为设定的断点中断正常程序循环执行过程的一种调试方法。STEP 7 可以在调试时，通过在用户程序中设定断点，使得程序在指定的位置停止运行，并保持执行中的信息与状态，这是一种比单步执行更为灵活的程序中断方法。

3. 梯形图的动态显示

梯形图的动态显示需要在 STEP 7 在线后进行。在完成 PLC 与 PG 的连接，并建立在线后，如果 PLC 的 CPU 处于"RUN"或"RUN-P"模式，就可以进行动态显示。

STEP 7 在线后，通过打开需要检测的程序块，在程序编辑器中通过选择菜单命令 Debug（调试）→Monitor（监控），可以进入 PLC 程序的在线监控（动态显示）状态。

在梯形图动态显示时，对于默认的情况，显示页面中处于"有效"状态的元件（如触点接通）或功能框显示为绿色的实线；处于"无效"状态（如触点断开）的元件显示为蓝色的虚线，如图 5-31 所示。

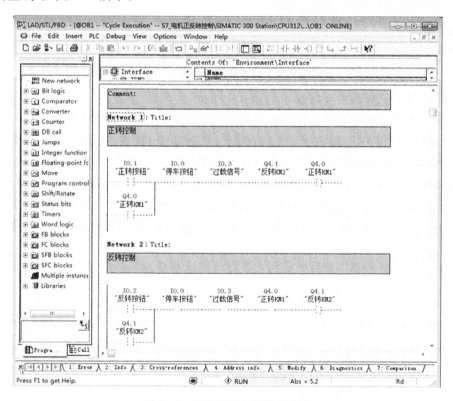

图 5-31 梯形图程序的动态显示

当 PLC 未运行或编辑器未在线时，全部梯形图变成"状态未知"的黑色连续线显示方式;当显示区的梯形图被程序中的"跳转"指令所跳过时,被跳过的梯形图变成"状态未知"的黑色连续线显示方式。

通过菜单命令 Options(选项)→Customize(用户),并选择"LAD/FBD"选项,可以在对话框内改变显示的线形和颜色。

对于 PLC 用户程序中的数据块(DB),必须通过数据块显示方式"Data View"在线检查数据块 DB 的内容,可以在"Actual Value(实际值)"列中显示 DB 的当前状态。

5.6 S7-PLCSIM 仿真软件

5.6.1 S7-PLCSIM 的使用

仿真软件 S7-PLCSIM 集成在 STEP 7 中,在 STEP 7 环境下,不用连接任何 S7 系列的 PLC(CPU 或 I/O 模板),而是通过仿真的方法来模拟 PLC 的 CPU 中用户程序的执行过程和测试用户的应用程序。可以在开发阶段发现和排除错误,提高用户程序的质量和降低试车的费用。

S7-PLCSIM 提供了简单的界面,可以用编程的方法(如改变输入的通/断状态、输入值的变化)来监控和修改不同的参数,也可以使用变量表(VAT)进行监控和修改变量。

1. S7-PLCSIM 的主要功能

S7-PLCSIM 可以在计算机上对 S7-300/400 PLC 的用户程序进行离线仿真与调试,仿真时计算机不用连接任何 PLC 的硬件。S7-PLCSIM 提供了用于监视和修改程序中使用的各种参数的简单接口,如使输入变量为 ON 或 OFF。与实际 PLC 一样,在运行仿真 PLC 时,可以使用变量表和程序状态等方法来监视和修改变量。

S7-PLCSIM 可以模拟 PLC 的输入/输出存储器区,通过在仿真窗口改变输入变量的 ON/OFF 状态,来控制程序的运行,通过观察有关输出变量的状态来监视程序运行的结果。

S7-PLCSIM 可以实现定时器和计数器的监视和修改,通过程序使定时器自动运行,或者手动对定时器复位。

S7-PLCSIM 还可以对位存储器(M)、外设输入(PI)变量区和外设输出(PQ)变量区,以及存储在数据块中的数据进行模拟读/写操作。

除了可以对数字量控制程序仿真以外,还可以对大部分组织块(OB)、系统功能(SFC)仿真,包括对许多中断事件和错误事件仿真。可以对语句表、梯形图、功能块图和 S7 Graph(顺序功能图)、S7-SCL 和 CFC 等语言编写的程序仿真。

2. S7-PLCSIM 的使用方法

S7-PLCSIM 提供了一个简便的操作界面,可以监视或者修改程序中的参数,如直接进行只存数字量的输入操作。当 PLC 程序在仿真 PLC 上运行时,可以继续使用 STEP 7 软件中的各种功能,如在变量表中进行监视或者修改变量。S7-PLCSIM 的使用步骤如下。

1) 打开 S7-PLCSIM

可以通过 SIMATIC 管理器窗口中的菜单命令 Options(选项)→Simulate Modules(仿真模式),也可单击按钮 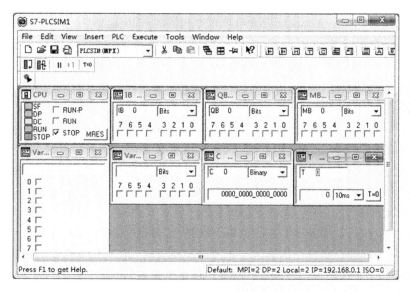 进入仿真模式,打开 S7-PLCSIM 软件(见图5-32)后,此时系统自动装载仿真的 CPU,S7-PLCSIM 在运行时,所有的操作(如下载程序)都会自动与仿真 CPU 关联。

图 5-32　S7-PLCSIM 软件的界面

2) 插入"View Object(视图对象)"

通过生成视图对象(View Object),可以访问存储区、累加器和被仿真 CPU 的配置。在视图对象上可以强制和显示所有数据。执行菜单命令"Insert",可以在 PLCSIM 窗口中插入以下视图对象。

(1) Input Variable:允许访问输入(I)存储区。

(2) Output Variable:允许访问输出(O)存储区。

(3) Bit Memory:允许访问位存储区(M)中的数据。

(4) Timer:允许访问程序中用到的定时器。

(5) Counter:允许访问程序中用到的计数器。

(6) Generic:允许访问仿真 CPU 中所有的存储区,包括程序使用到的数据块(DB)。

(7) Vertical Bits:允许通过符号地址或绝对地址来监视或者修改数据。

对于插入的视图对象,可以输入需要仿真的变量地址,而且可以根据被监视变量的情况选择显示格式:Bits、Binary、Hex、Decimal 和 Slider:Dec(滑动条控制功能)等。变量表示"Slider:Dec"的视图如图 5-33 所示,可以用滑动条的控制仿真逐渐变化的值或者在一定范围内变化的值。有三个存储区的仿真可以使用这个功能:Input Variable、Output Variable 和 Bit Memory。

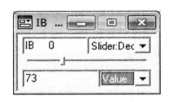

图 5-33　变量显示

3)下载项目到 S7-PLCSIM

在下载前,首先通过执行菜单命令"PLC"→"Power On"为仿真 PLC 上电,通过菜单命令 PLC→MPI Address 设置与项目中相同的 MPI 地址(一般默认 MPI 地址为 2),然后在 STEP 7 中单击下载,将已经编译好的项目下载到 S7-PLCSIM。若单击 CPU 视图中的"MRES"按钮,可以清除 S7-PLCSIM 中的内容,此时如果需要调试程序,必须重新下载程序。

4)选择 CPU 运行的方式

执行菜单命令 Execute→Scan Mode→Single can,使仿真 CPU 仅执行程序一个扫描周期,然后等待开始下一次扫描;执行菜单命令 Execute→Scan Mode→Continuous scans,仿真 CPU 将会与真实 PLC 一样连续地、周期性地执行程序。如果用户对定时器或计数器进行仿真,这个功能非常有用。

5)调试程序

用各个视图对象中的变量模拟实际 PLC 的 I/O 信号,用它来产生输入信号,并观察输出信号和其他存储区中内容的变化情况。模拟输入信号的方法是,用鼠标单击图中 IB0 的第 3 位(即 I0.3)处的单选框,则在框中出现符号"√",表示 I0.3 为 ON,若再单击这个位置,则"√"消失,表示 I0.3 为 OFF。在"View Object"中所做的改变会立即引起存储区地址中内容发生相应变化,仿真 CPU 并不等待扫描开始或者结束后才更新变换的程序。执行用户程序的过程中,可以检查并离线修改程序,保存后再下载,之后继续调试。

6)保存文件

退出仿真软件时,可以保存仿真时生成的 LAY 文件和 PLC 文件,便于下次仿真这个项目时可以直接使用本次的各种设置。LAY 文件用于保存仿真时各视图对象的信息,如选择的数据格式等;PLC 文件用于保存仿真运行时设置的数据和动作等,包括程序、硬件组态、设置的运行模式等。

3.电动机正反转控制应用

以电动机正反转控制程序(见图 5-34)为例,说明用 S7-PLCSIM 进行仿真的调试方法。

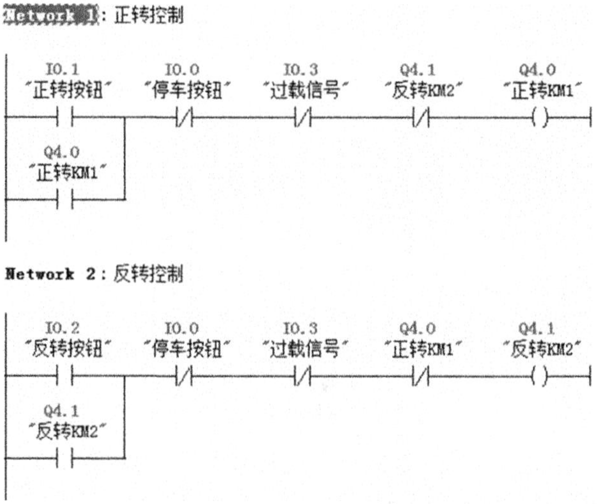

Network 1: 正转控制

```
    I0.1        I0.0        I0.3        Q4.1        Q4.0
   "正转按钮"   "停车按钮"   "过载信号"   "反转KM2"   "正转KM1"
 ────┤ ├────────┤/├────────┤/├────────┤/├────────( )────

    Q4.0
   "正转KM1"
 ────┤ ├──
```

Network 2: 反转控制

```
    I0.2        I0.0        I0.3        Q4.0        Q4.1
   "反转按钮"   "停车按钮"   "过载信号"   "正转KM1"   "反转KM2"
 ────┤ ├────────┤/├────────┤/├────────┤/├────────( )────

    Q4.1
   "反转KM2"
 ────┤ ├──
```

图 5-34　电动机正反转控制程序

控制要求:当按下"正转按钮"SB2(I0.1)时,电动机正转;当按下"反转按钮"SB3(I0.2)时,电动机反转;无论电动机处于何种运行方式,按下"停车按钮"SB1(I0.0),电动机自由停车。

在 STEP 7 中保存程序并下载到 S7-PLCSIM 中,将 S7-PLCSIM 中 CPU 的操作模式置于 RUN 或 RUN-P 状态。在 S7-PLCSIM 中插入输入字节 IB0、输出字节 QB4。

用鼠标单击 I0.1 的单选框,在框中出现符号"√",此时观察到 Q4.0 的单选框出现符号"√",说明电动机以正转方式启动,再单击 I0.1 的单选框释放这个信号(相当于启动按钮是点动按钮),如图 5-35 所示。

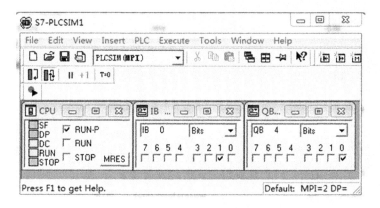

图 5-35　电动机正转控制调试界面

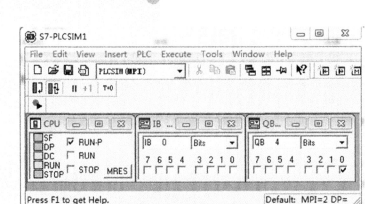

续图 5-35

用鼠标单击 I0.0 的单选框,在框中出现符号"√",再释放 I0.0,此时观察到 Q4.0 的单选框出现的符号"√"消失,说明电动机停车,如图 5-36 所示。

同理,可以调试电动机反转控制模式下的状态。

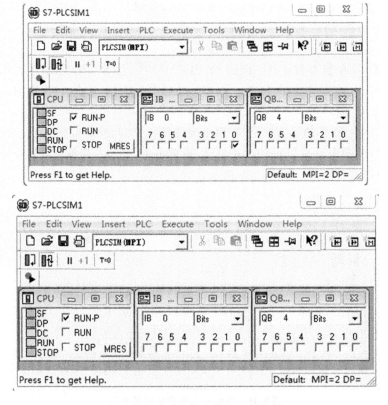

图 5-36 电动机停车控制调试界面

5.6.2　PLCSIM 与真实 PLC 的差别

1. 仿真 PLC 特有的功能

（1）在 S7-PLCSIM 中可人为地触发中断。主要包括 OB40～OB47（硬件中断）、OB70（I/O 冗余错误）、OB72（CPU 冗余错误）、OB73（通信冗余错误）、OB82（诊断中断）及 OB83（插入/移除模块）等，但不支持功能模块 FMS。

（2）可以选择让定时器自动运行或者人为地进行置位/复位。可以针对各个定时器单独复位，也可以同时复位所有定时器。

（3）可以把仿真 CPU 当做真实的 CPU 那样改变它的运行模式（STOP/RUN/RUN-P）。此外 S7-PLCSIM 提供"暂停"功能，允许暂时把 CPU 挂起而不影响程序的状态输出。

（4）可以记录一系列事件（复制 I/O 存储区、位存储区、定时器、计数器），并能重放记录，实现程序测试的自动化。

（5）可选择单次扫描或连续扫描。

2. 仿真 PLC 与实际 PLC 的区别

（1）S7-PLCSIM 不支持写到诊断缓冲区的错误报文，例如，不能对电池失电和 EEPROM 故障进行仿真，但是可以对大多数 I/O 错误和程序错误进行仿真。

（2）不支持功能模块和点对点通信。

（3）S7-300 大多数 CPU 的 I/O 是自动组态的，模块出入物理控制器后被 CPU 自动识别，仿真 PLC 没有这种自动识别功能。如果将自动识别 I/O 的 S7-300 CPU 的程序下载到仿真 PLC，系统数据没有包括 I/O 组态。因此，在用 PLCSIM 仿真 S7-300 程序时，如果想定义 CPU 支持的模块，首先必须下载硬件组态。

（4）在视图对象中的变动会立即使对应的存储区中的内容发生相应的改变。实际的 CPU 要等到扫描结束时才会修改存储区。

总之，利用仿真 PLC 可以基本达到调试程序的目的。

5.7　本章小结

本章阐述了 STEP 7 的基本概念、STEP 7 的安装、STEP 7 的使用、程序的下载与调试和 S7 PLCSIM 仿真软件。

习题 5

1. 什么叫 PLC 的程序结构？PLC 程序有哪两种结构体系？各有何特点？

2. S7-300 的数据块可以分为哪几类？各有何作用与特点？

3.什么叫 PLC 程序的编译、下载?

4.STEP 7 由哪些功能组件组成? 简述各部分的主要作用。

5.STEP 7 软件管理采用了什么样的结构体系? STEP 7 的程序文件由哪几部分组成?

6.符号表编辑可以采用哪些方法?

7.变量声明表的作用是什么?

8.PG 与 PLC 之间可采用哪些连接方式? 连接时应注意什么?

9.建立 STEP 7 连接可以采用哪些方法? 各用于什么场合?

10.STEP 7 下载包括哪些内容?

11.试用 STEP 7 完成电动机点动和连续运行控制的 S7 项目创建,进行硬件组态,编程并用 S7 PLCSIM 调试。

6

STEP 7 基本指令

6.1 数据类型

计算机处理的数据都有一定的大小,并根据大小为其分配适当大小的存储空间。编程指令都是与一定存储空间和大小范围的数据对象结合使用的,这些数据对象具有的规定存储格式和大小范围特性就是其数据类型。S7-300/400 PLC 有三种数据类型,分别是基本数据类型、复合数据类型和参数类型。

在介绍数据类型之前先介绍存储空间的命名方式。如下命名方式可适用于所有可以寻址的 S7 系列 PLC 的存储区域。S7 系列 PLC 的物理存储器是以字节为单位进行编号的。例如,MB10 表示 M 存储区的第 10 号字节,如图 6-1 所示。

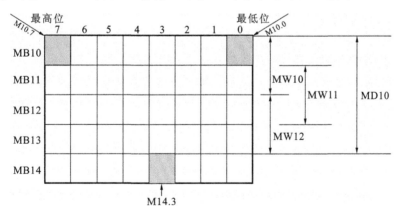

图 6-1 存储器的命名方式

如图 6-1 所示,连续的两个字节组成一个字,连续的两个字组成一个双字。字和双字的命名编号均以其起始字节号来命名。如 MB10 和 MB11 组成字 MW10,MB11 和 MB12 组成字 MW11,MW10 和 MW12 组成双字 MD10。

需要注意的是,如果已经在 MW10 中存储了一个 16 位的数据,那么再存储数据时,就不可以存于 MW11 中,否则,会产生数据混乱。因为 MW10 和 MW11 都包含 MB11,发生了存储空间的重叠。同理,如果 MD10 里已经存储了数据,存储不同的数据时,不可以存储于 MD11、MD12 和 MD13 中,而应存于 MD14 之后或 MD10 之前的存储空间。

一个字的存储格式如图 6-2 所示。

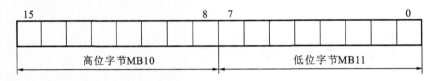

图 6-2　字存储格式

一个双字的存储格式如图 6-3 所示。

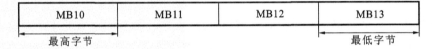

图 6-3　双字存储格式

6.1.1　基本数据类型

每种数据类型在分配存储空间时有确定的位数。基本数据类型用于定义不超过 32 位的数据。

1. 布尔型(BOOL)

占据存储位数 1 位,所以其数据范围只有 0 和 1(或 true 和 faulse)两个取值。Step 7 编程软件中对布尔型数据用"字节地址.位地址"进行寻址。其中,字节地址采用十进制,位地址采用八进制,如 M10.7 表示 M 存储区的第 10 个字节的第 7 位。

2. 字节型(BYTE)

8 位二进制数构成一个字节型数据,为无符号数,所以可以推出其数据范围为 $0\sim 2^8-1$,可以表示为:W♯16♯00～W♯16♯FF。其中第 0 位为最低位,第 7 位为最高位。

3. 字型(WORD)

相邻 2 个字节组成一个字,字型为无符号数。可以表示的数据有:

(1)二进制数 2♯0～2♯1111　1111　1111　1111;

(2)十六进制数 W♯16♯0～W♯16♯FFFF;

(3)BCD 码 C♯0～C♯999;

(4)无符号十进制数 B♯(0,0)～B♯(255,255)。

4. 双字型(DWORD)

相邻两个字组成一个双字,双字型为无符号数。可以表示的数据有:

(1)二进制数 2♯0～2♯1111 1111 1111 1111 1111 1111 1111 1111;

(2)十六进制数 DW♯16♯0～W♯16♯FFFF FFFF;

(3)无符号十进制数 B♯(0,0)～B♯(255,255,255,255)。

5. 字符型(CHAR)

占据 8 位存储空间,用于存放任何可以打印的字符。

6. 整数型(INT)

占据 16 位存储空间,为有符号的十进制数。最高位为符号位,0 表示正,1 表示负。数据范围为－32768～＋32767。

7. 双整数型(DINT)

占据 32 位存储空间,为有符号的十进制数。最高位为符号位,0 表示正,1 表示负。数据范围为 L♯－214783648～L♯＋214783647(其中 L♯ 为区别于整数的双整数常数表示法)。

8. 实数型(REAL)

占据 32 位存储空间,为有符号的 IEEE 浮点数。

数据范围:上限为 ±3.402823e＋38;下限为 ±1.175495e－38。

其存储格式如图 6-4 所示。

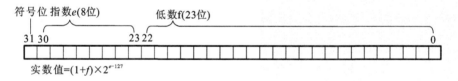

图 6-4　实数存储格式

9. 时间型(TIME)

占据 32 位存储空间,表示 IEC 时间,精度 1 ms,数据范围为 T♯－24D_20H_31M_23S_648MS～24D_20H_31M_23S_647MS(T♯ 为时间型的常数表示方法)。

10. 日期型(DATE)

占据 16 位存储空间,表示 IEC 日期,精度 1 天,数据范围为 D♯1990_1_1～2168_12_31(D♯ 为日期型的常数表示方法)。

11. 每日时间型(Time_Of_Day)

占据 32 位存储空间,表示每天时间,精度 1 ms,数据范围为 TOD♯0:0:0.0～

TOD♯23:59:59.99(TOD♯为每日时间型的常数表示方法)。

12. 系统时间(S5Time)

占据 16 位存储空间,表示 S5 时间,范围为 S5T♯0H_0M_0S_0MS～S5T♯2H_46M_30S_0MS。

6.1.2 复合数据类型

复合数据类型用于定义或由基本数据类型或复合数据类型组合而成的数据。复合数据类型需要预先定义,可以在全局数据块或逻辑块的变量声明表中定义。复合数据类型有如下几种。

1. 数组(ARRAY)

将一组同一种类型的数据组合在一起,形成一个单元。如一个 2×3 的整数数组可以定义为:ARRAY[1…2,1…3]OF INT。

2. 结构(STRUCT)

将一组不同类型的数据组合在一起,形成一个单元。

3. 字符串(STRING)

实际上是包含了最多 254 个字符的一维数组。如果不指定字符串的字符数,系统默认值为 254 个字符,即 STRING[254]。定义时可以通过定义实际值来减少预留的存储空间,如定义 STRING[7]。

4. 日期和时间(DATE_AND_TIME)

用于存储年、月、日、时、分、秒、毫秒和星期,占用 8 个字节,用 BCD 码保存。

5. 用户定义的数据类型(UDT)

由用户将基本数据类型和复合数据类型组合在一起,形成新的数据类型。

6.1.3 参数类型

参数类型是为子程序(FB、FC)的形式参数定义的数据类型,用来为这些逻辑块之间的调用传递参数。

1. 定时器(TIMER)

将定时器作为传递参数的数据类型。如在子程序中定义 T_RED 为定时器类型(形参),在调用该子程序时为其赋予实参 T1。

2. 计数器(COUNTER)

将计数器作为传递参数的数据类型。其定义类同定时器。

3. 块(BLOCK)

将块作为一个输入或输出。块参数的实参为同种类型块的地址。

4. 指针(POINTER)

将指针作为形参,用实际的指针型实参为其赋值。如定义 P 为指针型变量,实参为其赋值为 P♯M10.0。

5. 任意参数(ANY)

当实参的数据类型不能确定或者实参可以使用任何数据类型时,可使用 ANY 类型定义形参,也可以在用户自定义数据类型(UDT)中使用。

6.2 STEP 7 指令基础

6.2.1 S7-300 用户存储区的分类及其功能

S7-300 PLC 分配给用户使用的存储区主要有系统存储区、工作存储区和装载存储区,此外还有外设 I/O 存储区、累加器、地址寄存器、数据块地址寄存器及状态字寄存器。其分布区域如图 6-5 所示。

1. 装载存储区

装载存储区可能是 CPU 模块中的部分 RAM、内置的 EPROM 或可拆卸的 Flash EPROM,用于保存不包含符号地址和注释的用户程序和系统数据(组态、连接和模块参数等)。有的 CPU 模块有内置式集成装载存储器,有的 CPU 模块可通过 MMC 卡来扩展。

下载程序时,用户程序(逻辑块和数据块)被下载到 CPU 的装载存储区,CPU 把可执行部分复制到工作存储区中,注释和符号表被保留在编程设备中。

2. 工作存储区

工作存储区为高速存取 RAM,为了保证程序执行的快速性和不占用过多的工作存储区,在执行时,只把与程序执行有关的块(OB、FB、FC、DB)装入工作存储区。

临时本地数据存储区(L 堆栈)用来存放程序调用时的临时数据。生成块时,可以声明临时变量(TEMP),它们只在块执行时有效,块执行完后就被覆盖了。也就是说,执行新的块时,系统会为新的块分配临时数据区。

3. 系统存储区

系统存储区为不能扩展的 RAM,被划分为若干不同区域,用来存放不同的数据。系统存储区内的数据,可通过指令直接进行寻址。系统存储区有输入映像存储区(I)、输出映像存储区(Q)、位存储区(M)、定时器存储区(T)和计数器存储区(C)。

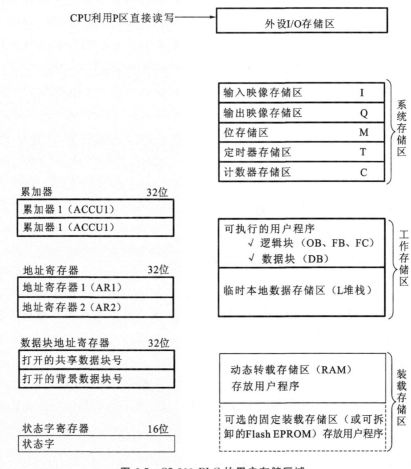

图 6-5　S7-300 PLC 的用户存储区域

4. 外设 I/O 存储区

通过外设 I/O 存储区,用户可以不经过输入映像寄存器和输出映像寄存器直接访问本地或分布式的输入、输出模块。

除上述存储区域外,还有存放特定数据的一些寄存器,如图 6-5 所示。累加器(2个,每个32位)用于处理与字节、字、双字相关的指令运算。地址寄存器(2个,每个32位)用于在间接寻址时存放地址指针。数据块寄存器(2个,每个32位)用于存储打开的数据块的块号。状态字寄存器(1个,16位)用于存储 CPU 执行指令后的状态。

6.2.2　状态字寄存器

S7-300 PLC 的 CPU 运算结果会随时在状态字寄存器中显示出来。状态字寄存器为 16 位,但仅使用了第 0 位到第 8 位共 9 位,第 9 位到第 15 位未使用,如图 6-6

所示。

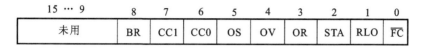

图 6-6 S7-300 PLC 的状态字结构

1. 首位检测位 ($\overline{FC}$)

状态字的第 0 位为首位检测位 ($\overline{FC}$)。CPU 对逻辑串的第一条指令的检测称为首位检测。若该位状态为 0,则表明一个梯形网络的开始或者指令为逻辑串的第一条指令。该位在逻辑串开始时总为 0,在逻辑串执行过程中该位为 1。输出指令或与逻辑运算有关的转移指令(表示一个逻辑串结束)将该位清零。

2. 逻辑操作结果位 (RLO)

状态字的第 1 位为逻辑操作结果位 (RLO)。该位用来存储逻辑指令或比较指令的结果。在梯形图程序中,RLO 为 1,表示有能流流到运算点处;RLO 为 0,表示无能流流过运算点。还可以用 RLO 触发跳转指令。

3. 状态位 (STA)

状态字的第 2 位为状态位。该位不能用指令来检测,只能在程序调试中被 CPU 解释并使用。对于位逻辑指令读/写存储器位时,STA 位的值总与该位一致。非位逻辑指令执行时,STA 总为 1。

4. 或位 (OR)

状态字的第 3 位为或位 (OR)。在先逻辑"与"后逻辑"或"的逻辑串中,OR 位暂存逻辑"与"的操作结果,以便进行后面逻辑"或"运算。其他指令 OR 位清零。

5. 溢出位 (OV)

状态字的第 4 位为溢出位 (OV)。当算术运算或浮点数比较指令执行时出现错误(如溢出、非法操作或不规范格式),OV 位被置 1,后面同类指令执行正常,该位被清零。

6. 溢出状态保持位 (OS)

状态字的第 5 位为溢出状态保持位 (OS)。它保存了 OV 位的状态,可用于指明在先前的一些指令执行过程中产生过错误。OV 位置 1 时,OS 位也置 1;OV 位清零时,OS 位仍保持 1。使 OS 位复位的指令有 JOS 指令 (OS=1 时跳转)、块调用指令和块结束指令。

7. 条件码 0 (CC0) 和条件码 1 (CC1)

状态字的第 6 和第 7 位分别称为条件码 0 (CC0) 和条件码 1 (CC1)。这两位结合起来用于表示：

（1）累加器 1 产生的算术运算结果与 0 的大小关系，如表 6-1 所示；

（2）比较指令的结果、字移位指令的移出位状态、逻辑指令运算结果与 0 的关系，如表 6-2 所示。

表 6-1　算术运算后的 CC1 和 CC0

CC1	CC0	算术运算 无溢出	整数算术运算有溢出	浮点数算术运算 有溢出
0	0	结果＝0	整数加时产生负溢出	正负绝对值过小
0	1	结果＜0	整数乘除时负溢出，加减时正溢出	负溢出
1	0	结果＞0	整数乘除时正溢出，加减时负溢出	正溢出
1	1	—	除数为 0	非法操作

表 6-2　比较、移位、字逻辑运算后的 CC1 和 CC0

CC1	CC0	比 较 指 令	移位和循环移位指令	字逻辑指令
0	0	累加器 2＝累加器 1	移出位＝0	结果＝0
0	1	累加器 2＜累加器 1	—	—
1	0	累加器 2＞累加器 1	—	结果＜＞0
1	1	不规范	移出位＝1	—

8. 二进制结果位(BR)

状态字的第 8 位为二进制结果位(BR)。它将字处理程序与位处理联系起来，在一段既有位操作又有字操作的程序中，用于表示字操作结果是否正确。将 BR 位加入程序后，无论字操作结果如何，都不会造成二进制逻辑链中断。在梯形图的方框图指令中，BR 位与 ENO 有对应关系，用于表明方框指令是否被正确执行。如果执行出现错误，BR 位为 0，ENO 也为 0；如果执行正确，BR 位为 1，ENO 也为 1。

在用户编写的 FB 或 FC 程序中，必须对 BR 位进行管理。当功能块正确执行后，应使 BR 位为 1，否则使其为 0。使用 SAVE 指令可以将 RLO 存入 BR 位中，从而达到管理 BR 位的目的。当 FB 或 FC 执行无错误时，使 RLO 位为 1，并存入 BR 位，否则，在 BR 位存入 0。

6.2.3　S7-300 PLC 用户存储区

PLC 的用户存储区必须按功能区分使用。表 6-3 列出了 S7-300 PLC 的存储区、功能、运算单位及标识符。

表 6-3 S7-300 PLC 的存储区、功能、运算单位及标识符

存储区	功 能	运算单位	标识符
输入映像 寄存器(I)	输入映像寄存器也可以形象地称为输入继电器,用来在每个扫描周期的输入采样阶段存储数字量输入点的信号状态。在输入采用阶段,CPU 集中采样所有数字量输入信号,并存放于输入映像寄存器中	位	I
		字节	IB
		字	IW
		双字	ID
输出映像 寄存器(Q)	输出映像寄存器也可以形象地称为输出继电器,用来存放程序经过逻辑运算后的输出状态信号。在一个扫描周期中,输出映像寄存器的值只有在用户程序执行完后才会统一输出到数字量输出模块上去	位	Q
		字节	QB
		字	QW
		双字	QD
位存储器 （M）	位存储器也可形象地称为辅助继电器,类似于继电器线路中的中间继电器的功能。但它属于存储逻辑,属于虚拟继电器,PLC 内部并不存在实际的中间继电器。位存储器用来存放程序运算的中间结果,它并不直接与外部的输入/输出信号联系	位	M
		字节	MB
		字	MW
		双字	MD
定时器 存储器(T)	相当于继电器系统中的时间继电器,不同型号的 CPU,可以使用的定时器数量不同。定时器存储器用于存放定时器的定时值和定时器的输出状态		T
计数器 存储器(C)	计数器存储器用于存放计数器的当前计数值和计数器的输出状态。不同 CPU 型号,可以使用的计数器数量不同		C
数据块 （DB）	数据块用来存放程序的数据信息。数据块可以分为能被所有逻辑块共用的共享数据块和只能被特定的功能块使用的背景数据块	位	DBX
		字节	DBB
		字	DBW
		双字	DBD
外部输入 寄存器(PI)	用户可以通过外部输入寄存器直接访问模拟量输入模块,接收现场模拟输入信号	字节	PIB
		字	PIW
		双字	PID
外部输出 寄存器(PQ)	用户可以通过外部输出寄存器直接访问模拟量输出模块,以便将模拟量输出信号送给外部执行元件	字节	PQB
		字	PQW
		双字	PQD

续表

存储区	功 能	运算单位	标识符
本地数据 存储区 （L 堆栈）	本地数据存储区用来存放程序调用时的临时数据	位	L
		字节	LB
		字	LW
		双字	LD

6.2.4 S7-300 PLC 的寻址方式

指令是程序的单位，程序是由若干条指令按照一定的逻辑顺序组合而成一个整体，来完成某种需要的功能。一般情况下，一条指令包含操作码和操作数两部分。操作码（即指令名称）用来表明指令的功能，而操作数则是指令的操作对象。CPU 执行指令时，如何获得操作对象，即如何获得操作数的方式，即为寻址方式。

S7-300/400 PLC 有 4 种寻址方式：立即寻址、直接寻址、存储器间接寻址和寄存器间接寻址。

1. 立即寻址

其特点是操作数直接出现在指令中，或者当操作数是唯一时，指令中不写出操作数。对常数或常量采取立即寻址。例如：

```
L   36        //将操作数 36 装入累加器 1
SET           //将 RLO 置 1
+   −8        //将累加器 1 的值加−8，结果仍然存于累加器 1 中
```

2. 直接寻址

直接寻址就是通过在指令中直接给出操作数所在存储单元的地址（绝对地址或符号地址）来获得操作数。例如：

```
A   I0.2      //将地址为 I0.2 的存储单元的值和 RLO 进行"与"运算
R   Q4.0      //将地址为 Q4.0 的存储单元的值复位为 0
L   C0        //将计数器当前的计数值装入累加器 1
T   MW0       //将累加器 1 的内容传送到地址为 MW0 的存储空间
```

3. 存储器间接寻址

存储器间接寻址的特点是用地址指针进行寻址。所谓地址指针是一个存储单元，但该存储单元里面存储的不是操作数，而是操作数所在单元的地址。地址指针需要写在方括号"[ ]"内，用于区别一般的地址标识符。如[MW0]就表示 MW0 是地址指针。根据需要描述的地址的复杂程度，地址指针可以是字或双字。对于地址范围小于 65535（即 16 位二进制数的最大值）的存储器（如 T、C、DB、FC、FB 等），可以使用字指

针,字指针格式如图 6-7 所示。对于其他存储器(如 I、Q、M 等)则要使用双字指针。双字指针格式如图 6-8 所示。

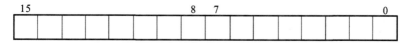

图 6-7 字指针格式

图 6-7 中,位 0~位 15:用来存储 T、C、DB、FB、FC 的编号。

字指针格式寻址示例如下:

L	6	//将整数 6 装入累加器 1
T	MW20	//将累计器 1 的内容传送至 MW20
L	DBW[MW20]	//将 DBW6(6 即是指针[MW20]代表的地址编号)的内容 //装入累加器 1

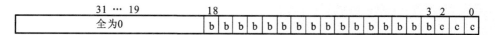

图 6-8 双字指针格式

图 6-8 中,位 3~位 18:被寻址字节的字节编号(范围 0~65535);位 0~位 2:被寻址字节的位编号(范围 0~7)。

存储器间接寻址示例如下:

L	P♯8.7	//将指针型常数 P♯8.7 装入累加器 1
T	MD10	//将累加器 1 的内容(即 P♯8.7)传送至 MD10
=	Q[MD10]	//将 RLO 的值赋值给由[MD10]指向的存储器(即 Q8.7)

4.寄存器间接寻址

寄存器间接寻址就是通过地址寄存器进行寻址。S7 PLC 中有两个地址寄存器 AR1 和 AR2。地址寄存器的内容加上偏移量形成地址指针,该地址指针指向操作数所在的存储单元。地址寄存器及偏移量必须写在方括号"[ ]"内。

寄存器间接寻址有两种方式:区域内寄存器间接寻址和区域间寄存器间接寻址。寄存器间接寻址的指针格式如图 6-9 所示。

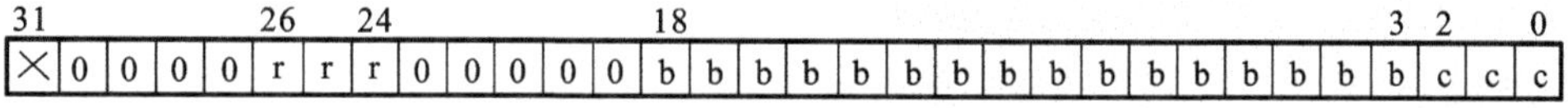

31	26 24	18	3 2 0
×0000	rrr	00000bbbbbbbbbbbbbbbbbbbbb	bccc

图 6-9 寄存器间接寻址的指针格式

图 6-9 中,位 31 为 0,表示区域内寄存器间接寻址;位 31 为 1,表示区域间寄存器间接寻址。位 24~位 26(rrr):区域标识(见表 6-4);位 3~位 18(bb…b):被寻址字节的字节编号(范围 0~65535)。

表 6-4　区域间寄存器间接寻址的区域标识位的含义

位 24～位 26 的二进制数	对应的存储区	区域标识符
000	外设 I/O 存储区	P
001	输入映像寄存器区	I
010	输出映像寄存器区	Q
011	位存储区	M
100	共享数据块存储区	DB
101	背景数据块存储区	DI
111	正在执行块的局域数据存储区	L

1）区域内寄存器间接寻址

当位 31=0 时，表示区域内寄存器间接寻址，此时，位 24～位 26 也为 0，存储区域的类型要在指令中给出。例如：

L　P♯7.2　　//将指针型常量 P♯7.2(对应的二进制码为:00000000 00000000
　　　　　　　//00000000 00111010)装入累加器 1

LAR1　　　　//将累加器 1 的内容传送至地址寄存器 1

A　I[AR1,P♯0.6]　　//地址寄存器 1 的内容(P♯7.2)加偏移量(0.6)为 P♯8.0,
　　　　　　　　　　//将 RLO 和输入位 I8.0 进行逻辑"与"运算。

=　Q[AR1,P♯4.0]　　//地址寄存器的内容(P♯7.2)加偏移量(4.0)为 P♯11.2,
　　　　　　　　　　//将 RLO 的值赋给 Q11.2

2）区域间寄存器间接寻址

当位 31=1 时，表示区域间寄存器间接寻址，存储区域由位 24～位 26 决定(见表 6-4)，通过改变位 24～位 26 的数值实现跨区寻址。例如：

L　P♯I3.7　　//将指针型常数 P♯I3.7(对应的二进制码为:10000001 00000000 00000000
　　　　　　　//00011111)装入累加器 1

LAR1　　　　//将累加器 1 的内容(P♯I3.7)传送至地址寄存器 1

L　P♯Q4.5　　//将指针型常数 P♯Q4.5(对应的二进制码为:10000010 00000000
　　　　　　　//00000000 00100101)装入累加器 1

LAR2　　　　//将累加器 1 的内容(P♯Q4.5)传送至地址寄存器 2

O　[AR1,P♯0.3]　　//AR1 的内容(P♯I3.7)加偏移量(P♯0.3)形成地址指针
　　　　　　　　　 //(指向 Q4.0),将 RLO 和位 Q4.0 进行逻辑"或"运算

=　[AR2,P♯0.2]　　//AR2 的内容(P♯Q4.5)加偏移量(P♯0.2)形成地址指针
　　　　　　　　　 //(指向 Q4.7),将 RLO 的值赋给 Q4.7

6.3　位逻辑指令

位逻辑指令负责处理位与位之间的逻辑运算,其运算结果在状态字的 RLO 位体现出来。由于位的取值只能为"0"或"1",其逻辑运算结果在梯形图程序中,可以用"1"形象地表示常开触点接通或线圈通电;用"0"形象地表示常开触点断开或线圈断电。这里的触点及线圈均是指软触点和软线圈。

位逻辑指令有基本逻辑指令、输出指令、逻辑串嵌套指令、置位/复位指令、触发器指令、跳变沿检测指令。

梯形图编程语言被称为 PLC 第一编程语言,并且被广大电气工作者喜爱和使用,所以有必要把梯形图中最基本的编程元件——触点与线圈先介绍一下。

在梯形图中,沿用了继电器控制线路中触点和线圈的概念,但这种沿用仅仅是逻辑运算上的等效,在实际的 PLC 内部,并不存在这样的触点和线圈。在 S7 梯形图中用 ─┤ ├─ 表示常开触点,用 ─┤/├─ 表示常闭触点,其上面标注的位地址表示操作数所在的位。当程序扫描到该触点时,如果位地址存储为 1,则常开触点接通,常闭触点断开;如果位地址存储为 0,则常开触点断开,常闭触点接通。实际上, ─┤ ├─ 表示位地址的原码值, ─┤/├─ 表示位地址的反码值。常开、常闭触点所表示的逻辑值与位地址的关系如表 6-5 所示。在 S7 梯形图中用 ─( )─ 表示线圈,线圈必须置于梯形图最右边的输出位置,表示逻辑运算结果的输出。

表 6-5　常开、常闭触点所表示的逻辑值与位地址的关系

位地址	位地址 ─┤ ├─	位地址 ─┤/├─
0	0	1
1	1	0

6.3.1　基本逻辑指令

基本逻辑指令包括逻辑"与""与非""或""或非""异或""异或非""取反"等。

1. 逻辑"与"

在梯形图中,两个或两个以上的常开触点串联构成逻辑"与"的关系。在语句表中用"A　位地址"来表示。举例如表 6-6 所示。

表 6-6　逻辑"与"指令举例

梯　形　图	对应语句表
I0.0　　　　I0.1	A　I0.0
	A　I0.1

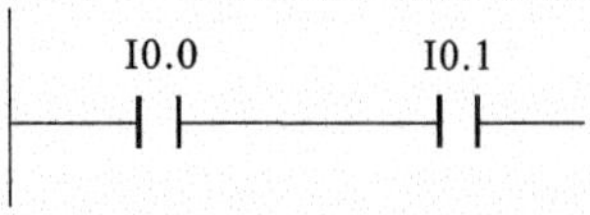

2. 逻辑"与非"

在梯形图中,常开触点和常闭触点串联构成逻辑"与非"的关系。在语句表中用"AN　位地址"来表示,其功能是先对常闭触点所对应位取"非",再和常开触点所对应位进行逻辑"与"运算。举例如表 6-7 所示。

表 6-7　逻辑"与非"指令举例

梯　形　图	对应语句表
I0.0　　　　I0.1	A　I0.0
	AN　I0.1

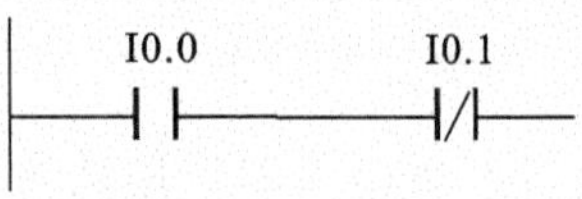

3. 逻辑"或"

在梯形图中,两个或两个以上的常开触点并联构成逻辑"或"的关系。在语句表中用"O　位地址"来表示。举例如表 6-8 所示。

表 6-8　逻辑"或"指令举例

梯　形　图	对应语句表
I0.0	O　I0.0
I0.1	O　I0.1

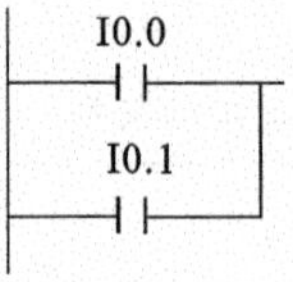

4. 逻辑"或非"

在梯形图中,常开触点和常闭触点并联构成逻辑"或非"的关系。在语句表中用"ON　位地址"来表示,其功能是先对常闭触点所对应位取"非",再和常开触点所对应位进行逻辑"或"运算。举例如表 6-9 所示。

5. 逻辑"异或"

逻辑"异或"的关系同数字逻辑运算,当两个输入位取相同值时,其运算结果为 0;只有当两个输入位取值相反时,其运算结果才为 1。在语句表中,"异或"可用两条语句表示,这两条语句可以分别用两个"X　位地址"或两个"XN　位地址"指令表示。举例如表 6-10 所示。

表 6-9　逻辑"或非"指令举例

梯　形　图	对应语句表
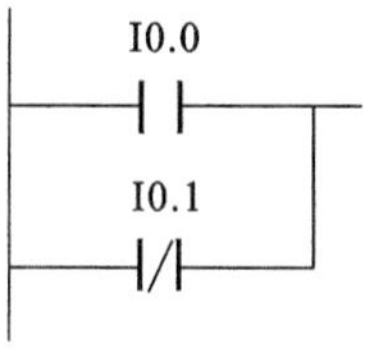 I0.0 ┤├ I0.1 ┤/├	O　I0.0 ON　I0.1

表 6-10　逻辑"异或"指令举例

梯　形　图	对应语句表
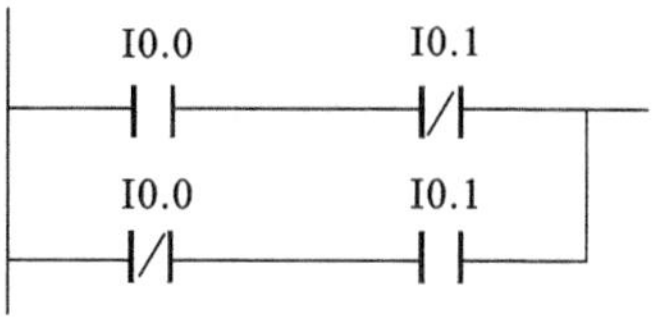 I0.0 ┤├　I0.1 ┤/├ I0.0 ┤/├　I0.1 ┤├	⎰ X　I0.0 ⎰ XN　I0.0 或 ⎱ X　I0.1 ⎱ XN　I0.1

6. 逻辑"异或非"

逻辑"异或非"(即逻辑"同或")的运算结果与"逻辑异或"的结果正好相反,当两个输入位取相同值时,其运算结果为 1;当两个输入位取值相反时,其运算结果为 0。在语句表中,"异或非"可用两条语句表示,这两条语句其中一条用"X　位地址"指令,另一条用"XN　位地址"指令表示。举例如表 6-11 所示。

表 6-11　逻辑"异或非"指令举例

梯　形　图	对应语句表
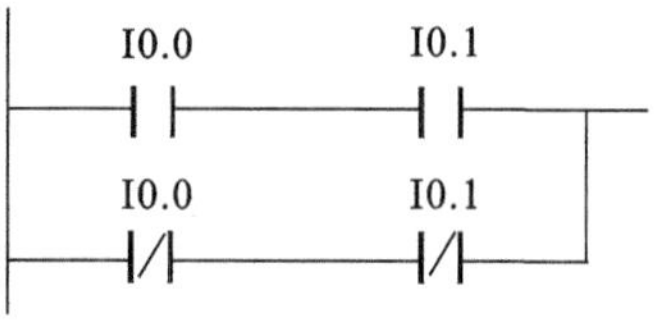 I0.0 ┤├　I0.1 ┤├ I0.0 ┤/├　I0.1 ┤/├	⎰ X　　I0.0 ⎰ XN　I0.0 ⎱ XN　I0.1 ⎱ X　　I0.1

7. 对 RLO 取反指令 NOT

该指令用梯形图表示为┤ NOT ├,表示对该指令之前的逻辑操作结果 RLO 取反。如果前面的 RLO＝0(能流断),则执行指令后 RLO＝1(能流通);反之,如果前面RLO＝1(能流通),执行指令后 RLO＝0(能流断)。语句表指令为:"NOT"。举例如表 6-12 所示。

表 6-12 对 RLO 取反指令举例

梯 形 图	对应语句表
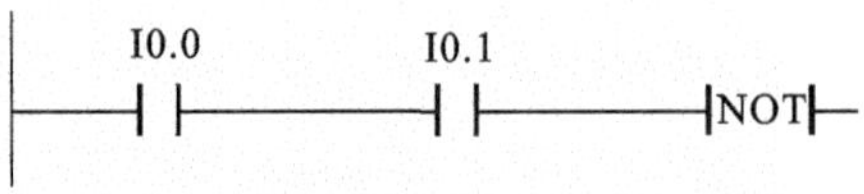 I0.0　　　　I0.1 ├┤├──┤├──┤NOT├	A　I0.0 A　I0.1 NOT

6.3.2 输出指令

输出指令有两种:逻辑串输出指令(即输出线圈)和中间输出指令。

1. 逻辑串输出指令

逻辑串输出指令在梯形图中用输出线圈 ──(位地址)── 表示,在语句表中用"＝ 位地址"表示。它用来结束一段逻辑串,所以必须放到梯形图网络的最右边。执行该指令时,将 RLO 赋值给输出所指定的位地址。举例如表 6-13 所示。

表 6-13 逻辑串输出指令举例

梯 形 图	对应语句表
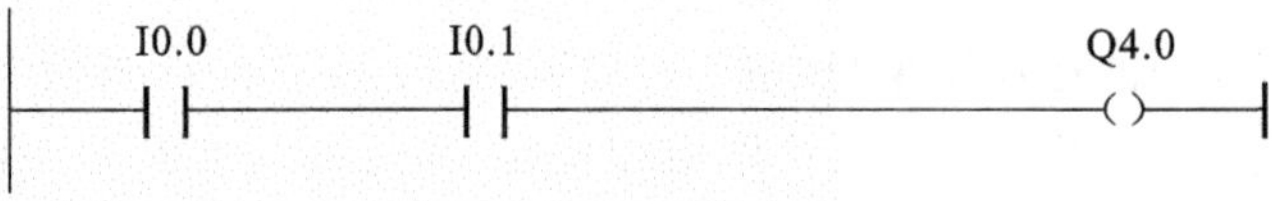 I0.0　　　　I0.1　　　　　　　　Q4.0 ├┤├──┤├────────( )──	A　I0.0 A　I0.1 ＝　Q4.0

2. 中间输出指令

中间输出指令在梯形图中用输出线圈 ──(#)── 表示,在语句表中用"＝ 位地址"表示。它用来取出逻辑串的某一中间操作结果。所以在梯形图中不能放在最右边,只能放在逻辑串的中间。举例如表 6-14 所示。

表 6-14 中间输出指令举例

梯 形 图					对应语句表
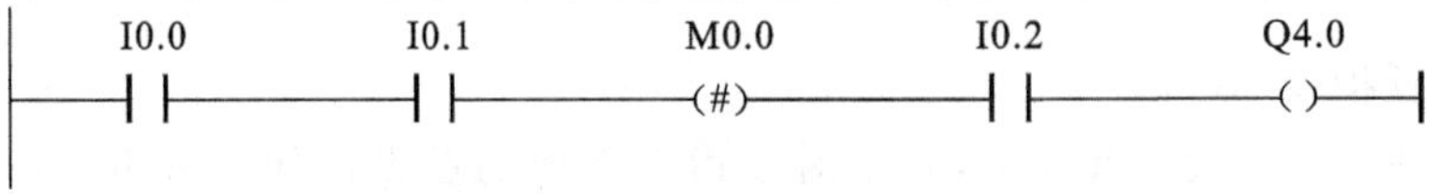 I0.0　　I0.1　　M0.0　　I0.2　　Q4.0 ├┤├──┤├──(#)──┤├──( )──					A　I0.0 A　I0.1 ＝　M0.0

在表 6-14 中,M0.0 的值为 I0.0 和 I0.1 进行逻辑与的结果。

【例 6-1】 用基本逻辑指令编写电动机启停控制程序。

控制要求:点按(按一下即松开,若非特指,按动按钮均指点按)启动按钮 SB1(常开),电动机持续运转;点按停止按钮 SB2(常开),电动机停转。电动机的定子绕组通断电通过接触器 KM 的主触点控制。电动机启停控制的主电路如图 6-10(a)所示。

首先为所需的控制电器分配地址,如表 6-15 所示。

根据主电路和所需的控制电器分配地址可以绘制 PLC 的 I/O 接线,如图 6-10(b)所示。

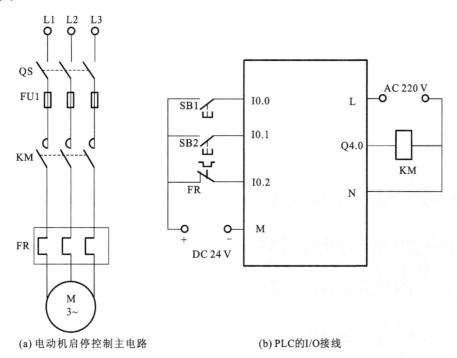

(a) 电动机启停控制主电路　　　　　(b) PLC的I/O接线

图 6-10　电动机启停 PLC 控制的硬件线路图

表 6-15　PLC 地址分配表

电 器 元 件	PLC 的 I/O 地址	说　明
启动按钮 SB1	I0.0	常开按钮
停止按钮 SB2	I0.1	常开按钮
热继电器	I0.2	常闭触点
接触器 KM	Q4.0	三相接触器,其主触点控制鼠笼式电动机定子绕组通断电

按照已经分配好的 PLC 的 I/O 地址,沿用继电器控制线路中自锁的思路,可以直接编写出电动机启停控制的梯形图程序,如图 6-11 所示。这里需要注意的是,由于热继电器的常闭触点作为 PLC 的输入(I0.2),在逻辑上,梯形图程序中,I0.2 需要用常开触点信号,即取 I0.2 信号的原码。

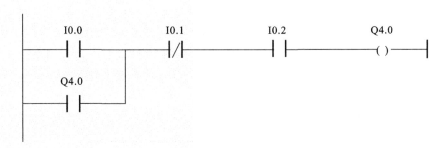

图 6-11 电动机启停 PLC 控制程序

【**例 6-2**】 用基本逻辑指令编写电动机正反转的控制程序。

控制要求:三相鼠笼式异步电动机主电路如图 6-12(a)所示,现要求用 PLC 对电动机正反转进行控制。分别设正向启动按钮 SB1、反向启动按钮 SB2、停止按钮 SB3 三个按钮均使用常开触点。分别实现如下两种要求的控制。

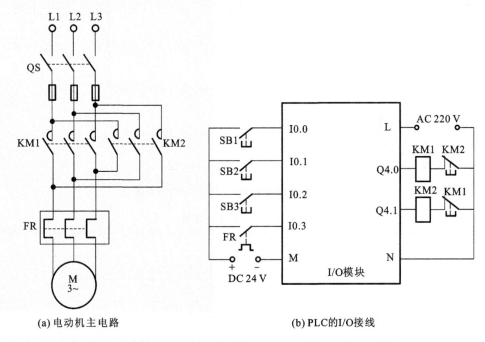

(a) 电动机主电路   (b) PLC的I/O接线

图 6-12 鼠笼式异步电动机正反转 PLC 控制的硬件线路图

(1)"正—停—反"控制。

① 电动机停止时,任何时刻按 SB1,电动机正向持续运转;

② 电动机停止时,任何时刻按 SB2,电动机反向持续运转;

③ 电动机运转时,任何时刻按 SB3,电动机停止;

④ 在电动机正向运转期间,按动反向启动按钮不起作用,反之亦然(即正反向运

转切换时,必须首先按下停止按钮使电动机停下来才能进行)。

⑤当电动机过载时,由热继电器 FR 的常开触点送给 PLC 信号,PLC 自动切断主电源,实现过载保护。

【分析】 由例 6-1 可推出:可以设计两段类似的自锁程序分别实现电动机正转和反转,由前面低压电器控制电路可知,KM1 和 KM2 主触点不允许同时接通,否则短路。所以必须首先在程序中加入互锁环节,这样控制要求④即可实现了。对于控制要求⑤,电动机过载时,FR 常开触点闭合,送给 PLC 输入点"1"信号,用这个信号切断正转输出和反转输出即可。

这里需要特别指出的是,为了防止意外,在连接 PLC 的输出给 KM1 和 KM2 线圈时,两个线圈之间还要实现硬件上的电气互锁,如图 6-12(b)所示。

根据上述分析,可以编写电动机正—停—反控制程序,如图 6-13 所示。

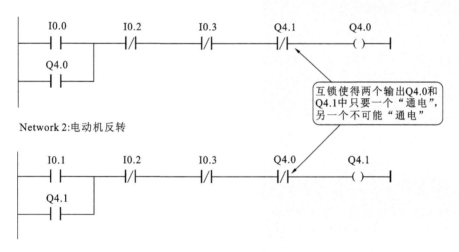

图 6-13 电动机正—停—反控制程序

(2)"正—反—停"控制。

①、②、③、⑤控制要求与"正—停—反"控制相同,控制要求不同的只有第④条。"正—反—停"控制要求在电动机正向运转时,按下反向启动按钮 SB3 即可使电动机变为反向运转;反之,电动机反向运转期间,按下正向启动按钮 SB1 即可使电动机变为正向运转(即正反向切换既可以先按停止按钮使电动机停下来进行切换,又可以无需使电动机停下来而实现直接切换)。沿用在低压电器控制中学的机械互锁的思想,就可以很容易写出控制程序,如图 6-14 所示。

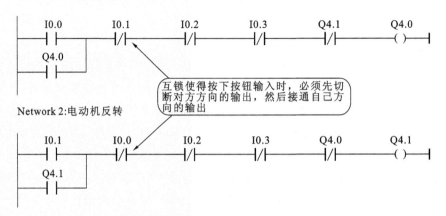

图 6-14　电动机正—反—停控制程序

6.3.3　逻辑串嵌套指令

对于程序中触点的串并联的复杂组合,CPU 扫描的顺序是先"与"后"或",对应于梯形图,CPU 先运算串联的块,再运算并联的块,如图 6-15 所示。

图 6-15　逻辑串先"与"后"或"

对于需要先"或"后"与"运算(对应于梯形图中块先并联后串联)的情况,在语句表指令中需要用括号。CPU 扫描程序时先扫描括号内的逻辑运算,如图 6-16 所示。

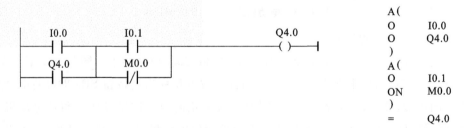

图 6-16　逻辑串先"或"后"与"

这种加括号的方法可以进行多层嵌套,对应于梯形图就是更加复杂的串并联触点的组合,如图 6-17 所示。

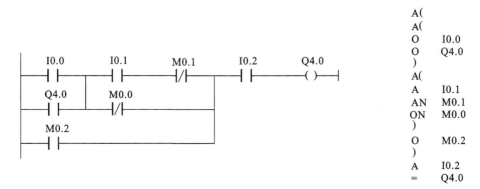

图 6-17 逻辑串的多重嵌套

6.3.4 置位/复位指令

置位/复位指令如表 6-16 所示。

表 6-16 置位/复位指令格式

指令名称	LAD 指令	STL 指令	位地址存储区
置位指令	"位地址" —(S)—	S 位地址	I、Q、M、D、L
复位指令	"位地址" —(R)—	R 位地址	I、Q、M、D、L、T、C

置位/复位指令的功能如下。

置位指令——如果 RLO 的值为 1,则将指令中给出的位地址置为 1,之后即使 RLO 变为 0,该位地址仍然保持为 1。

复位指令——如果 RLO 的值为 1,则将指令中给出的位地址清零,之后即使 RLO 变为 0,该位地址仍然保持为 0。

图 6-18(b)所示的为对应于图 6-18(a)所示置位/复位指令的时序图。

【例 6-3】 用置位/复位指令编写电动机启停控制程序。

控制要求与例 6-1 的相同,电动机启停 PLC 控制的硬件线路图也与例 6-1 的相同,如果改用置位、复位指令进行编程,梯形图程序如图 6-19 所示。

6.3.5 触发器指令

触发器指令实际是将置位、复位指令合在一起用一个指令框的形式表现出来,所以没有特定的对应于触发器的 STL 指令。触发器指令分为置位优先型和复位优先

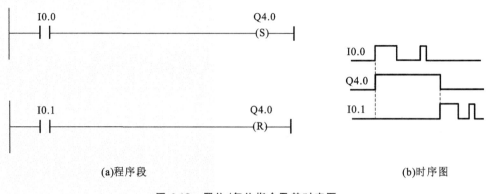

(a)程序段   (b)时序图

图 6-18   置位/复位指令及其时序图

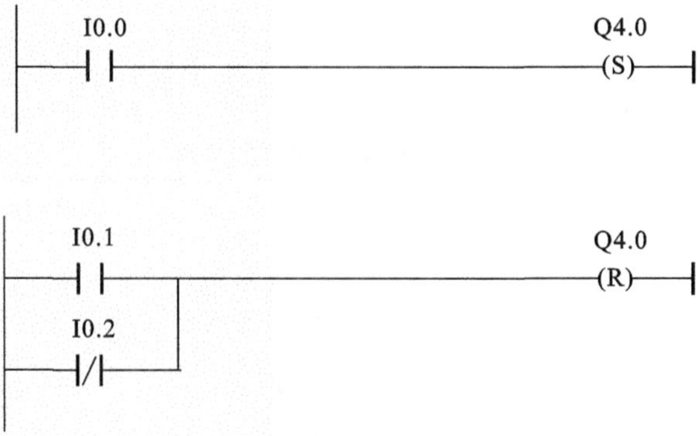

图 6-19   用置位/复位指令编写的电动机启停控制程序

型,如表 6-17 所示。

表 6-17   触发器指令

指令名称	LAD 指令	数据类型	操作数	功能说明
RS 触发器 （置位优先型）	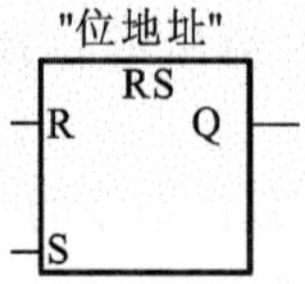 "位地址" RS R Q S	BOOL	R	复位输入端
			S	置位输入端
SR 触发器 （复位优先型）	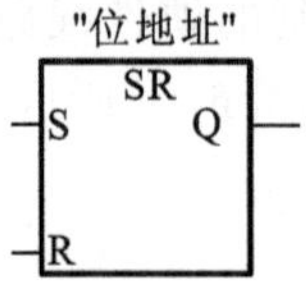 "位地址" SR S Q R		Q	输出端（输出数值与位地址相同）
			"位地址"	表示要置位、复位的位

【例 6-4】 用触发器指令编写电动机启停控制程序。

控制要求与例 6-1 的相同,电动机启停 PLC 控制的硬件线路图也与例 6-1 的相同,如果改用触发器指令进行编程,梯形图程序如图 6-20 所示。

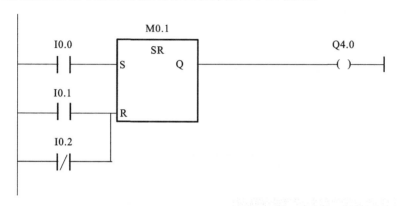

图 6-20　用触发器指令编写的电动机启停控制程序

注意:使用复位优先的触发器有利于防止误动作的发生,如当启动、停止按钮被同时按下,S、R 端都为 1 信号,由于使用了复位优先的触发器,此时输出为 0。

6.3.6　跳变沿检测指令

当信号状态发生变化时,产生跳变沿。若信号状态由 0 变到 1,产生正跳沿(或上升沿);若信号状态由 1 变到 0,产生负跳沿(或下降沿)。在 STEP 7 指令中,有两类跳变沿检测指令:一类是对 RLO 跳变沿的检测;另一类是对触点跳变沿的检测。

(1) RLO 跳变沿检测的指令如表 6-18 所示。

表 6-18　RLO 跳变沿检测指令

指 令 名 称	LAD 指令	STL 指令	指 令 功 能
RLO 正跳沿检测	"位地址" ——(P)	FP 位地址	当 RLO 产生正跳沿时,——(P)——只接通一个扫描周期
RLO 负跳沿检测	"位地址" ——(N)	FN 位地址	当 RLO 产生负跳沿时,——(N)——只接通一个扫描周期

表中的"位地址"用于存储上一个扫描周期 RLO 的值。在 OB1 的每一个扫描周期,RLO 位的信号状态都将与前一周期获得的结果进行比较。

RLO 跳变沿检测指令工作时序如图 6-21 所示,当 I0.0 由断开变为接通时,产生正跳沿,Q4.0 仅在出现正跳沿的下一个扫描周期接通一个扫描周期。当 I0.0 由接通变为断开时,产生负跳沿,Q4.1 仅在出现负跳沿的下一个扫描周期接通一个扫描周期。

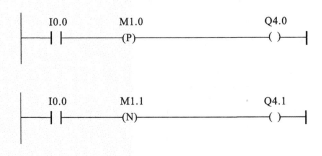

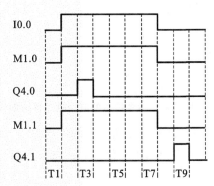

图 6-21　RLO 跳变沿检测指令工作时序

（2）触点跳变沿检测的指令如表 6-19 所示。

表 6-19　触点跳变沿检测指令

指令名称	LAD 指令	指令功能	M_BIT 位
触点正跳沿检测	"启动条件" ―| |― "位地址1" POS Q "位地址2"―M_BIT	当位地址产生正跳沿时，输出端 Q 只接通一个扫描周期	用于存储上一个扫描周期位地址的状态
触点负跳沿检测	"启动条件" ―| |― "位地址1" NEG Q "位地址2"―M_BIT	当位地址产生负跳沿时，输出端 Q 只接通一个扫描周期	

【例 6-5】　物体直线运动方向的检测。

如图 6-22 所示，传送带一侧装有两个反射式光传感器 PEB1 和 PEB2，PEB1 和 PEB2 之间的间距小于传送带上输送物体的长度，用这两个传感器可以用于检测物体的直线运动方向。配置两个指示灯 HL1 和 HL2，分别用于指示物体的运动方向。已知光传感器触点均为常开触点，当物体经过传感器时，传感器触点动作（变为闭合）。

应用所学的位逻辑指令来设计 PLC 控制系统,当物体右行时指示灯 HL1 点亮,当物体左行时指示灯 HL2 点亮。

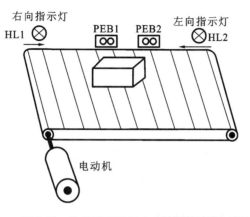

图 6-22 物体直线运动方向检测示意图

【分析】 本例中只考虑如何检测物体运动方向,不考虑传送带控制。首先为光传感器和指示灯分配地址,绘制 PLC 的 I/O 接线图,如图 6-23(a)所示。

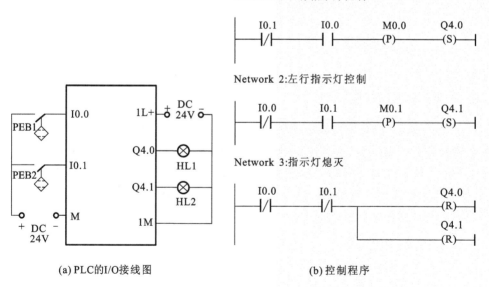

(a) PLC的I/O接线图   (b) 控制程序

图 6-23 物体运动方向检测 PLC 的 I/O 接线图及控制程序

当物体左行和右行时,光传感器 PEB1 和 PEB2 给出的信号关系如表 6-20 所示。

表 6-20 例 6-5 物体左行和右行时光传感器的状态

物体运动方向	右 行			左 行		
依次经历的各阶段的传感器状态	沿运动方向 ↓	PEB1 0 1 1 0 0	PEB2 0 0 1 1 0	PEB1 0 0 1 1 0	PEB2 0 1 1 0 0	沿运动方向 ↓

由表 6-20 中分析可知,当物体左行和右行时,传感器 PEB1 和 PEB2 依次要经历 5 个阶段的状态变化,在这 5 个阶段中的第 1、3、5 阶段,左行和右行传感器状态是完全一样的。而第 2 和第 4 阶段,左行和右行传感器状态正好对调。由此可见,不能仅仅通过传感器状态的静态组合来判断物体运动方向。我们用动态的思路来研究的时候,就会发现,左行和右行过程中第 1、2 阶段的状态变化是唯一的,即当 PEB1 由 0 跳变到 1 的过程中 PEB2 保持为 0 的状态,这只有在右行中才有;同理,当 PEB2 由 0 跳变到 1 的过程中 PEB1 保持为 0 的状态,这也只有在左行中才有。于是,我们可以依据这一点进行判断和编写程序,程序如图 6-23(b)所示。

6.4 定时器指令

6.4.1 定时器基本知识

定时器相当于继电器电路中的时间继电器,但定时器提供了比时间继电器更丰富的功能和种类。定时器是系统存储区中的存储区域,S7 PLC 为每个定时器分配了一个字和一个位的存储区域,字用来存储定时器的定时值,位用来存储定时器的输出状态(相当于定时器指令框中输出端 Q 的信号)。不同的 S7-300 PLC 的 CPU 模块,可供使用的定时器数目不同,最多为 128(CPU312)～2048(CPU319-3PN/DP)个。

1. 定时器时间格式

定时器的时间格式如图 6-24 所示

图 6-24 定时器的时间格式

在图 6-24 中,用一个字来对定时器的时间值进行设置,其低 12 位(第 0～11 位)是用 BCD 码表示的定时值,第 12、13 位用二进制码表示时基,第 14、15 位未使用。时基表示定时器的最小定时单位,定时值×时基=定时时间。图 6-24 所示的定时时间为 329 s。时基与二进制码之间的对应关系如表 6-21 所示。

表 6-21　定时器的时基

时　基	对应的二进制代码	分辨率/s	定　时　范　围
10 ms	0 0	0.01	10 ms～9.99 s
100 ms	0 1	0.1	100 ms～1 min39 s900 ms
1 s	1 0	1	1 s～16 min39 s
10 s	1 1	10	10 s～2 h46 min30 s

2. 定时器的时间设定方法

定时器的时间设定可以用如下两种方式。

(1) 十六进制数格式。格式为 W♯16♯wxyz,其中 w 是用二进制代码表示的时基,对应关系如表 6-21 所示,xyz 是 3 位十进制数,表示定时值。

(2) S5 时间格式。格式为 S5T♯aHbMcSdMS,其中 H、M、S、MS 分别表示小时、分、秒、毫秒,a、b、c、d 代表具体数值。也就是说,用 S5 时间格式,无需管时基是多少,时基是 CPU 自动选定的,是按满足定时范围的最小时基选定的。

3. 定时器的运行

定时器是这样运行的:定时器启动后,定时值被置于定时器中,每隔一个时基的时间,定时值减 1,当定时值减到 0 时,表示定时到。定时到其触点按照其时序逻辑动作。

4. S7-300 的定时器种类

S7-300 PLC 有五种类型的定时器:脉冲定时器、扩展脉冲定时器、接通延时定时器、保持型接通延时定时器、关断延时定时器。在梯形图中,这五种定时器每种都有指令框格式和线圈格式。线圈格式功能单一,指令框格式功能较全,使用时可以根据需要灵活选用。

6.4.2　脉冲定时器

脉冲定时器指令格式如图 6-25 所示。

指令框的输入/输出端功能说明如下(其他类型定时器类同)。

S——定时器的启动输入端。有效信号为信号的上升沿(除关断延时定时器外的其余四种定时器)或下降沿(关断延时定时器)。在 S 端出现有效信号时,将 TV 端的定时时间值装入定时器,并启动定时器。

TV——定时时间设置端。可以接受 S5 格式或十六进制格式的存储字。

R——定时器复位端。有效信号为逻辑 1,如果定时器复位,则定时时间值清零,位输出复位为 0。

Q——定时器的位输出端。具体状态需要结合各种定时器的时序逻辑。

BI——输出定时时间剩余值的二进制格式。

BCD——输出定时时间剩余值的 BCD 码格式。

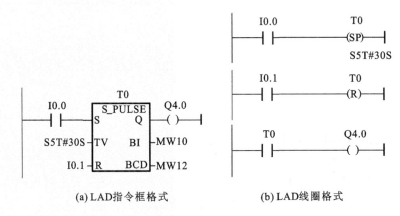

(a) LAD 指令框格式　　　　(b) LAD 线圈格式

图 6-25　脉冲定时器指令格式

脉冲定时器的时序逻辑如图 6-26 所示。如果脉冲定时器的启动输入 I0.0 有一个上升沿,则定时器预置的定时值被装入定时器,并且定时器启动,同时定时器位输出 Q4.0 为 1。只要启动端一直维持为 1,定时器会保持运行,随着时间的推移,定时器的当前时间值逐渐减少,当定时器的时间值减少到 0 时,表示定时时间到。定时时间到,即使启动端仍然为 1,定时器输出 Q4.0 变为 0。如图 6-26 所示的 t 为定时时间。如果定时期间启动端变为 0,则定时器停止定时,同时输出变为 0。任何时刻,只要复位输入 I0.1 为 1,则定时器定时值清零,输出 Q4.0 变为 0。

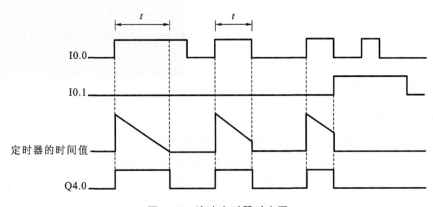

图 6-26　脉冲定时器时序图

6.4.3 扩展脉冲定时器

扩展脉冲定时器指令格式如图 6-27 所示。

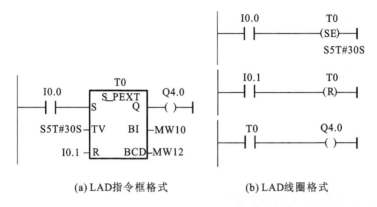

(a) LAD指令框格式   (b) LAD线圈格式

图 6-27 扩展脉冲定时器指令格式

扩展脉冲定时器的时序逻辑如图 6-28 所示。对比扩展脉冲定时器与脉冲定时器时序的不同点在于:如果定时期间,启动输入 I0.0 由 1 变为 0,扩展脉冲定时器并不会停止定时,定时器会维持运行,直到定时的时间到,即只要 S 端有上升沿信号就开始定时。在定时期间及定时到的位输出 Q4.0 与脉冲定时器的相同。

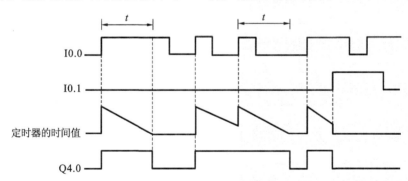

图 6-28 扩展脉冲定时器时序图

6.4.4 接通延时定时器

接通延时定时器指令格式如图 6-29 所示。

接通延时定时器的时序逻辑如图 6-30 所示。如果启动输入 I0.0 出现上升沿并且之后维持为 1,接通延时定时器启动,定时器运行期间,其位输出 Q4.0 为 0,定时器定时到,位输出 Q4.0 变为 1 并保持,直到定时器启动输入 I0.0 变为 0,Q4.0 也随之变为 0。定时器运行期间,如果启动输入 I0.0 由 1 跳变为 0,则定时器停止定时,当

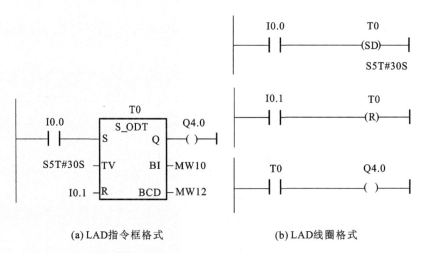

(a) LAD指令框格式   (b) LAD线圈格式

图 6-29 接通延时定时器指令格式

I0.0再从 0 跳变到 1 时,定时器重新开始定时。任何时刻,只要复位输入 I0.1 为 1,则定时器定时值清零,输出 Q4.0 变为 0。

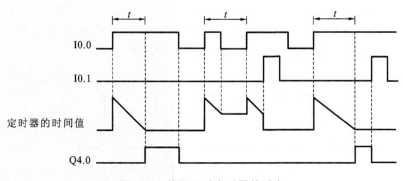

图 6-30 接通延时定时器的时序

6.4.5 保持型接通延时定时器

保持型接通延时定时器指令格式如图 6-31 所示。

保持型接通延时定时器的时序逻辑如图 6-32 所示。对比接通延时定时器与保持型接通延时定时器的时序图,可以发现其不同点(如同脉冲定时器与扩展脉冲定时器的不同点):如果定时器运行期间,启动输入 I0.0 由 1 跳变为 0,保持型接通延时定时器并不会停止定时,定时器仍然继续运行,直到定时时间到;如果定时运行期间,启动输入 I0.0 再次从 0 跳变到 1,则定时器重新开始定时。定时期间及定时到,其位输出 Q4.0 与接通延时定时器的相同。任何时刻,只要复位输入 I0.1 为 1,则定时器定时值清零,输出 Q4.0 变为 0。

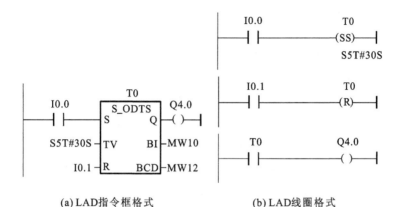

(a) LAD指令框格式 (b) LAD线圈格式

图 6-31 保持型接通延时定时器指令格式

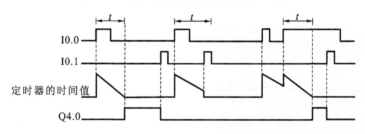

图 6-32 保持型接通延时定时器的时序

6.4.6 关断延时定时器

关断延时定时器指令格式如图 6-33 所示。

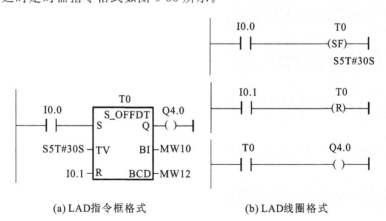

(a) LAD指令框格式 (b) LAD线圈格式

图 6-33 关断延时定时器指令格式

关断延时定时器的时序逻辑如图 6-34 所示。由图 6-34 可知,在定时器启动输入

I0.0 由 0 跳变到 1 时,定时器没有启动,但其位输出由 0 变为 1。在启动输入 I0.0 出现下降沿时,定时器启动,定时器运行期间,其位输出 Q4.0 保持为 1。定时器定时到,其位输出 Q4.0 变为 0。定时器定时期间,如果启动输入 I0.0 从 0 跳变为 1,定时器停止定时,但其位输出 Q4.0 仍然保持为 1,当启动输入 I0.0 再次从 1 跳变为 0 时,定时器重新开始定时。任何时刻,只要复位输入 I0.1 为 1,则定时器定时值清零,输出 Q4.0 变为 0。

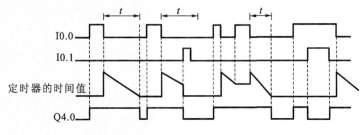

图 6-34 关断延时定时器的时序

6.4.7 五种定时器的比较

为了更方便、正确地选择定时器的种类,下面将五种定时器指令的主要特征进行区别及比较,如表 6-22 所示。

表 6-22 五种定时器指令的主要区别及比较

定时器类型	定时器指令名称	区别及比较
脉冲定时器	S_PULSE	若复位信号 R 为 0,则 S 输入信号为 1,Q 即有输出。Q 输出信号为 1 的最大时间等于设定的时间值 t,且若该输出时间要求达到设定值的时间 t,则 S 输入 1 信号的时间要大于或等于 t,即定时器 S 端电平信号有效
扩展脉冲定时器	S_PEXT	输出形式与脉冲定时器的相同,不同之处在于定时器 S 端信号上升沿信号有效
接通延时定时器	S_ODT	S 端上升沿标志着准备"接通",延时预定的时间后输出 1 信号,但前提是 S 端信号需要一直为 1,即定时器计时,S 端电平信号有效
保持型接通延时定时器	S_ODTS	与接通延时定时器的区别在于:保持型接通延时定时器 S 端信号上升沿有效。因此,若要"断开"定时器,只能通过复位的方式
关断延时定时器	S_OFFDT	Q 输出 1 信号与 S 端输入信号是同时的,这一点与脉冲定时器和扩展脉冲定时器的相同,但定时器的计时是当 S 端信号出现下降沿时开始,延时时间 t 后断开 Q

6.6.8 定时器应用举例

【例6-6】 定时器延时范围扩展举例。

在S7-300中,单个定时器的最大定时范围是9990 s(2 h46 min30 s),如果超过这个定时范围,可以用两个或多个定时器级联的方法。

例如,设计一个延时为5 h的控制任务。具体要求为:开关K(I0.0)接通开始定时,5 h后信号灯HL(Q4.0)接通;开关K断开,灯HL熄灭。

根据控制要求,可选用接通延时定时器(S_ODT)。

控制程序如图6-35所示。

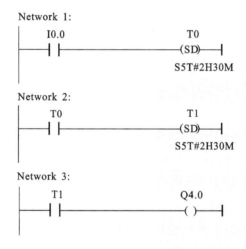

图6-35 扩展定时器定时范围程序

【例6-7】 信号灯闪烁(报警)控制(脉冲信号发生器)。

在工业控制系统中,经常需要产生周期性重复的占空比可调的脉冲信号。例如,用脉冲信号去控制声光报警,可以用定时器产生占空比可调的脉冲信号。

当开关K(接PLC输入点I0.0)接通后,某信号灯HL(接PLC输出点Q4.0)即以灭1 s、亮2 s、灭1 s、亮2 s……的频率不断闪烁,开关K断开,信号灯熄灭。要求设计出PLC控制程序。

信号灯时序图如图6-36所示。

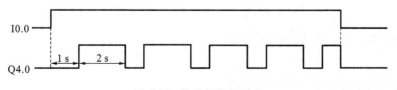

图6-36 信号灯闪烁时序

控制程序一:根据时序图,应用接通延时定时器设计出控制程序,如图 6-37 所示。

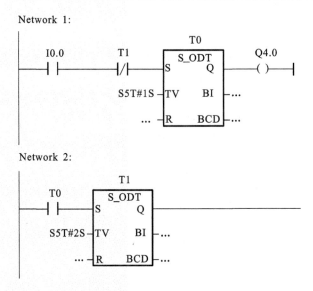

图 6-37　应用接通延时定时器实现信号灯闪烁的控制程序

【分析】　当开关 K 接通(I0.0 出现上升沿)时,定时器 T0 开始定时,定时期间定时器 T0 位输出为 0(接 Q4.0(控制信号灯)),信号灯未点亮,T0 定时 1 s 到,其位输出为 1,信号灯被点亮,同时定时器 T1 启动,T1 定时期间其位输出为 0,常闭触点 T1 仍然接通,维持 T0 输出 Q4.0 为 1。当 T1 定时时间(2 s)到,在下一扫描周期时,T1 常闭触点断开,使 T0 位输出 Q4.0 为 0,信号灯灭,同时 T1 启动输入端也变为 0,T1 位输出变为 0,在下一扫描周期时,T1 常闭触点又接通,T0 重新开始定时,如此不断循环,信号灯以灭 1 s、亮 2 s 的间隔不断闪烁。当开关 K 断开时,I0.0 常开触点断开,定时器 T0、T1 均停止定时,同时 T0、T1 位输出均变为 0,Q4.0 变为 0,信号灯熄灭。

控制程序二:根据时序图,应用脉冲定时器设计出控制程序,如图 6-38 所示。

【分析】　当开关 K 接通(I0.0 出现上升沿)时,定时器 T0 开始定时,由于定时器 T0 开始定时,其常闭触点断开,所以 Network 2 中的 T1 不能启动定时,故 Q4.0 在 T0 定时期间为 0(信号灯 HL 灭),当 T0 定时 1 s 到,T0 输出为 0,所以 Network 2 中的 T1 的 S 端由断开变为接通,于是定时器 T1 启动定时,T1 定时期间,其输出为 1,故 T1 定时期间(2 s)Q4.0 为 1(信号灯 HL 亮)。T1 定时期间,定时器 T0 的 S 端断开,T0 不能定时,等 T1 定时到,其常闭触点重新接通,于是 T0 又开始定时,如此不断循环,Q4.0 所接的信号灯就会以灭 1 s、亮 2 s 的间隔不断循环,直到开关 K 断开,信号灯熄灭。

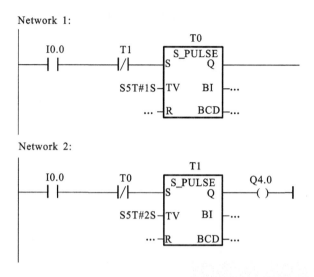

图6-38 应用脉冲定时器实现信号灯闪烁的控制程序

【例6-8】 两节传送带的顺序启停控制。

图6-39所示的为两节传送带示意图,传送带均向右运行,如图中箭头所示。传送带分别由电动机 Motor_1 和 Motor_2 驱动。设启动按钮 SB1 和停止按钮 SB2(均为常开按钮),为了使两节传送带正常运行,控制要求如下。

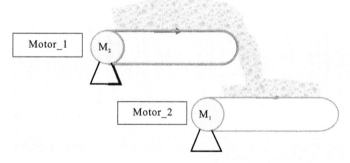

图6-39 两节传送带示意图

启动:按启动按钮 SB1,皮带电动机 Motor_2 立即启动,延时5 s后,皮带电动机 Motor_1 自动启动。

停止:按停止按钮 SB2,Motor_1 立即停机,延时10 s后,Motor_2 自动停机。

根据配置的输入/输出器件,首先列出各器件的地址分配表,如表6-23所示。

根据地址分配表,绘制出电动机控制的主回路和 PLC 的 I/O 端子接线图,如图6-40所示。

表 6-23 传送带启停控制 I/O 地址分配表

I/O 器件名称		分配地址	说　明
数字量输入	启动按钮 SB1	I0.1	常开按钮
	停止按钮 SB2	I0.2	常开按钮
	热继电器触点 FR1	I0.3	常闭触点,Motor_1 过载保护
	热继电器触点 FR2	I0.4	常闭触点,Motor_2 过载保护
数字量输出	接触器 KM1	Q4.1	其主触点控制皮带电动机 Motor_1
	接触器 KM2	Q4.2	其主触点控制皮带电动机 Motor_2

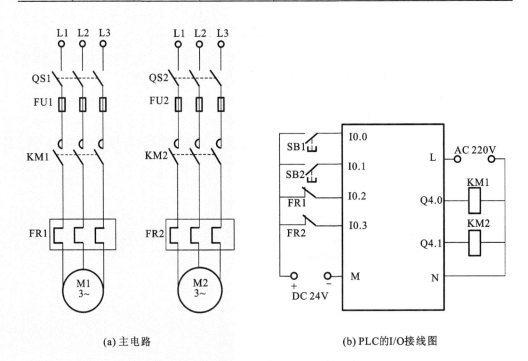

(a) 主电路　　　　　　　　　　(b) PLC的I/O接线图

图 6-40　传送带顺序启停控制硬件接线图

根据分配好的 I/O 地址和控制要求,编写控制程序如图 6-41 所示。

在程序中,接通延时定时器 T0 用于延时启动 Motor_1,保持型接通延时定时器 T1 用于延时停止 Motor_2。需要注意的是,在定时器 T1 的复位端需要接启动按钮所对应的地址 I0.0,这是因为对于保持型接通延时定时器 T1 来说,当它定时到时,其输出端 Q 输出为 1,并且保持为 1,必须使用复位指令才可以使 Q 端重新为 0。如果不接 I0.0 的话,当第一次两节皮带均按控制要求启停后,T1 的 Q 端会一直为 1,也就是使

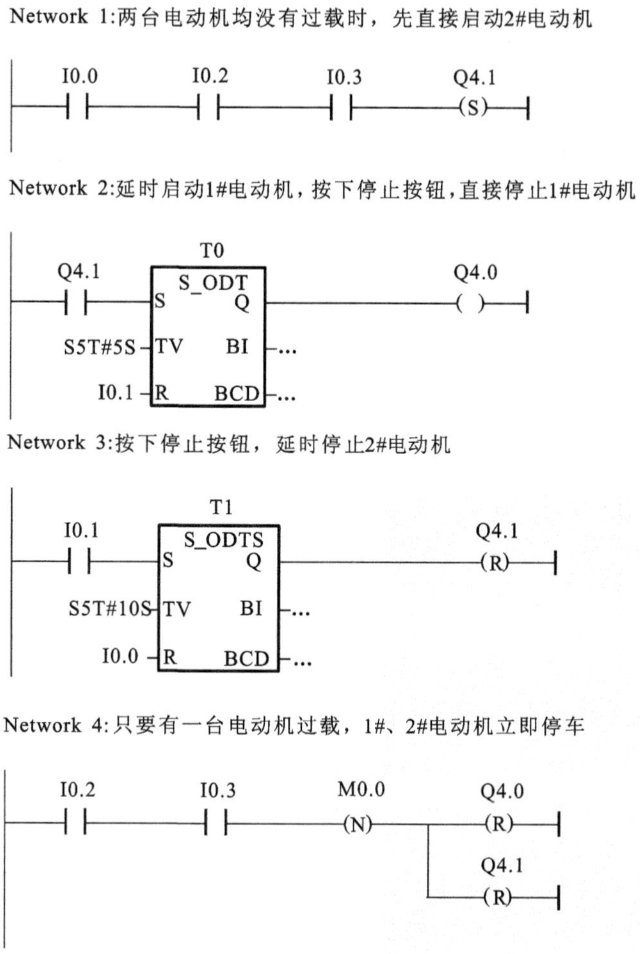

Network 1:两台电动机均没有过载时，先直接启动2#电动机

Network 2:延时启动1#电动机，按下停止按钮，直接停止1#电动机

Network 3:按下停止按钮，延时停止2#电动机

Network 4:只要有一台电动机过载，1#、2#电动机立即停车

图 6-41 传送带顺序启停控制程序一

Q4.0复位一直生效，下一次传送带将启动不了。也就是说，如果 T1 复位输入端 R 不接 I0.0 的话，传送带只能在 PLC 启动之后成功运行一次完整的启停操作，之后再按下启动按钮 SB1，传送带将启动不了，所以定时器 T1 的 R 端必须接 I0.0。

也可以应用两个接通延时定时器来设计程序，图 6-42 给出了用两个接通延时定时器设计的程序，程序中定时器使用了线圈格式。

【例 6-9】 运料小车自动来回往返控制。

图 6-43 所示的为自动运料小车示意图。小车在最左端起始装料位置装有限位行程开关 SQ1，在最右端的卸料位置装有限位行程开关 SQ2，小车停止在起始位置装料，装料完成，操作人员按动右行启动按钮 SB1，小车右行，当右行到卸料位时撞击行程开关 SQ2 后，小车自动停止，延时 15 s 用于卸货，15 s 延时到，小车自动返回，返回

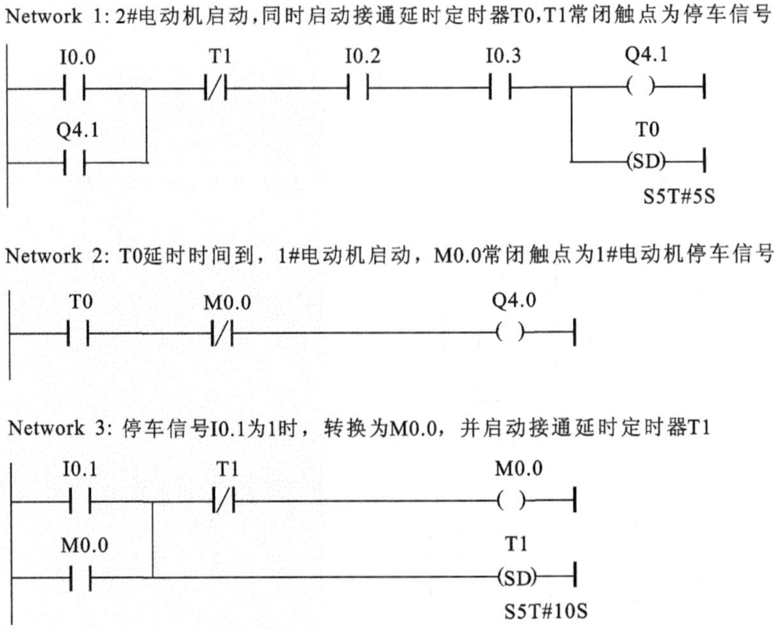

Network 1:2#电动机启动,同时启动接通延时定时器T0,T1常闭触点为停车信号

```
  I0.0        T1         I0.2       I0.3        Q4.1
 ──┤├──────┤/├───────┤├────────┤├──────┬──( )──
  Q4.1                                   │      T0
 ──┤├──                                  └───(SD)──
                                              S5T#5S
```

Network 2: T0延时时间到,1#电动机启动,M0.0常闭触点为1#电动机停车信号

```
   T0         M0.0                 Q4.0
 ──┤├────────┤/├─────────────────( )──
```

Network 3: 停车信号I0.1为1时,转换为M0.0,并启动接通延时定时器T1

```
  I0.1        T1                 M0.0
 ──┤├──┬────┤/├─────────────────( )──
  M0.0 │                          T1
 ──┤├──┘                       ─(SD)──
                                 S5T#10S
```

图 6-42 传送带顺序起停控制程序二

到装料位置时,撞击行程开关 SQ1,小车自动停止在装料位,自动延时 30 s 用于装料,30 s 延时到,小车自动右行,如此不断往复,直到操作人员随时按下停止按钮 SB3,小车停止。为方便操作人员,另设左行启动按钮 SB2,如果小车处于停止状态时,按下 SB2,小车左行。小车的运动由一台三相异步电动机拖动,要求对电动机设有短路、过载及失压保护。小车在任意位置停车。根据上述小车控制要求设计出电动机主电路、PLC 的 I/O 分配表、PLC 的 I/O 接线图及控制程序。

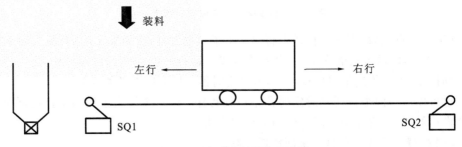

图 6-43 自动运料小车示意图

根据配置的输入/输出器件,首先列出各器件的地址分配表,如表 6-24 所示。

表 6-24 运料小车自动往返控制 I/O 地址分配表

I/O 器件名称		分配地址	说 明
数字量输入	右行按钮 SB1	I0.1	常开按钮
	左行按钮 SB2	I0.2	常开按钮
	停车按钮 SB3	I0.3	常开按钮
	左侧行程开关 SQ1	I0.4	常开触点
	右侧行程开关 SQ2	I0.5	常开触点
	热继电器触点 FR	I0.6	常闭触点,电动机过载保护
数字量输出	接触器 KM1	Q4.1	正转接触器(右行)
	接触器 KM2	Q4.2	反转接触器(左行)

根据地址分配表,绘制出电动机控制的主回路和 PLC 的 I/O 端子接线图,如图 6-44 所示。

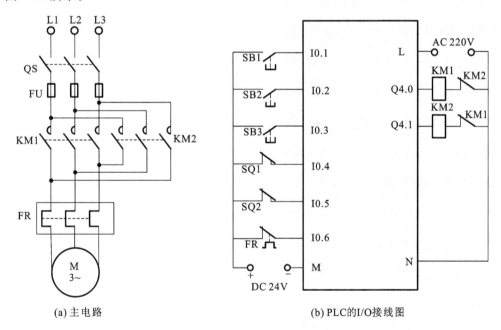

(a) 主电路 (b) PLC的I/O接线图

图 6-44 运料小车自动往返控制硬件接线图

根据分配好的 I/O 地址和控制要求,编写控制程序,如图 6-45 所示。注意:M0.0 的使用可以实现任意位置停车的目的。

Network 1: 总控

```
      I0.1        I0.6         I0.3         M0.0
    ──┤ ├──┬────┤ ├────────┤/├────────( )──
      I0.2  │
    ──┤ ├──┤
      M0.0  │
    ──┤ ├──┘
```

Network 2:右行控制

```
      I0.1        I0.5        Q4.1        M0.0        Q4.0
    ──┤ ├──┬────┤/├────────┤/├────────┤ ├────────( )──
      Q4.0  │
    ──┤ ├──┤
      T1    │
    ──┤ ├──┘
```

Network 3:卸料定时

```
                          T0
      M0.0       I0.5    ┌─────────┐
    ──┤ ├──────┤ ├──────┤S  S_ODT Q├────
                         │         │
            S5T#15S──────┤TV     BI├── ···
                     ···─┤R    BCD├── ···
                         └─────────┘
```

Network 4:左行控制

```
      I0.2        I0.4        Q4.0        M0.0        Q4.1
    ──┤ ├──┬────┤/├────────┤/├────────┤ ├────────( )──
      Q4.1  │
    ──┤ ├──┤
      T0    │
    ──┤ ├──┘
```

Network 5:装料定时

```
                          T1
      M0.0       I0.4    ┌─────────┐
    ──┤ ├──────┤ ├──────┤S  S_ODT Q├────
                         │         │
            S5T#30S──────┤TV     BI├── ···
                     ···─┤R    BCD├── ···
                         └─────────┘
```

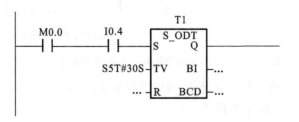

图 6-45　运料小车自动往返控制程序

6.5 计数器指令

6.5.1 计数器基本知识

1.计数器的存储器区

S7-300 CPU 为计数器保留了一片计数器存储区,每个计数器有一个 16 位的字和一个二进制的计数位。计数字用来存储它的当前计数值,计数器位用于存储计数器的输出状态(与其常开触点状态相同)。不同 CPU 模块可供使用的计数器数目不同,最多允许使用 128(CPU312)～2048(CPU319-3PN/DP)个。

2.计数器的功能

计数器用于对计数器指令前面(计数输入前)的逻辑操作结果 RLO 的正跳沿(上升沿)计数。计数器的计数输入端有正跳沿时,计数器的计数值从预置的初始值开始计数(增加或减少)。每个计数器的计数范围为 0～999,当计数值达到上限 999 时,即使 RLO 仍有正跳沿,计数值保持为 999 不再增加。反之,当计数值达到下限 0 时,即使 RLO 仍有正跳沿,计数值保持为 0 不再减少。只要计数器的计数值不为 0,计数器的位输出为 1,只有计数值为零,其位输出才为 0。

3.计数器初始值(预置值)的设定

在对计数器设置预置值时,累加器 1 的低字内容(预置值)作为计数器的初始值被装入计数器的字存储器中,计数器的计数值是在初始值的基础上增加或减少的。计数器的计数值的数据格式如图 6-46 所示。计数器字的 0～11 位为计数值的 BCD 码。图中所示的计数值为 136,用格式 C♯136 表示 BCD 码的常数值 136。

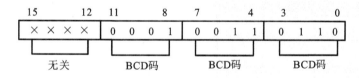

图 6-46 计数器计数值的数据格式

4.计数器种类

加计数器——加计数端每来一个正跳沿,计数值加 1,计数值加到 999,计数器停止计数,计数值保持为 999。

减计数器——减计数端每来一个正跳沿,计数值减 1,计数值减到 0,计数器停止计数,计数值保持为 0。

加/减计数器——有加、减两个计数输入端,加计数输入端每来一个正跳沿,计数值加 1,减计数输入端每来一个正跳沿,计数值减 1,加、减计数输入端同时有正跳沿,不计数,计数值保持当前值。

6.5.2　计数器的梯形图指令格式

与定时器一样,计数器在梯形图中也有两种格式:线圈格式和指令框格式。

1. 线圈格式的计数器指令

线圈格式的计数器指令如表 6-25 所示。

表 6-25　线圈格式的计数器指令

功　能	指　令　格　式	说　明	操　作　数
设定计数值	"C no." —(SC)— "预置值"	SC 线圈前有上升沿时,将预置值装入计数器 C no.	C no.:no. 为计数器编号,从 0 起,如 C0,C1,…
加计数线圈	"C no." —(CU)—	CU 线圈前有上升沿时,计数器 C no. 的计数值加 1	预置值:字型存储器(如 MW0)或 BCD 码常数(如 C#23)
减计数线圈	"C no." —(CD)—	CU 线圈前有上升沿时,计数器 C no. 的计数值减 1	

2. 指令框格式的计数器指令

指令框格式的计数器指令如表 6-26 所示。

表 6-26　指令框格式的计数器指令

加 计 数 器 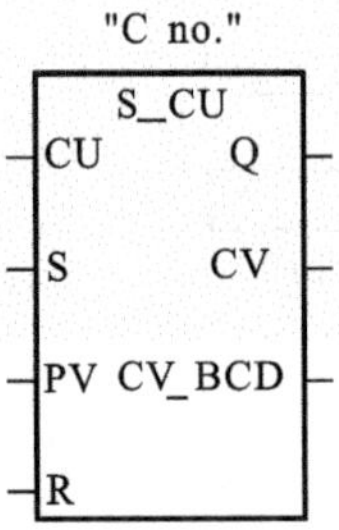	减 计 数 器 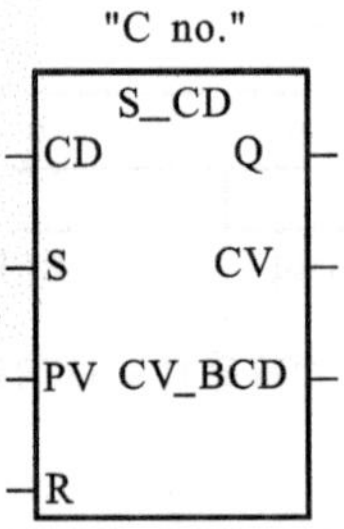	加/减计数器 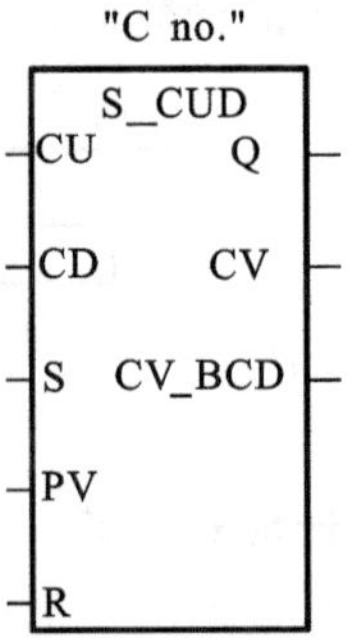

操作数	数据类型	说明
C no.	Counter	计数器编号
CU	BOOL	加计数输入端,有效信号:上升沿
CD	BOOL	减计数输入端,有效信号:上升沿

操作数	数据类型	说明
S	BOOL	计数器预置控制输入端,有效信号:上升沿
PV	WORD	计数器的预置值(初始值)输入端,可以用字型存储器或 BCD 码常数
R	BOOL	计数器复位端,有效信号:逻辑 1,当计数器被复位时,其计数值清零,位输出也为逻辑 0
Q	BOOL	计数器的位输出,只要当前计数值不为 0,Q 端输出逻辑 1,只有计数器当前计数值为 0,Q 端才输出逻辑 0
CV	WORD	当前计数值输出(整数格式)
CV_BCD	WORD	当前计数值输出(BCD 码格式)

3. 计数器的工作过程

以可逆的加/减计数器为例(加计数器和减计数器类同),在 S 信号的上升沿,PV 值被装入计数器中,当前计数值为 PV 值。在 CU 信号的上升沿,如果当前计数值小于 999,计数值加 1,如果当前计数值等于 999,则不进行计数操作;在 CD 信号的上升沿,如果当前计数值大于 0,则计数值减 1,如果当前计数值等于 0,则不进行计数操作。如果 CU 和 CD 两个计数端同时有上升沿出现,则计数值保持不变。只要计数值不为 0,计数器输出 Q 即为 1,任何时刻,当复位输入端 R 有逻辑 1 信号时,计数器被复位,计数器清零,计数器输出 Q 变为 0。其时序逻辑如图 6-47 所示。

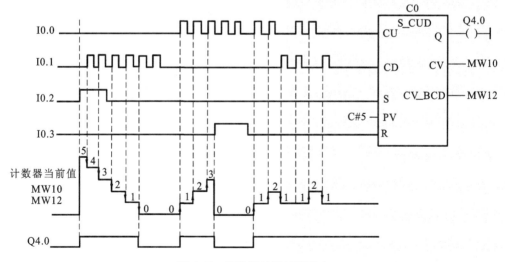

图 6-47 计数器计数过程时序

6.5.3　语句表格式的计数器指令

语句表格式的计数器指令如表 6-27 所示。

表 6-27　语句表格式的计数器指令

指令功能	指令格式	说　　　明
将计数器的预置值装入计数器	SC 计数器号（如 C1）	当 RLO 由 0 跳变到 1 时，将累加器 1 的低字装入计数器
加计数	CU 计数器号（如 C1）	当 RLO 由 0 跳变到 1 时，如果当前计数值小于 999，则当前计数值加 1
减计数	CD 计数器号（如 C1）	当 RLO 由 0 跳变到 1 时，如果当前计数值大于 0，则当前计数值减 1

6.5.4　计数器应用举例

【例 6-10】　会展中心人数统计。

某会展中心可以容纳 900 人同时参观，在会展中心的入口和出口分别装一个光电检测器，当有人经过检测器时，光电检测器发出一个脉冲信号，并在门口装设指示灯，当会展中心人数不足 900 人时，绿指示灯亮，表示允许参观者继续进入；当会展中心人数达到 900 人时，红指示灯亮，表示不允许参观者再进入。其示意图如图 6-48 所示。

图 6-48　会展中心人数统计示意图

【分析】　根据控制要求，只需要 3 个输入：启动按钮、光电检测器 A、光电检测器 B；2 个输出：红灯、绿灯。会展中心人数的动态变化可以用计数器来统计。

根据控制要求，列出 PLC 的 I/O 地址分配表，如表 6-28 所示。

表 6-28　PLC 的 I/O 地址分配表

输入/输出器件 名称	符号	PLC 的 I/O 地址	说　　　明
启动开关	SA	I0.0	接通表示启动，断开表示停止
光电检测器 A	SP1	I0.1	没有人经过时，检测器断开，有人经过时接通
光电检测器 B	SP2	I0.2	没有人经过时，检测器断开，有人经过时接通
绿指示灯	HL1	Q4.0	PLC 输出 1 时点亮
红指示灯	HL2	Q4.1	PLC 输出 1 时点亮

根据地址分配表,绘制 PLC 的 I/O 接线图,如图 6-49 所示。

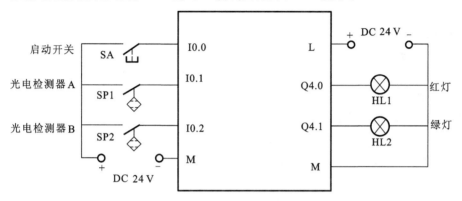

图 6-49 PLC 的 I/O 接线图

根据控制要求与 I/O 分配,编写控制程序,如图 6-50 所示。

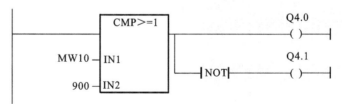

图 6-50 会展中心人数统计控制程序

需要注意如下事项。

(1)根据控制要求,启动开关接通时表示计数开始,所以计数器的复位端 R 应该接启动开关地址 I0.0 的常闭触点。

(2)计数器的 S 端和 PV 端必须联合使用,由于本例中不需给计数器赋初始值(因为计数器启动开关转到断开位置时,停止计数,同时计数器被复位,复位时计数值为 0,当启动开关接通开始计数时,计数值从 0 开始计起,相当于赋计数初始值为 0,所以这两个输入端可以不必输入)。

【例 6-11】 计数器扩展举例。

单个计数器的最大计数值是 999,如果要计数的范围超过 999,那么用单个计数器就无法实现了。下面举例说明应用计数器级联实现计数器扩展的方法。

其思路类似于通常应用的二进制、八进制、十进制、十六进制中使用的计数方法:当低一数量级的位计数满后,该位清零,同时向高一数量级的位进 1。

如图 6-51 所示的程序,应用两个计数器可以实现 999^2 的计数。同理如果有 n 个计数器,可以实现最大 999^n 的计数,这样可以实现任何范围的计数。

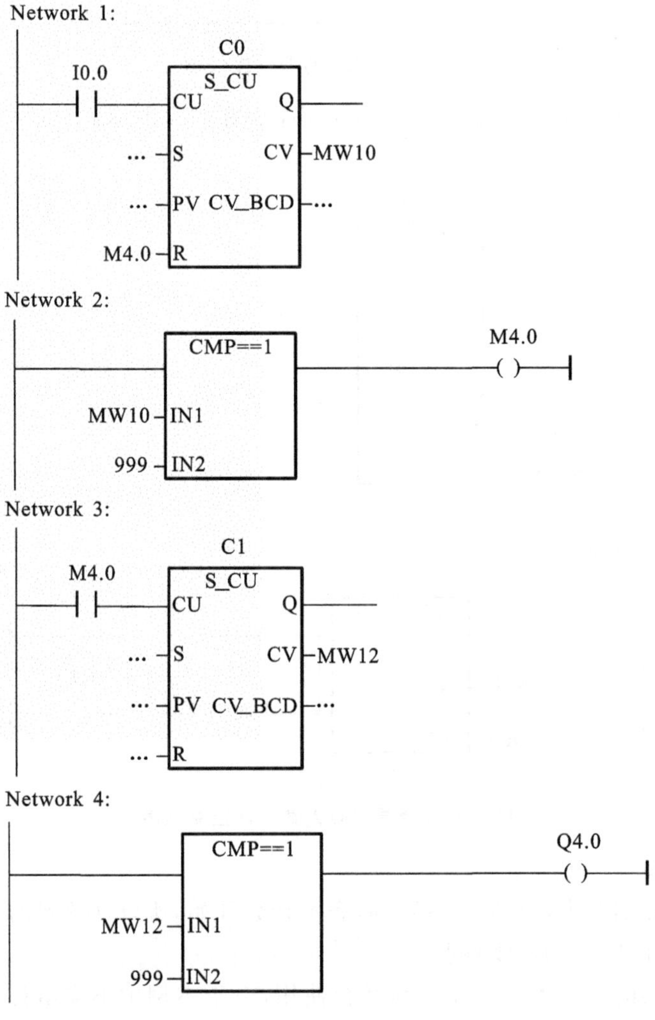

图 6-51 两个计数器级联实现计数器扩展程序

【**例 6-12**】　用计数器扩展定时器的定时范围举例。

　　前面举例说明了通过定时器级联实现定时器定时范围的扩展,但定时器级联实现的定时范围仍然比较有限。当定时范围需要继续增大时,用定时器级联的方法实现起来不仅困难,程序会很冗长,而且占用大量的定时器。下面举例说明用计数器扩展的思路来实现定时范围的扩展。

【**思路**】　首先用定时器产生连续的脉冲,然后用计数器来统计脉冲的个数,从而实现定时范围的扩展。图 6-52 所示的是用两个定时器产生连续脉冲信号,用 2 个计数器级联来实现对脉冲的统计。

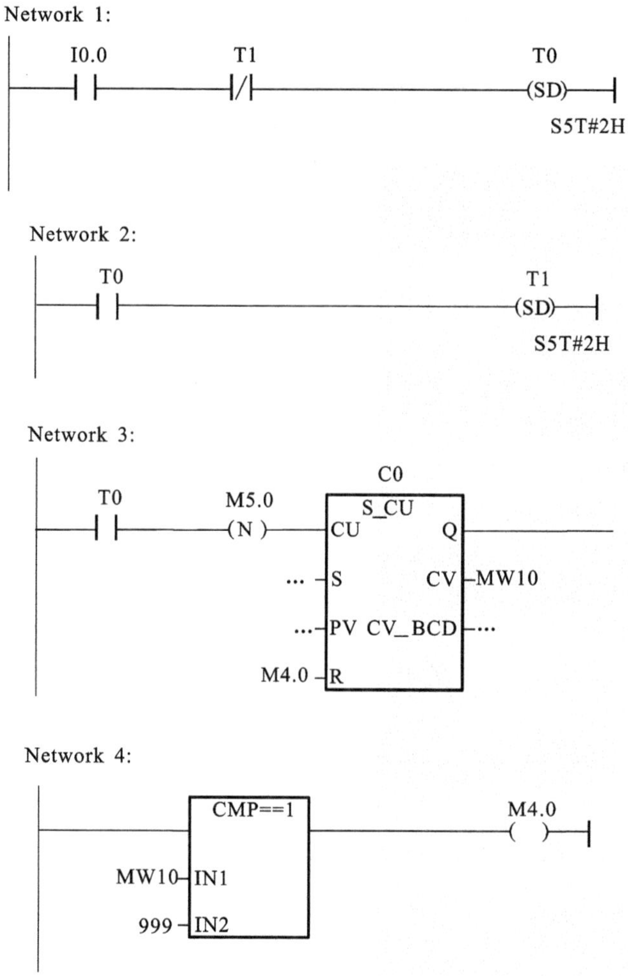

图 6-52　应用计数器实现定时范围的扩展

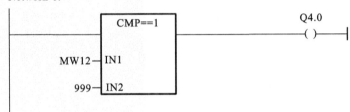

Network 5:

Network 6:

续图 6-52

在图 6-52 所示的程序中,定时器 T0、T1 产生周期为 4 h 的脉冲。计数器 C0、C1 级联实现对脉冲周期的计数。定时器 T0 每 4 h 产生一个下降沿,由例 6-10 可知,计数器 C0、C1 级联最大可计数 999^2。可以计算出从启动信号 I0.0 接通到当计数器 C1 计数满 999 时,共延时:$999^2 \times 4$ h＝3992004 h,折合:

$$3992004 \text{ h} \div 24 = 166333.5 \text{ d} \div 365 = 455 \text{ 年}$$

由此可以推知,我们不仅可以实现任何范围的计数,还可以实现任何范围的定时。

6.6 数据处理和运算指令

数据处理包括数据的装入与传送、数据类型的转换、数据的比较、数据的移位,相对应地,数据处理指令包括:装入与传送指令、转换指令、比较指令、移位和循环移位指令。数据运算指令包括:算术运算指令、字逻辑运算指令。

6.6.1 装入与传送指令

1.装入与传送指令的格式与功能

装入与传送指令主要用于处理字节、字、双字型数据在各存储区之间交换数据的问题。这些数据在存储区之间进行交换时,并不是直接进行的,而是通过累加器进行的。累加器是 CPU 中的一种专用寄存器,可以看作是"缓冲器"。S7-300 CPU 中有两个累加器:累加器 1(ACCU1)和累加器 2(ACCU2),每个累加器均是 32 位。

1)语句表格式

装入指令格式:L　操作数。

传送指令格式:T　操作数。

CPU 每次扫描装入指令与传送指令时,都是无条件地执行这些指令,指令的执行不受逻辑操作结果 RLO 的影响。

执行装入指令时进行如下操作:将指令中给出的源操作数装入累加器 1,而累加器 1 原有的数据移入累加器 2,累加器 2 中的原有数据被覆盖。

执行传送指令时进行如下操作:将累加器 1 中的内容写入指令中给出的目的存储区中,累加器 1 的内容不变。

装入与传送指令可以对字节、字、双字数据进行操作。位数不足 32 位时,右对齐,其余各位填 0。

2)梯形图格式

在梯形图中没有独立的装入或传送指令,而是把这两条指令合起来,用一个 MOVE 指令框来实现。MOVE 指令框的输入端 IN 接源操作数,输出端 OUT 接目标存储区,如图 6-53 所示。

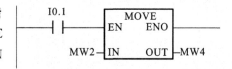

图 6-53　MOVE 指令框

MOVE 指令的执行受输入使能端 EN 的控制,即当 EN 端信号为 1 时,执行 MOVE 指令,否则,不执行;如果执行无误,则使能输出 ENO 为 1。图 6-53 中,当 MOVE 指令执行时,将 MW2 的内容传送至 MW4(转换成语句表其实还是 L　MW2;T　MW4 两条语句)。

2.不同寻址方式的装入和传送指令举例

1)立即寻址方式

L　−35

L　L♯5

L　W♯16♯3E

L　2♯0001_1001_1110_0010

L　25.38

L　'AB'

L　S5T♯2S

L　C♯50

2）直接寻址方式

L MB100

T QB4

3）存储器间接寻址方式

L MB[DID4]

T MW[MD10]

4）寄存器间接寻址方式

区域内：L　IB[AR2,P♯3.0]

　　　　 T　MW[AR2,P♯100.0]

区域间：L　[AR1,P♯0.1]

　　　　 T　W[AR2,P♯8.0]

3. 装入定时器剩余时间值和计数器当前计数值

定时器的剩余时间可以通过如下装入指令读出。

L　Tno　　//将定时器 Tno（代表定时器编号，如 T1）的二进制格式的当前剩余时

　　　　　//间值（不包含时基）装入累加器 1 的低字

LC　Tno　　//将定时器 Tno 的 BCD 码格式的当前剩余时间值（包含时基）装入

　　　　　 //累加器 1 的低字

计数器的当前计数值也可通过如下方式读出。

L　Cno　　//将计数器 Cno（代表计数器编号，如 C1）的二进制格式的当前计数值

　　　　　//装入累加器 1 的低字

LC　Cno　　//将计数器 Cno 的 BCD 码格式的当前计数值装入累加器 1 的低字

4. 对地址寄存器的装入和传送指令

在 S7-300 中，有两个地址寄存器 AR1 和 AR2，对于地址寄存器可以不经过累加器 1，直接将操作数装入地址寄存器，或从地址寄存器中把数据传送出来。涉及的指令如表 6-29 所示。

表 6-29　对地址寄存器的装入和传送指令

指令格式	指令说明	举　例
LAR1 操作数	将操作数装入 AR1，操作数可以是立即数、存储区或 AR2，如果在指令中没有给出操作数，则将累加器 1 中的内容装入 AR1	LAR1　P♯20.0 LAR1　DBD20 LAR1　AR2 LAR1

续表

指 令 格 式	指 令 说 明	举 例
LAR2 操作数	将操作数装入 AR2,操作数可以是立即数或存储区,如果在指令中没有给出操作数,则将累加器 1 中的内容装入 AR2	LAR2 P♯M20.0 LAR2 DBD20 LAR2
TAR1 操作数	将 AR1 的内容传送至操作数给出的存储区或 AR2。如果在指令中没有给出操作数,则直接将 AR1 的内容传送至累加器 1	TAR1 TAR1 AR2 TAR1 DBD20
TAR2 操作数	将 AR2 的内容传送至操作数给出的存储区。如果在指令中没有给出操作数,则直接将 AR2 的内容传送至累加器 1	TAR2 TAR2 DBD20
CAR	交换 AR1 和 AR2 的内容	CAR

6.6.2 转换指令

转换指令是将累加器 1 中的数据进行数据类型转换,转换的结果仍然存放在累加器 1 中。

STEP 7 能够实现的转换有:

(1) BCD 码与整数、双整数的互转;

(2) 整数与双整数的转换;

(3) 双整数与实数的转换,实数取整;

(4) (双)整数求反码(逐位取反);

(5) (双)整数求补码;

(6) 实数求反。

1. BCD 码与整数、双整数的互转

BCD 码与整数、双整数之间转换的指令如表 6-30 所示。

表 6-30　BCD 码与整数、双整数之间转换的指令

STL 指令	LAD 指令框	功 能 说 明
BTI	BCD_I EN　　ENO IN　　OUT	将累加器 1 的低字中的 3 位 BCD 码转换为 16 位整数

续表

STL 指令	LAD 指令框	功能说明
BTD	**BCD_DI** EN　ENO IN　OUT	将累加器 1 中的 7 位 BCD 码转换为 32 位整数
ITB	**L_BCD** EN　ENO IN　OUT	将累加器 1 的低字中的 16 位整数转换为 3 位 BCD 码
DTB	**DI_BCD** EN　ENO IN　OUT	将累加器 1 中的 32 位整数转换为 7 位 BCD 码

在执行 BCD 码转换为整数或双整数时,如果 BCD 码的某位出现无效数据(如 2♯1010~2♯1111,对应十进制数 10~15),将不能进行正确转换,并导致出现"BCDF"错误,此时系统的正常运行顺序被终止,将出现下列事件之一:

(1) CPU 进入 STOP 状态,"BCD 转换错误信息"写入诊断缓冲区;

(2) 调用组织块 OB121(OB121 已经编程,用户可以在 OB121 中编写错误响应程序)。

由于 3 位 BCD 码的有效数据范围是 −999~+999,而 16 位整数的有效范围是 −32767~+32767,所以不是所有整数都可以转换为 BCD 码,当被转换的整数超出了 BCD 码的范围时,在累加器 1 中将得不到正确的转换结果,同时状态字的溢出位 OV 和溢出保持位 OS 被置 1。在程序中,用户可以根据 OV 和 OS 位的状态判断转换结果是否正确,以避免产生进一步的运算错误。

2. 整数转换为双整数

整数转换为双整数的指令格式如表 6-31 所示。

表 6-31　整数转换为双整数指令

STL 指令	LAD 指令框	功能说明
ITD	**L_DI** EN　ENO IN　OUT	将累加器 1 的低字中的 16 位整数转换为 32 位整数

3.双整数与实数之间的转换

双整数与实数之间的转换指令如表 6-32 所示。

表 6-32 双整数与实数之间的转换指令

STL 指令	LAD 指令框	功 能 说 明
DTR	DI_R EN ENO IN OUT	将累加器 1 中的 32 位双整数转换为 32 位浮点数
RND	ROUND EN ENO IN OUT	将累加器 1 中的 32 位浮点数转换为最接近的 32 位双整数,即四舍五入,如果小数部分是 5,则选择偶数结果,如 102.5 转换为 102,103.5 转换为 104
RND+	CEIL EN ENO IN OUT	将累加器 1 中的 32 位浮点数转换为大于或等于该实数的最小双整数
RND−	FLOOR EN ENO IN OUT	将累加器 1 中的 32 位浮点数转换为小于或等于该实数的最大双整数
TRUNC	TRUNC EN ENO IN OUT	将累加器 1 中的 32 位浮点数截去小数部分得到双整数

4.(双)整数求反码(逐位取反)

(双)整数求反码就是将累加器 1 中的整数或双整数逐位取反,即各位二进制数由 0 变 1,由 1 变 0,运算结果仍在累加器 1 中。指令如表 6-33 所示。

表 6-33 整数、双整数求反码指令

STL 指令	LAD 指令框	功 能 说 明
INVI	INV_I EN ENO IN OUT	求累加器 1 的低字中的 16 位整数的反码

续表

STL 指令	LAD 指令框	功 能 说 明
INVD	INV_DI EN　　ENO IN　　OUT	求累加器 1 中的双整数的反码

5.(双)整数求补码

（双）整数求补码就是将累加器 1 中的整数或双整数逐位取反之后再加 1,转换结果仍在累加器 1 中。指令如表 6-34 所示。

表 6-34　整数、双整数求补码指令

STL 指令	LAD 指令框	功 能 说 明
NEGI	NEG_I EN　　ENO IN　　OUT	求累加器 1 的低字中的 16 位整数的补码
NEGD	NEG_DI EN　　ENO IN　　OUT	求累加器 1 中的双整数的补码

6.实数求反

实数求反指令就是将累加器 1 中的实数（浮点数）的符号位（第 31 位）取反,结果仍存于累加器 1 中。指令如表 6-35 所示。

表 6-35　实数求反指令

STL 指令	LAD 指令框	功 能 说 明
NEGR	NEG_R EN　　ENO IN　　OUT	将累加器 1 中的 32 位浮点数的符号位取反

6.6.3　比较指令

比较指令用于比较累加器 1 和累加器 2 中数据的大小,被比较的两个数据的数据类型应该相同。数据类型可以是整数、双整数或实数。如果比较的条件满足,则 RLO 为

1,否则为 0。状态字中 CC0 和 CC1 位的组合可以表示两个数的大于、小于和等于关系。

1. 整数比较指令

整数比较指令如表 6-36 所示。

表 6-36 整数比较指令

STL 指令	LAD 指令框	功 能 说 明
＝＝I	CMP==I IN1 IN2	累加器 2 的低字中的整数(对应 LAD 中的 IN1)是否等于累加器 1 的低字中的整数(对应于 LAD 中的 IN2)
＜＞I	CMP<>I IN1 IN2	累加器 2 的低字中的整数(对应 LAD 中的 IN1)是否不等于累加器 1 的低字中的整数(对应于 LAD 中的 IN2)
＞I	CMP>I IN1 IN2	累加器 2 的低字中的整数(对应 LAD 中的 IN1)是否大于累加器 1 的低字中的整数(对应于 LAD 中的 IN2)
＜I	CMP<I IN1 IN2	累加器 2 的低字中的整数(对应 LAD 中的 IN1)是否小于累加器 1 的低字中的整数(对应于 LAD 中的 IN2)
＞＝I	CMP>=I IN1 IN2	累加器 2 的低字中的整数(对应 LAD 中的 IN1)是否大于或等于累加器 1 的低字中的整数(对应于 LAD 中的 IN2)
＜＝I	CMP<=I IN1 IN2	累加器 2 的低字中的整数(对应 LAD 中的 IN1)是否小于或等于累加器 1 的低字中的整数(对应于 LAD 中的 IN2)

2. 双整数比较指令

双整数比较指令如表 6-37 所示。

表 6-37　双整数比较指令

STL 指令	LAD 指令框	功 能 说 明
＝＝D	CMP＝＝D IN1 IN2	累加器 2 中的双整数（对应 LAD 中的 IN1）是否等于累加器 1 中的双整数（对应于 LAD 中的 IN2）
＜＞D	CMP＜＞D IN1 IN2	累加器 2 中的双整数（对应 LAD 中的 IN1）是否不等于累加器 1 中的双整数（对应于 LAD 中的 IN2）
＞D	CMP＞D IN1 IN2	累加器 2 中的双整数（对应 LAD 中的 IN1）是否大于累加器 1 中的双整数（对应于 LAD 中的 IN2）
＜D	CMP＜D IN1 IN2	累加器 2 中的双整数（对应 LAD 中的 IN1）是否小于累加器 1 中的双整数（对应于 LAD 中的 IN2）
＞＝D	CMP＞＝D IN1 IN2	累加器 2 中的双整数（对应 LAD 中的 IN1）是否大于或等于累加器 1 中的双整数（对应于 LAD 中的 IN2）
＜＝D	CMP＜＝I IN1 IN2	累加器 2 中的双整数（对应 LAD 中的 IN1）是否小于或等于累加器 1 中的双整数（对应于 LAD 中的 IN2）

3. 实数比较指令

实数比较指令如表 6-38 所示。

表 6-38 实数比较指令

STL 指令	LAD 指令框	功 能 说 明
==R	CMP==R IN1 IN2	累加器 2 中的实数(对应 LAD 中的 IN1)是否等于累加器 1 中的实数(对应于 LAD 中的 IN2)
<>R	CMP<>R IN1 IN2	累加器 2 中的实数(对应 LAD 中的 IN1)是否不等于累加器 1 中的实数(对应于 LAD 中的 IN2)
>R	CMP>R IN1 IN2	累加器 2 中的实数(对应 LAD 中的 IN1)是否大于累加器 1 中的实数(对应于 LAD 中的 IN2)
<R	CMP<R IN1 IN2	累加器 2 中的实数(对应 LAD 中的 IN1)是否小于累加器 1 中的实数(对应于 LAD 中的 IN2)
>=R	CMP>=R IN1 IN2	累加器 2 中的实数(对应 LAD 中的 IN1)是否大于或等于累加器 1 中的实数(对应于 LAD 中的 IN2)
<=R	CMP<=R IN1 IN2	累加器 2 中的实数(对应 LAD 中的 IN1)是否小于或等于累加器 1 中的实数(对应于 LAD 中的 IN2)

【例 6-13】 简单压力控制。

控制要求：当压力达到 10 MPa(对应数值 10.0)时,启动气泵(Q4.0)工作,当压力低于 5 MPa(对应数值 5.0)时,启动压缩机(Q4.1)工作,压力检测值存放于 DB1. DBD0中。

控制程序如图 6-54 所示。

Network 1:气泵控制

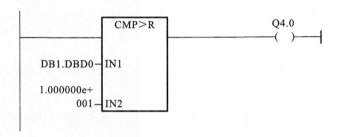

Network 2:压缩机控制

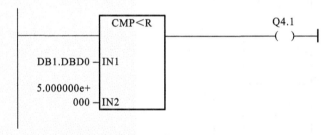

图 6-54 简单压力控制程序

6.6.4 移位和循环移位指令

1. 移位指令

在 PLC 的应用中经常要用到移位指令。移位指令就是指将累加器 1 中的数据或累加器 1 的低字中的数据逐位左移或逐位右移。STEP 7 中的移位指令有:有符号数(整数/双整数)右移指令和无符号数(字/双字)左、右移指令。

无符号数移位后空出来的位填 0;有符号数右移后空出来的位填以符号位对应的二进制数(正数的符号位为 0,负数的符号位为 1),最后移出的位被装入状态字的 CC1 位。

移位的位数可以用如下两种方法指定:

(1) 直接在指令中给出;

(2) 指令中没有给出,移位位数存放在累加器 2 的最低字节中。

上述两种情况无论哪种,如果移位位数为 0,则移位指令被当作 NOP(空操作)指令来处理(即不移位)。

移位指令如表 6-39 所示。

表 6-39　移位指令

STL 指令	LAD 指令框	功 能 说 明
SSI 位数	SHR_I EN ENO IN OUT N	有符号整数右移:当 EN 为 1 时,将 IN(指令表中对应于累加器 1 的低字)中的整数向右逐位移动 N 位后送 OUT。右移后空出的位补符号位
SSD 位数	SHR_DI EN ENO IN OUT N	有符号双整数右移:当 EN 为 1 时,将 IN(指令表中对应于累加器 1)中的字型数据向左逐位移动 N 位后送 OUT。右移后空出的位补符号位
SLW 位数	SHL_W EN ENO IN OUT N	无符号字型数据左移:当 EN 为 1 时,将 IN(指令表中对应于累加器 1 的低字)中的字型数据向左逐位移动 N 位后送 OUT。左移后空出的位补 0
SRW 位数	SHR_W EN ENO IN OUT N	无符号字型数据右移:当 EN 为 1 时,将 IN(指令表中对应于累加器 1 的低字)中的字型数据向右逐位移动 N 位后送 OUT。右移后空出的位补 0
SLD 位数	SHL_DW EN ENO IN OUT N	无符号双字型数据左移:当 EN 为 1 时,将 IN(指令表中对应于累加器 1)中的双字型数据向左逐位移动 N 位后送 OUT。左移后空出的位补 0
SRD 位数	SHR_DW EN ENO IN OUT N	无符号双字型数据右移:当 EN 为 1 时,将 IN(指令表中对应于累加器 1)中的双字型数据向右逐位移动 N 位后送 OUT。右移后空出的位补 0

【**例 6-14**】 有符号整数右移。

(1) 将整数＋5 右移 2 位,移动前后数据如图 6-55(a)所示。

(2) 将整数－5 右移 2 位,移动前后数据如图 6-55(b)所示。

需要注意的是,图中－5 在计算机中是按 5 的补码来存储的。

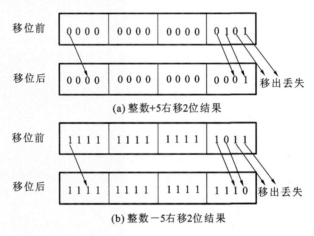

图 6-55 整数右移指令举例

【**例 6-15**】 无符号数的移位过程。

(1) 将无符号数 W♯16♯1234 右移 4 位,移动前后数据如图 6-56(a)所示。

(2) 将无符号数 W♯16♯1234 左移 4 位,移动前后数据如图 6-56(b)所示。

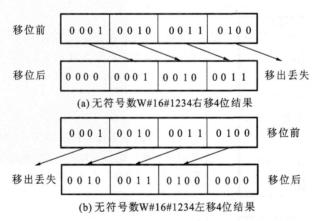

图 6-56 无符号数左移、右移指令举例图

【**例 6-16**】 物品分选系统设计。

图 6-57 所示的为一简单的物品分选系统。物品由传送带进行传送,传送带的主动轮由一台交流电动机 M 拖动,该电动机的通断由接触器 KM 控制。在传送带起始

端安装一个脉冲发生器,每有一个物品进入传送带并且经过 LS 时,LS 会发出一个脉冲信号。次品的检测在 1 号位置进行,由光传感器 PH1 完成,如果是次品,PH1 的触点动作。当次品继续移动到 4 号位置时,电磁铁 YV 线圈通电,由电磁铁推杆将次品推下传送带,落入次品箱中。当光传感器 PH2 检测到次品落下时,给出信号,使电磁铁 YV 线圈断电,推杆缩回。次品推下过程中传送带不停。正品继续沿传送带向前行进,到 9 号位置时,正品落入成品箱中,每有一个正品落下,光传感器 PH3 的触点会动作一次。正品累计达到 20 个时,传送带自动停止,同时点亮装箱满信号灯 HL。等待装箱完成后,由工作人员再次按下启动按钮 SB1,启动传送带。为了使系统操作方便,设传送带停止按钮 SB2,供操作人员随时停止传送。设次品复位按钮 SB3 和计数复位按钮 SB4,这些按钮均为常开按钮。

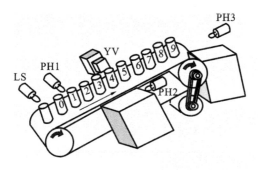

图 6-57　物品分选示意图

(1) 列出 PLC 的输入/输出端连接电器并为其分配 I/O 地址,如表 6-40 所示。

表 6-40　物品自动分选 I/O 器件地址分配

	I/O 电器名称	电器符号	I/O 地址	说　　明
数字量输入	脉冲发生器	LS	I0.0	用于进入传送带的物品检测
	光传感器	PH1	I0.1	次品检测,常开触点
	光传感器	PH2	I0.2	次品落下检测,常开触点
	光传感器	PH3	I0.3	正品落下检测,常开触点
	传送带启动按钮	SB1	I0.4	传送带启动按钮,常开按钮
	传送带停止按钮	SB2	I0.5	传送带停止按钮,常开按钮
	次品标志复位按钮	SB3	I0.6	次品标志复位按钮,常开按钮
	计数复位按钮	SB4	I0.7	计数复位(重新计数)按钮,常开按钮
数字量输出	接触器	KM	Q4.0	主触点控制传送带电动机 M
	电磁铁	YV	Q4.1	用于推下次品
	信号灯	HL	Q4.2	表示装箱满

为了增强程序的可读性和便于分析记忆，本例对程序的编写采用符号地址，所以在 STEP 7 的项目管理中，首先编辑符号表，如图 6-58 所示。

S7 Program(1) (Symbols) -- WUPINFENXUAN\SIMATIC 300(1)\CPU 315-2 DP

	Statu	Symbol	Address	Data type	Comment
1		脉冲LS	I 0.0	BOOL	用于进入传送带的物品检测
2		次品检PH1	I 0.1	BOOL	次品检测，常开触点
3		次品落PH2	I 0.2	BOOL	次品落下检测，常开触点
4		正品落PH3	I 0.3	BOOL	正品落下检测，常开触点
5		启动SB1	I 0.4	BOOL	传送带启动按钮，常开按钮
6		停止SB2	I 0.5	BOOL	传送带停止按钮，常开按钮
7		次品复位SB3	I 0.6	BOOL	次品标志复位按钮，常开按钮
8		计数复位SB4	I 0.7	BOOL	计数复位（重新计数）按钮，常开按钮
9		KM	Q 4.0	BOOL	主触点控制传送带电动机M
10		YV	Q 4.1	BOOL	电磁铁，用于推下次品
11		HL	Q 4.2	BOOL	信号灯，表示装箱满
12		次品标志F1	M 0.1	BOOL	次品标志位
13		标志移位F4	M 0.4	BOOL	次品标志位移动3位后
14					

图 6-58　符号表编辑

（2）根据地址分配绘制 PLC 的 I/O 接线图，如图 6-59 所示。

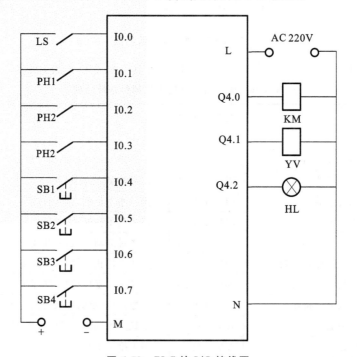

图 6-59　PLC **的** I/O **接线图**

控制程序如图 6-60 所示。

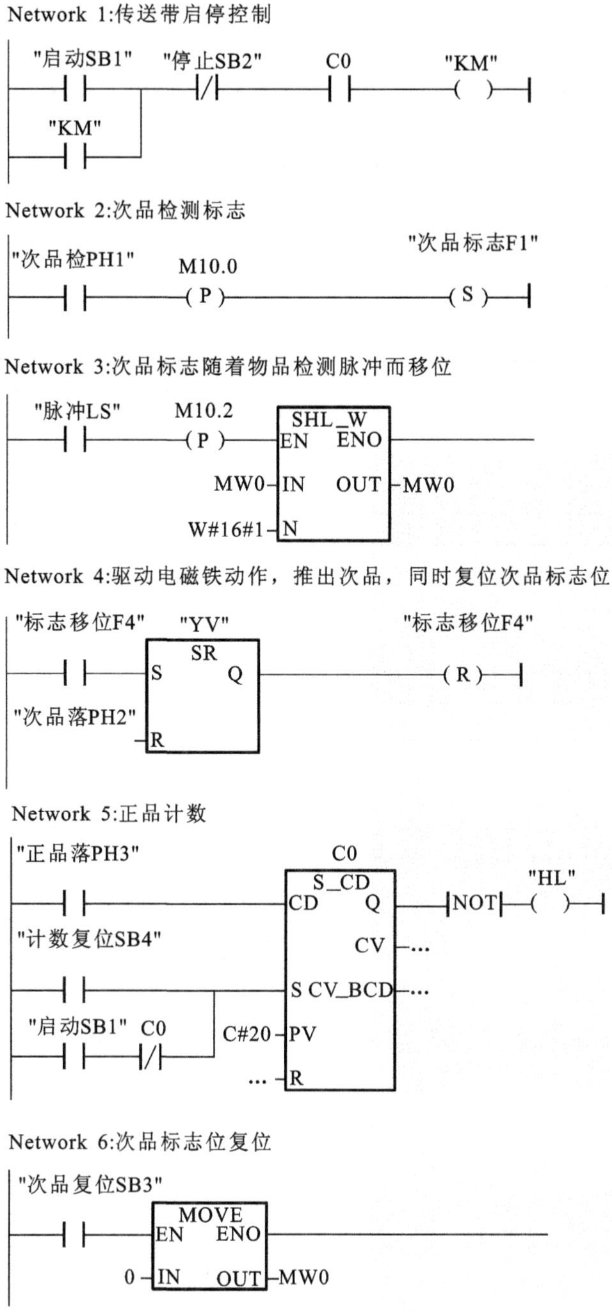

Network 1:传送带启停控制

```
  "启动SB1"    "停止SB2"      C0            "KM"
  ──┤ ├────────┤/├──────────┤ ├──────────( )──
  "KM"
  ──┤ ├──
```

Network 2:次品检测标志

```
  "次品检PH1"    M10.0                  "次品标志F1"
  ───┤ ├───────( P )──────────────────────( S )──
```

Network 3:次品标志随着物品检测脉冲而移位

```
  "脉冲LS"    M10.2      ┌─SHL_W─┐
  ──┤ ├──────( P )──────┤EN  ENO├────────
                        │        │
                  MW0 ──┤IN   OUT├─ MW0
                        │        │
               W#16#1 ──┤N       │
                        └────────┘
```

Network 4:驱动电磁铁动作,推出次品,同时复位次品标志位

```
  "标志移位F4"    "YV"                 "标志移位F4"
  ───┤ ├──────┌──SR──┐──────────────────( R )──
              │S    Q│
  "次品落PH2" │      │
  ───────────┤R     │
              └──────┘
```

Network 5:正品计数

```
  "正品落PH3"          C0
  ───┤ ├──────┌──S_CD──┐                 "HL"
              │CD     Q├──┤NOT├──────────( )──
  "计数复位SB4"│        │
  ───┤ ├──────┤      CV├─...
              │        │
              │S CV_BCD├─...
  "启动SB1" C0│        │
  ──┤ ├──┤/├──C#20─PV  │
              │        │
          ...─┤R       │
              └────────┘
```

Network 6:次品标志位复位

```
  "次品复位SB3"   ┌──MOVE──┐
  ───┤ ├─────────┤EN   ENO├────────────────
                 │        │
              0──┤IN   OUT├─ MW0
                 └────────┘
```

图 6-60 物品分选控制程序

【程序分析】

① Network 1：传送带启停控制。正品计数应用了减计数器，计数器计数期间，其位输出为 1，只有程序首次扫描计数器处于初始状态，或计数器的计数值减到 0 表示计数到时，其位输出才为 0，故程序中，计数满自动停止传送带，用了计数器的常开触点。

② Network 2：次品检测标志。当 PH1 检测到次品时，将标志位（M0.1）置 1。

③ Network 3：次品标志随着物品检测脉冲而移位。次品标志位（M0.1）随着物品检测脉冲的到来，依次向左移位，标志位 1 依次移至 M0.2、M0.3、M0.4，当物品在传送带上依次从 1 号位置移动到 4 号位置时，次品标志位在 MW0 中也依次由 M0.1 移位至 M0.4。其移位过程如图 6-61 所示。

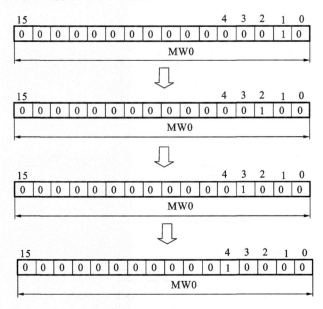

图 6-61　次品标志位移位过程

④ Network 4：电磁铁动作，同时复位次品标志位。当次品标志位移至 M0.4 时，次品正好移动至传送带 4 号位置，此时 M0.4 为 1，SR 触发器输出 1，使电磁铁线圈得电，次品被推下，同时将 M0.4 的次品标志复位为 0。当次品落下被 PH2 检测到时，由 PH2 将触发器复位。

⑤ Network 5：正品计数。应用了减计数器 C0，当 C0 计数值为 0 时按下传送带启动按钮，或者根据需要随时按下计数复位按钮 SB4 均可将计数值初值 20 装入计数器 C0。PH3 每检测一个物品，计数值减 1，计数期间计数值不等于 0，C0 的 Q 端输出为 1，计数值减至 0 时，Q 端输出为 0，Q 端信号与信号灯 HL 所需信号正好相反，故将 Q 端信号取反之后赋值给信号灯 HL。

⑥ Network 6：次品标志位复位。需要时，按下次品标志位复位按钮 SB3，将 MW0

清零,次品标志位被清零。

2.循环移位指令

循环移位指令是指将累加器1的整个内容逐位循环左移或逐位循环右移指定位数。从累加器1一端移出的数据又送回累加器1的另一端空出的位,既可以循环左移,又可以循环右移。

循环移位指令如表6-41所示。

表6-41 循环移位指令

STL 指令	LAD 指令框	功 能 说 明
RLD 位数	ROL_DW EN ENO IN OUT N	无符号双字型数据循环左移:当 EN 为 1 时,将 IN(指令表中对应于累加器 1)中的双字型数据向左循环移动 N 位后送 OUT。数据从最高位移出后送最低位
RRD 位数	ROR_DW EN ENO IN OUT N	无符号双字型数据循环右移:当 EN 为 1 时,将 IN(指令表中对应于累加器 1)中的双字型数据向右循环移动 N 位后送 OUT。数据从最低位移出后送最高位
RLDA	无	无符号双字型数据通过 CC1 位循环左移:将累加器 1 中的内容逐位左移 1 位,移出的最高位装入 CC1,CC1 的原有内容装入累加器 1 的最低位
RRDA	无	无符号双字型数据通过 CC1 位循环右移:将累加器 1 中的内容逐位右移 1 位,移出的最低位装入 CC1,CC1 的原有内容装入累加器 1 的最高位

6.6.5 运算指令

运算指令包括算术运算指令(整数和双整数算术运算指令、浮点数运算指令)和字逻辑运算指令。其中,整数和双整数算术运算指令完成整数和双整数的加、减、乘、除四则运算和双整数除法求余数的功能。浮点数运算指令完成对实数(浮点数)的加、减、乘、除四则运算及浮点数的平方、平方根、自然对数、指数函数、三角函数等常用函数运算。

1.整数、双整数算术运算指令

整数、双整数算术运算指令对累加器1和累加器2中的整数进行算术运算,运算结果保存在累加器1中。整数、双整数算术运算指令如表6-42所示。

表 6-42　整数、双整数算术运算指令

STL 指令	LAD 指令框	功 能 说 明
+I	ADD_I EN　ENO IN1　OUT IN2	用累加器 1 和累加器 2 的低字中的 16 位整数相加,16 位运算结果存于累加器 1 的低字中
−I	SUB_I EN　ENO IN1　OUT IN2	用累加器 2 的低字中的 16 位整数减去累加器 1 的低字中的 16 位整数,16 位运算结果存于累加器 1 的低字中
*I	MUL_I EN　ENO IN1　OUT IN2	用累加器 1 和累加器 2 的低字中的 16 位整数相乘,16 位运算结果存于累加器 1 的低字中
/I	DIV_I EN　ENO IN1　OUT IN2	用累加器 2 的低字中的 16 位整数除以累加器 1 的低字中的 16 位整数,16 位的商存于累加器 1 的低字中,余数存于累加器 1 的高字中
+D	ADD_DI EN　ENO IN1　OUT IN2	用累加器 1 和累加器 2 中的 32 位双整数相加,32 位运算结果存于累加器 1 中
−D	SUB_DI EN　ENO IN1　OUT IN2	用累加器 2 中的 32 位双整数减去累加器 1 中的 32 位整数,32 位运算结果存于累加器 1 中
*D	MUL_DI EN　ENO IN1　OUT IN2	将累加器 1 和累加器 2 中的 32 位双整数相乘,32 位运算结果存于累加器 1 中

续表

STL 指令	LAD 指令框	功 能 说 明
/D	DIV_DI EN ENO IN1 OUT IN2	用累加器 2 中的 32 位双整数除以累加器 1 中的 32 位双整数,32 位的商存于累加器 1 中,余数被忽略
MOD	MOD_DI EN ENO IN1 OUT IN2	用累加器 2 中的 32 位双整数除以累加器 1 中的 32 位双整数,32 位的余数存于累加器 1 中,商被忽略
+		累加器 1 中加一个整数/双整数的常数,运算结果存于累加器 1 中

【例 6-17】 应用整数加、减法指令实现计数器功能。

前面已经讨论过,当单个计数器的计数范围不能满足要求时,可以通过计数器的级联实现计数范围的任意扩展。本例应用整数的加、减法来实现计数器功能。实现方法是,控制加减运算的使能输入 EN 端,使其只有计数脉冲来的时候进行加、减运算。加计数器实现程序如图 6-62 所示。

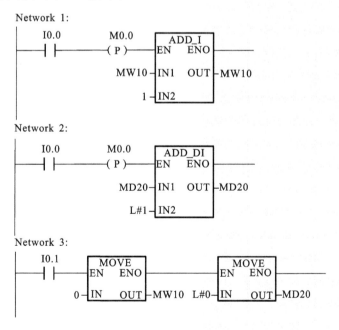

图 6-62 应用加法指令实现加计数器功能

程序中应用整数加法指令可以将计数范围扩展至 32767,应用双整数加法指令可以将计数范围扩展至 214783647。

需要注意的是：

(1) 加法指令的 EN 端必须使用跳变沿检测指令；否则,每个扫描周期都会使加计数生效,存储器 MW10 和 MD20 很快会达到上限而溢出,而且根本达不到计数目的。

(2) 类似地,应用减法运算可以实现减计数器的功能。

2. 浮点数运算指令

浮点数运算指令用于完成 32 位浮点数的加、减、乘、除算术四则运算及常用的函数运算。浮点数运算指令如表 6-43 所示。

表 6-43　浮点数运算指令

STL 指令	LAD 指令框	功 能 说 明
+R	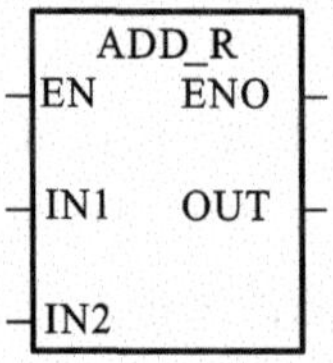 ADD_R EN　ENO IN1　OUT IN2	用累加器 1 和累加器 2 中的 32 位实数相加,32 位运算结果存于累加器 1 中
−R	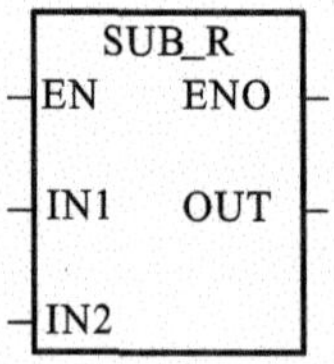 SUB_R EN　ENO IN1　OUT IN2	用累加器 2 中的 32 位实数减去累加器 1 中的 32 位实数,32 位运算结果存于累加器 1 的低字中
* R	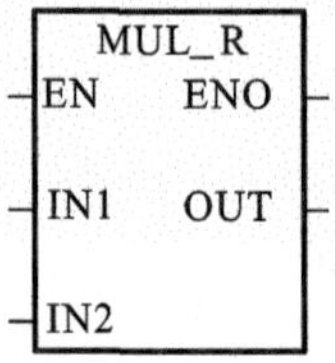 MUL_R EN　ENO IN1　OUT IN2	用累加器 1 和累加器 2 中的 32 位实数相乘,32 位运算结果存于累加器 1 中
/R	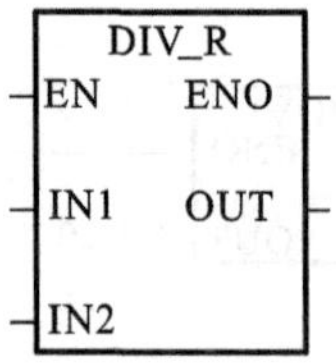 DIV_R EN　ENO IN1　OUT IN2	用累加器 2 中的 32 位实数除以累加器 1 中的 32 位实数,32 位的商存于累加器 1 中

续表

STL 指令	LAD 指令框	功 能 说 明
ABS	ABS EN ENO IN OUT	对累加器 1 中的 32 位实数取绝对值
SQR	SQR EN ENO IN OUT	求实数的平方
SQRT	SQRT EN ENO IN OUT	求实数的平方根
EXP	EXP EN ENO IN OUT	求实数的自然指数
LN	LN EN ENO IN OUT	求实数的自然对数
SIN	SIN EN ENO IN OUT	求实数的正弦函数
COS	COS EN ENO IN OUT	求实数的余弦函数
TAN	TAN EN ENO IN OUT	求实数的正切函数

续表

STL 指令	LAD 指令框	功 能 说 明
ASIN	ASIN EN　ENO IN　OUT	求实数的反正弦函数
ACOS	ACOS EN　ENO IN　OUT	求实数的反余弦函数
ATAN	ATAN EN　ENO IN　OUT	求实数的反正切函数

需要注意的是：

（1）整数、双整数、实数运算结果正常或溢出均会影响状态字的 CC1、CC0、OV、OS 位。

（2）在进行运算时要确保参与运算的两个数据具有相同的数据类型。

【例 6-18】　模拟量的数值变换。

压力变送器的量程为 $0\sim10$ MPa，输出信号为 $4\sim20$ mA，S7-300 的模拟量输入模块量程为 $4\sim20$ mA，对应 A/D 转换后的数字量为 $0\sim27648$，设压力测量值经 A/D 转换后的数字量为 N，N 存储于 MD6 中，求以 kPa 为单位的压力值。

【分析】　首先压力变送器输出信号和模拟量输入模块的量程均为 $4\sim20$ mA，所以可以直接根据 0 MPa 对应数字量 0，10 MPa 对应数字量 27648，求出压力 MPa 值和数字量值之间的对应关系为

$$P_{(\text{MPa})}=\frac{10N}{27648} \tag{6-1}$$

题目要求的是以 kPa 为单位的压力值，再乘以 1000 即可。

$$P_{(\text{kPa})}=\frac{10000N}{27648} \tag{6-2}$$

将以上算式用运算指令实现，程序如图 6-63 所示。

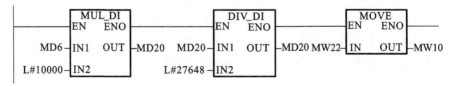

图 6-63　压力测量值的变换

需要注意的是：

（1）在求解式（6-2）的压力值时，要先算乘法再算除法，否则会损失原始数据的精度。

（2）16位整数的上限值为＋32767，则10000×N的范围超过了16位整数的上限值，会发生溢出，所以应选择双整数的乘除运算指令。

（3）上述程序中MD20存储的实际就是以kPa为单位的压力值，经过估算，其压力值在16位整数的表示范围内，所以可以直接取MD20的低字MW22中的数值作为kPa为单位的压力值，并送给存储器MW10。

（4）尽管常数10000、27648都在16位整数的范围之内，但运用双整数运算指令时要求其输入IN、输出OUT端数据类型均为双整型数据，所以输入时需写为双整型常数格式L♯10000、L♯27648。

3. 字逻辑运算指令

字逻辑运算指令就是对两个16位字或两个32位双字逐位进行逻辑运算（与、或、异或运算）。参与运算的两个操作数，一个在累加器1中，另一个在累加器2中，或者是立即数在指令中给出。字逻辑运算的结果在累加器1的低字中，双字逻辑运算的结果在累加器1中。字逻辑运算指令如表6-44所示。

表6-44 字逻辑运算指令

STL指令	LAD指令框	功能说明
AW	WAND_W EN　ENO IN1　OUT IN2	将两个16位字逐位进行逻辑"与"运算
OW	WOR_W EN　ENO IN1　OUT IN2	将两个16位字逐位进行逻辑"或"运算
XOW	WXOR_W EN　ENO IN1　OUT IN2	将两个16位字逐位进行逻辑"异或"运算

STL 指令	LAD 指令框	功 能 说 明
AD	WAND_DW EN　ENO IN1　OUT IN2	将两个 32 位双字逐位进行逻辑"与"运算
OD	WOR_DW EN　ENO IN1　OUT IN2	将两个 32 位双字逐位进行逻辑"或"运算
XOD	WXOR_DW EN　ENO IN1　OUT IN2	将两个 32 位双字逐位进行逻辑"异或"运算

【例 6-19】 用 BCD 拨码开关实现定时值的输入。

如果 PLC 控制系统中某些参数需要经常进行人工修改,可以使用 BCD 拨码开关与 PLC 连接,在 PLC 外部进行参数的设定或修改。本例用 BCD 拨码开关实现定时器定时值设定或修改。

BCD 拨码开关是十进制输入、BCD 码输出的编码输入器件,如图 6-64(a)所示。每位 BCD 拨码开关可以输入 1 位十进制数,每个 BCD 拨码开关有 5 个接点,如图 6-64(b)所示。其中,C 为输入控制线,另外 4 个接点分别为 BCD 码输出信号线。当拨盘拨到不同位置时,输入控制线 C 分别和输出信号线中的某 1 根或某几根接通,其接通的 BCD 信号线正好与输入的十进制数符合二-十进制编码关系。

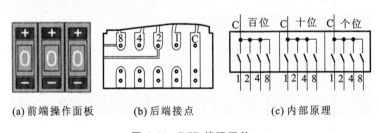

(a)前端操作面板　　(b)后端接点　　(c)内部原理

图 6-64　BCD 拨码开关

要求:将 3 位 BCD 拨码开关的个位、十位、百位分别接于 PLC 的数字量输入模块,分别占用输入点 IW0 的低 12 位(I0.0～I0.3,I1.0～I1.7)。假设计时单位为秒,要求通过程序读出 BCD 码的设定值,并存于 MW12 中作为定时器的定时时间设定值。

【分析】　因为 3 位 BCD 码占用了 IW0 的低 12 位,还有高 4 位与 BCD 码输入无关(高 4 位可以接其他输入信号),如果直接读 IW0,那么读出的数据是连同高 4 位一起读入。这时可以用字与指令将高 4 位屏蔽掉,同时把低 12 位取出,显然可以将 IW0 与 W#16#0FFF 进行字与运算,运算结果高 4 位变为 0,字与运算之后的结果如图 6-65 所示(MW10 中的数值)。

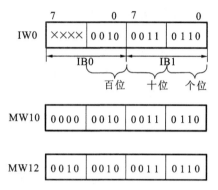

图 6-65　设定定时时间字逻辑运算前后

作为定时器时间设定值,还需在 BCD 码的基础上设定时基,设定方法前文已有叙述。题目要求设定单位为秒,所以需要将 MW10 的第 12、13 位分别设定为 1、0。这步操作可以通过将 MW10 的数值与 W#16#2000 进行字"或"运算得到,最后的字"或"运算结果输出到 MW12,即为所求的定时器时间设定值。设定定时运算程序如图 6-66 所示。

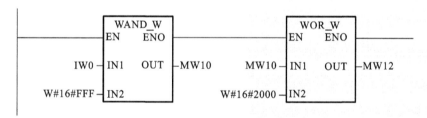

图 6-66　用 BCD 拨码开关设定定时运算程序

6.7　逻辑控制指令

逻辑控制指令是指同一个程序块(STEP 7 中称为逻辑块)内控制程序执行顺序的指令,包括跳转指令和循环指令。

6.7.1　跳转指令

在没有跳转指令时,程序中的各条语句是按从上到下(梯形图按照从左到右、从上到下)的先后顺序逐条执行,这种执行方式称为线性扫描。执行跳转指令时,将中断程序线性扫描,跳转到指令中的地址标号所在的目的地址。跳转时不执行跳转指令和地址标号之间的程序段,跳转到目标地址后,程序继续按线性扫描的方式执行。跳转可以是从上往下跳,也可以是从下往上跳。

地址标号最多由 4 个字符组成,第一个字符必须是字母,其余的可以是字母或数字。在语句表中地址标号与指令之间要用冒号分隔。梯形图中地址标号必须位于一个梯形图的开始。地址标号在一个程序中必须唯一,在不同程序中可以重复。

梯形图中有三条用于跳转的指令,分别是线圈形式的 JMP 和 JMPN 指令,以及用于标明跳转目标的标号 LABEL 指令。其具体格式及含义如表 6-45 所示。

表 6-45　梯形图中的跳转指令

指 令 格 式	指 令 功 能
标号 ——(JMP)——|	表示当该指令前面的逻辑操作结果 RLO=1 时,跳转到标号所指向的目标地址执行,分两种情况: ① 如果 JMP 线圈直接与左母线相连(JMP 线圈与左母线之间无任何指令),相当于无条件跳转指令; ② 如果 JMP 线圈与左母线之间有其他指令,则相当于 RLO=1 时的条件跳转指令
标号 ——(JMPN)——|	表示当该指令前面的逻辑操作结果 RLO=0 时,跳转到标号所指向的目标地址执行
标号	表示目标标号,即跳转指令有效时,需要跳转的目标地址。标号可以由 1~4 个字符组成,且第一个字符必须是字母,其他字符可以是字母或数字

【例 6-20】　应用跳转指令实现多台电动机的手动/自动启停控制。

控制要求:

(1)电动机 M1~M3 有手动和自动两种启动和停止工作方式,这两种工作方式应用选择开关 SA 进行选择:当 SA 闭合时,为自动工作方式;当 SA 断开时,为手动工作方式。

(2)手动工作方式:分别用每台电动机各自的启动停止按钮控制电动机 M1~M3 的启动、停止。电动机 M1~M3 的手动启动按钮依次为 SB3、SB5、SB7,手动停止按钮依次为 SB4、SB6、SB8。

(3)自动工作方式:按下启动按钮 SB1,电动机 M1 启动,电动机 M2、M3 依次延时 5 s 启动;按下停止按钮 SB2,电动机 M1~M3 同时停止。

首先为 PLC 的各输入/输出电器分配地址,如表 6-46 所示。

表 6-46 PLC 的 I/O 地址分配表

电器名称及符号	PLC 的 I/O 地址	说　明
选择开关 SA	I0.0	接通时为自动,断开时为手动
自动启动按钮 SB1	I0.1	自动启动按钮,常开按钮
自动停止按钮 SB2	I0.2	自动停止按钮,常开按钮
手动启动按钮 SB3	I0.3	手动启动电动机 M1,常开按钮
手动停止按钮 SB4	I0.4	手动停止电动机 M1,常开按钮
手动启动按钮 SB5	I0.5	手动启动电动机 M2,常开按钮
手动停止按钮 SB6	I0.6	手动停止电动机 M2,常开按钮
手动启动按钮 SB7	I0.7	手动启动电动机 M3,常开按钮
手动停止按钮 SB8	I1.0	手动停止电动机 M3,常开按钮
接触器 KM1	Q4.0	控制电动机 M1
接触器 KM2	Q4.1	控制电动机 M2
接触器 KM3	Q4.2	控制电动机 M3

根据上述分配的 I/O 地址绘制 I/O 接线图,如图 6-67 所示。

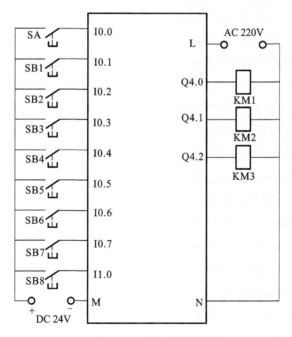

图 6-67　I/O 接线图

控制程序如图 6-68 所示。

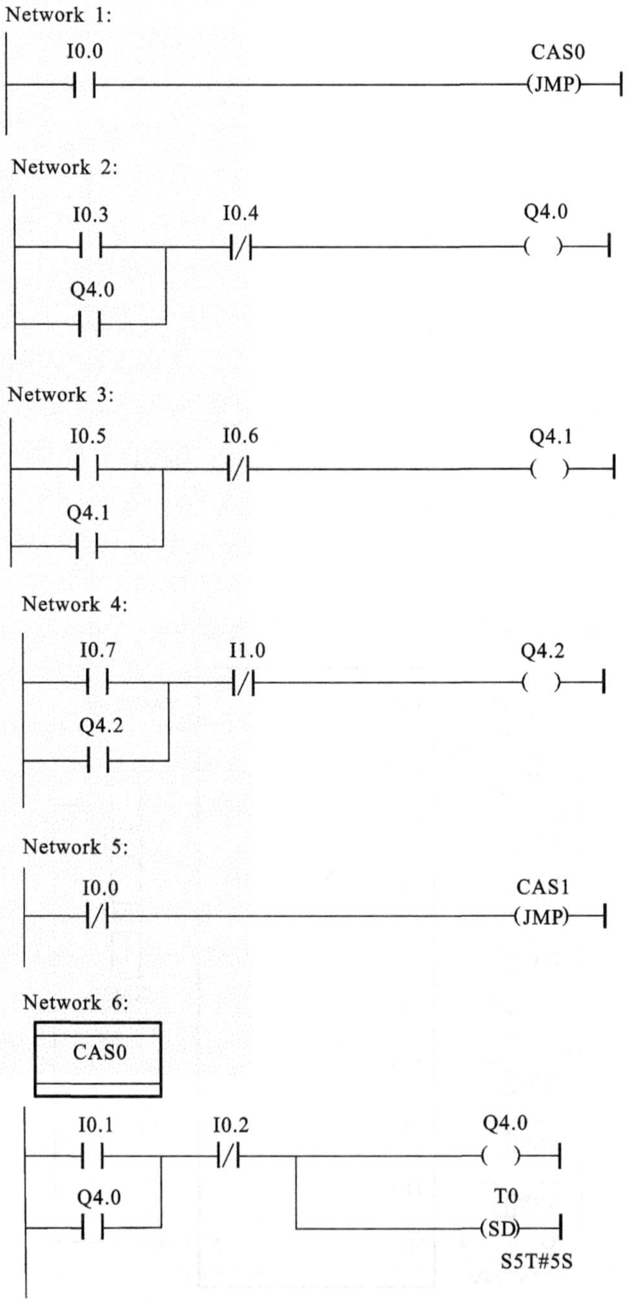

Network 1:

```
    I0.0                                         CAS0
────┤ ├─────────────────────────────────────────(JMP)───┤
```

Network 2:

```
    I0.3          I0.4                           Q4.0
────┤ ├────┬──────┤/├───────────────────────────( )───┤
    Q4.0   │
────┤ ├────┘
```

Network 3:

```
    I0.5          I0.6                           Q4.1
────┤ ├────┬──────┤/├───────────────────────────( )───┤
    Q4.1   │
────┤ ├────┘
```

Network 4:

```
    I0.7          I1.0                           Q4.2
────┤ ├────┬──────┤/├───────────────────────────( )───┤
    Q4.2   │
────┤ ├────┘
```

Network 5:

```
    I0.0                                         CAS1
────┤/├─────────────────────────────────────────(JMP)───┤
```

Network 6:

```
┌──────────────┐
│    CAS0       │
└──────────────┘

    I0.1          I0.2                           Q4.0
────┤ ├────┬──────┤/├──────────────┬─────────────( )───┤
    Q4.0   │                       │             T0
────┤ ├────┘                       └─────────────(SD)───┤
                                                 S5T#5S
```

图 6-68 多台电动机启停手动/自动控制程序

Network 7:

```
    T0                                    Q4.1
├──┤ ├──────┬───────────────────────────( )──┤
           │                              T1
           │                            ─(SD)─┤
           │                            S5T#5S
           │
```

Network 8:

```
    T1                                    Q4.2
├──┤ ├───────────────────────────────────( )──┤
```

Network 9:

```
  ┌─────────┐
  │  CAS1   │
  └─────────┘
    Q4.0                                  Q4.0
├──┤ ├───────────────────────────────────( )──┤
```

续图 6-68

【分析】 在图 6-68 给出的控制程序中,Network 2～Network 4 为三台电动机的启停手动控制程序,Network 6～Network 8 为三台电动机的启停自动控制程序。手动控制与自动控制只能选择其一,其选择通过选择开关 SA(I0.0)进行,如果 SA 接通,执行 Network 1 后,会跳转到标号 CAS0(即自动控制程序的起始网络 Network 6)开始执行,此时,手动控制程序被跳过,不执行,所以手动控制无效。如果 SA 断开,则执行 Network 1 后,不满足跳转条件,不跳转,于是从 Network 2(即手动控制程序的起始网络)开始顺序执行手动控制程序,当执行到 Network 5 时,满足跳转条件,于是跳转到 CAS1 继续执行,此时自动控制程序段 Network 6～Network 8 是被跳过不执行的,所以自动控制不起作用。这样就实现了手动/自动的控制要求。

6.7.2 循环指令

如果需要在一个扫描周期内重复执行若干次相同的程序段,可以使用循环指令。循环指令的格式为

$$\text{LOOP} \quad \text{标号}$$

当执行循环指令时,循环的次数(循环计数器)保存在累加器 1 的低字中,即以累加器 1 作为循环计数器。当执行到 LOOP 指令时,将累加器 1 的低字中的值减 1,减 1

后的数值仍然放在累计器 1 中,然后对累加器 1 中的数值与 0 进行比较,如果累加器 1 中的值大于 0,则跳转到标号所指向的地址执行。如果累计器中的值等于 0,则退出循环,继续执行 LOOP 指令的下一条指令。

累加器 1 中的数值不能为负值,程序设计时要求保证累加器 1 中数值为正整数(范围 0~32767)或字型数据(范围 W♯16♯0000~W♯16♯FFFF)。

【例 6-21】 应用循环指令求 8!。

L	L♯1	// 将双整型数据 L♯1 装入累加器 1
T	MD20	// 将 L♯1 传送至 MD20
L	8	// 将循环次数 8 装入累加器 1
NEXT:	T MW10	// 将累加器 1 中的循环变量值传送至 MW10 暂存
L	MD20	// 将 MD20 中的累乘初值 L♯1 装入累加器 1,累加器 1
		// 原来的数值转存至累加器 2
*D		// 将累加器 1 和累加器 2 中的双整数进行相乘,结果存
		// 于累加器 1 中
T	MD20	// 将累加器 1 中的相乘结果传送至 MD20
L	MW10	// 将 MW10 中的循环计数值装入累加器 1
LOOP	NEXT	// 累加器 1 中的循环计数值减 1,如果减 1 之后的循环
		// 计数值仍大于 1,则跳转到标号为 NEXT 的程序段再
		// 次执行标号 NEXT 与 LOOP 之间的程序段
……		// 循环结束后继续执行其他程序

6.8 程序控制指令

程序控制指令包括逻辑块指令(逻辑块结束指令、逻辑块调用指令)、主控继电器指令和数据块操作指令。

6.8.1 逻辑块指令

逻辑块指令是指逻辑块(FB、FC、SFB、SFC)调用指令和逻辑块(OB、FB、FC)结束指令。

1. 逻辑块调用指令

逻辑块调用指令如表 6-47 所示。

表 6-47 逻辑块调用指令

STL 指令	LAD 指令	功 能 说 明
CALL Block no	将已经编辑的块（FB、FC）或系统块（SFB、SFC）放置在编程位置	无条件或条件（条件取决于该指令前面的逻辑指令）调用逻辑块。调用 FB 或 SFB 时还需提供相应的背景数据块 DB no;调用时需要为有形式参数的块提供实际参数,实际参数的数据类型要与形式参数的数据类型一致。 注:指令中的 Block 指 FB、FC、SFB、SFC;指令中的 no 指相应的块号
UC(FC no 或 SFC no)	**FC no** —(CALL)— **SFC no** 或—(CALL)—	无条件调用没有参数（即不传递参数）的 FC 或 SFC。 注:指令中的 no 指相应的块号
CC(FC no 或 SFC no)	**FC no** —(CALL)— **SFC no** 或—(CALL)—	当 RLO=1 时,调用没有参数（即不传递参数）的 FC 或 SFC。 注:指令中的 no 指相应的块号

2. 块结束指令

块结束指令用于无条件或有条件(RLO=1)地结束当前块的扫描,返回调用它的块。例如,程序块 A 中应用调用指令调用程序块 B,如果在程序块 B 中应用了块结束指令,当块结束指令执行有效时,则终止继续在程序块 B 中的扫描,并返回程序块 A 的调用指令的下一条指令继续程序扫描。块结束指令如表 6-48 所示。

表 6-48 块结束指令

STL 指令	LAD 指令	功 能 说 明
BE	—	S7 PLC 中,功能同 BEU
BEU	—	无条件结束当前块的扫描,将控制返回给调用块
BEC	—	如果 RLO=1,结束当前块的扫描,将控制返回给调用块;如果 RLO=0,则将 RLO 置 1,程序继续在当前块内扫描
RET	—(RET)—	条件返回调用它的块,该指令前面必须有条件

6.8.2 主控继电器指令

主控继电器(Master Control Relay)简称 MCR,相当于一个用来接通或断开后续电路的主开关,即其后电路均受控于此开关,或者相当于在原来的电源主母线的基础上,用主令控制器引出一条新的母线,这条母线称为子母线,MCR 区的电路均连于此子母线上。

主控继电器指令如表 6-49 所示。

表 6-49　主控继电器指令

STL 指令	LAD 指令	功 能 说 明
MCRA	—(MCRA)—	激活 MCR 区:从该指令开始,可按照 MCR 指令控制
MCRD	—(MCRD)—	取消 MCR 区:从该指令开始,将禁止 MCR 指令控制
MCR(	—(MCR<)—	主控继电器接通:将 RLO 保存在 MCR 堆栈中,并产生一条新的子母线,其后的连接均受控于该子母线
)MCR	—(MCR>)—	主控继电器断开:恢复 RLO,结束子母线

激活 MCR 区后,如果 MCR 状态位为 1,可视为子母线"通电",MCR 区的程序正常执行。如果 MCR 位的状态为 0,子母线"断电"。

6.8.3 数据块指令

数据块指令如表 6-50 所示。

表 6-50　数据块指令

LAD 指令	STL 指令	功 能 说 明
—(OPN)—	OPN	打开一个共享数据块或背景数据块
无	CDB	交换共享数据块和背景数据块
无	L　DBLG	将共享数据块的长度(字节数)装入累加器 1
无	L　DBNO	将共享数据块的块号装入累加器 1
无	L　DILG	将背景数据块的长度(字节数)装入累加器 1
无	L　DINO	将背景数据块的块号装入累加器 1

访问数据块时有以下两种方式。

(1)直接访问:此时需要在指令的操作数里把访问的地址详细写出,比如要访问数据块 DB1 的 6.0 位,操作数必须写作 DB1.DBX6.0。

（2）先打开数据块再访问：此时操作数只需写出数据在数据块里的地址即可，而不需要写出要访问的数据块号。同样对于访问数据块 DB1 的 6.0 位，打开数据块后再访问，操作数只需写为 DBX6.0 即可，这是因为使用打开数据块指令时最多只能同时打开一个共享数据块和一个背景数据块，所以打开的数据块是唯一的。

CDB 指令交换两个数据寄存器的内容，即交换共享数据块和背景数据块，使共享数据块变为背景数据块，背景数据块变为共享数据块，两次使用 CDB 指令，使数据块还原。

梯形图指令中与数据块操作有关的指令只有无条件打开数据块—(OPN)—这一条线圈指令。

OPN DB1   //打开数据块 DB1 作为共享数据块

L   DBW6   //将打开的数据块 DB1 的数据字 DBW6 装入累加器 1

T   MW12   //将累加器 1 的低字传送至 MW12

OPN DI2   //打开数据块 DB2 作为背景数据块

L DIB6   //将打开的背景数据块 DB2 中的数据字节 DIB6 装入累加器 1 的最低
//字节

T DBB12   //将累加器 1 的最低字节传送至共享数据块 DB1 的数据字节 DBB12

6.9 其他指令

本节所述指令均为语句表指令，无对应的梯形图指令。

1. 累加器操作指令
累加器操作指令如表 6-51 所示。

表 6-51 累加器操作指令

STL 指令	功 能 说 明
TAK	累加器 1 和累加器 2 的内容互换
PUSH	把累加器 1 的内容移入累加器 2，累加器 2 原有内容丢失
POP	把累加器 2 的内容移入累加器 1，累加器 1 原有内容丢失
INC 常整数	把累加器 1 的低字的低字节内容加上指令中给出的常数，常数范围 0～255，指令的执行是无条件的，结果不影响状态字
DEC 常整数	把累加器 1 的低字的低字节内容减去指令中给出的常数，常数范围 0～255，指令的执行是无条件的，结果不影响状态字
CAW	交换累加器 1 的低字中的字节顺序
CAD	交换累加器 1 中的字节顺序

2. 地址寄存器指令

地址寄存器指令如表 6-52 所示。

表 6-52 地址寄存器指令

STL 指令	功能说明
+AR1	将累加器 1 的低字中的内容加到地址寄存器 1
+AR2	将累加器 1 的低字中的内容加到地址寄存器 2
+AR1 P#Byte.Bit	将一个指针常数加到地址寄存器 1,指针常数范围 0.0~4095.7
+AR2 P#Byte.Bit	将一个指针常数加到地址寄存器 2,指针常数范围 0.0~4095.7

3. 显示和空操作指令

显示和空操作指令如表 6-53 所示。

表 6-53 显示和空操作指令

STL 指令	功能说明
BLD	控制编程器显示程序的形式,不影响程序的执行
NOP0	空操作 0
NOP1	空操作 1

6.10 本章小结

本章介绍了编程所需基础知识:数据类型、存储结构、寻址方式,以及 STEP 7 的基本编程指令。本章着重对实用性最强的梯形图指令进行了阐述,指令系统的阐述按照由基本到复杂的顺序展开。

(1) 位逻辑指令是 PLC 编程中最具代表性的应用指令,是其他指令的基础。位逻辑指令能够完成大多数情况下的开关量控制。

(2) 定时器与计数器能够完成需要定时与计数的场合,是 PLC 的另一个基本而广泛的应用。本章阐述了五种定时器的时序逻辑及其应用实例,阐述了三种计数器的功能及其应用方法。掌握位逻辑指令、定时器与计数器指令的编程思路是学习本章的重点。

(3) 数据处理指令涉及数据的装入与传送、转换、比较、移位和循环移位。数据运算指令包括算术运算指令和字逻辑运算指令。这些指令为模拟量与数字量复合控制提供了丰富的编程思路。

(4) 逻辑控制指令和程序控制指令可以优化程序结构,扩展编程思路,为模块化和结构化程序设计提供了实现途径,控制指令的应用是本章学习的难点。

(5) 本章还对直接操作累加器、地址寄存器的指令、显示与空操作指令及对梯形图的编程规则作了介绍。

附:STEP 7梯形图的编程规则

STEP 7梯形图编程时,程序被划分为若干网络,即"程序段"。在编辑程序段时需要注意如下一些规则。

(1) 每个梯形图程序段都必须以输出线圈或指令框结束,但是比较指令框(相当于触点)、中线输出线圈—(#)—、上升沿线圈—(P)—、下降沿线圈—(N)—不能用于程序段结束。

(2) 指令中出现的红色字符"??.?""???"或黑色字符"…"代表了需要填入的地址或参数。红色问号"??.?""???"代表必须填入的。黑色字符"…"代表根据需要选择可以填入,也可不填入的。

(3) 指令框的使能输出端 ENO 可以与右边指令框的使能输入端 EN 直接相连。

(4) 线圈前面的逻辑控制要求如下:

① 下列线圈前面必须有布尔逻辑控制,即这些线圈不能与最左边的"电源母线"直接相连,而必须在电源母线与线圈之间有逻辑控制电路。这些线圈有:输出线圈—( )—、置位线圈—(S)—、复位线圈—(R)—、中线输出线圈—(#)—、上升沿线圈—(P)—、下降沿线圈—(N)—、定时器和计数器线圈、逻辑非跳转线圈—(JMPN)—、主控继电器接通线圈—(MCR<)—、将 RLO 存入 BR 寄存器线圈—(SAVE)—和返回线圈—(RET)—。

② 下列线圈前面不能有布尔逻辑控制,即这些线圈必须与最左边的"电源母线"直接相连。这些线圈有:主控继电器激活线圈—(MCRA)—、主控继电器关闭线圈—(MCRD)—和打开数据块线圈—(OPN)—。

(5) 下列线圈不能用于并联输出:跳转线圈—(JMP)—、逻辑非跳转线圈—(JMPN)—、调用线圈—(CALL)—和返回线圈—(RET)—。

(6) 删除一个指令框时,与该指令框相连的地址和参数也被删除,但是如果指令框的逻辑输入/输出端是用触点或线圈的形式相连,则删除指令框时,这些触点和线圈被保留。

(7) 能流只能从左到右流动,不允许生成使能流流向相反方向的分支。

(8) 不允许生成引起短路的分支。

习题 6

1.S7-300 PLC 有几种数据类型? 各举例说明。

2.S7-300 PLC 有几种寻址方式? 每种寻址方式的特点是什么?

3.说明绝对地址 M7.0、MB7、MW7、MD7 之间的关系。

4.触发器有哪几种? 有何区别?

5.一个连接与数字量输入端子的常开按钮按下再松开的过程中,输入点信号发生了几次跳变? 如何检测这些跳变?

6. 图 6-69 分别采用了 RLO 跳变沿检测指令和触点的跳变沿检测指令进行了编程,分析在什么情况下效果相同,而在什么情况下效果不同。

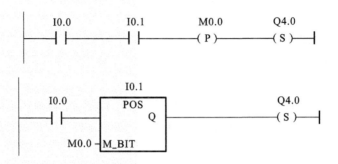

图 6-69 跳变沿检测指令对比

7. S7-300 PLC 有几种类型的定时器? 接通型延时定时器与保持型接通延时定时器有什么不同?

8. S7-300 PLC 有几种计数器? 如何在程序中体现"计数到"?

9. 应用定时器指令编写符合图 6-70 所示的时序逻辑的脉冲信号发生器程序。

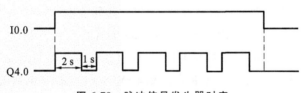

图 6-70 脉冲信号发生器时序

10. 设计一段延时时间为 48 h 的长延时程序。

11. 编写三相异步电动机星形-三角形启动的控制程序。

12. 编写三相异步电动机反接制动的控制程序。

13. 设计对鼓风机和引风机控制的程序,控制要求:

(1) 开机时首先启动引风机,10 s 后自动启动鼓风机;

(2) 停机时立即关断鼓风机,20 s 后自动关断引风机。

14. 用一个按钮控制一个指示灯,控制要求:第一次按按钮时,指示灯常亮;第二次按按钮时,指示灯以亮 0.5 s、灭 0.5 s、亮 0.5 s……的间隔闪亮;第三次按按钮时,指示灯熄灭。编制 PLC 控制程序。

15. 某车间有 1#～6# 共 6 个工作台,运料车往返于各工作台之间送料,每个工作台设有一个到位行程开关 SQn(n=1～6)和一个呼叫按钮 SBn(n=1～6)。其行驶示意图如图 6-71 所示。

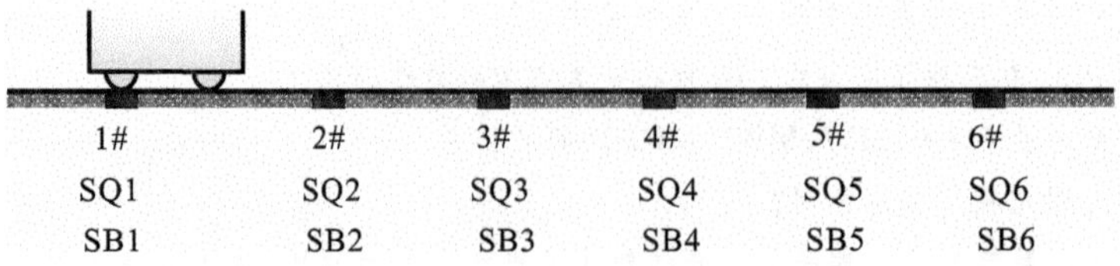

图 6-71 转运小车运行与停靠示意图

控制要求如下：

(1) 运料车开始应能停留在 6 个工作台中任意一个到位开关所在位置；

(2) 运料车现暂停于 m 号工作台（SQm 接通）处，这时 n 号工作台呼叫（SBn 被人按动）。

如果 $n > m$，运料车右行，直至 SQn 动作，到位停车。

如果 $n < m$，运料车左行，直至 SQn 动作，到位停车。

如果 $n = m$，运料车原位不动。

根据上述控制要求，设计出 PLC 的 I/O 接线图及控制程序。

16. 压力变送器量程为 0～18 MPa，输出信号为 4～20 mA，S7-300 的模拟量输入模块的额定输入电流值为 4～20 mA，转换后的数字量为 0～27648，设压力值转换后的数字量为 N，编写以 kPa 为单位的压力值程序。

17. 试编写求 $\sum\limits_{k=1}^{20} k$ 的 LAD 程序。

18. 试编写流水灯控制程序。同一时刻亮起的灯间隔 3 个灯位，如图 6-72 所示。

图 6-72　同一时刻亮起的灯示意图

控制要求：

(1) 按下右行流动按钮，流水灯不停向右流动，流动速度每 0.5 s 流动一次。

(2) 按下左行流动按钮，流水灯不停向左流动，流动速度每 0.2 s 流动一次。

(3) 按下停止按钮，所有灯均熄灭。

7

STEP 7 编程

7.1　STEP 7 编程语言

STEP 7 是 S7-300/400 系列 PLC 应用设计软件包,所支持的 PLC 编程语言非常丰富。该软件的标准版支持 STL(语句表)、LAD(梯形图)及 FBD(功能块图)等三种基本编程语言,并且这三种编程语言可以在 STEP 7 中相互转换。专业版还增加了对 GRAPH(顺序功能图)、SCL(结构化控制语言)、HiGraph(图形编程语言)、CFC(连续功能图)等编程语言的支持。不同的编程语言可供不同知识背景的人员采用。

S7-300/400 有 350 多条指令,其编程软件 STEP 7 功能强大,使用方便。STEP 7 中的 FBD 和 LAD 编程语言符合 IEC 61131 标准,STL 编程语言与 IEC 标准稍有不同,以保证与 STEP 5 兼容。

IEC 61131 是 PLC 的国际标准,1992—1995 年发布了 IEC 61131 标准中的第 1 到第 4 部分,我国在 1995 年 11 月发布了 GB/T 15969-1/2/3/4(等同于 IEC 61131-1/2/3/4)。

IEC 61131-3 广泛地应用于 PLC、DCS 和工控机,"软件 PLC",数控系统,RTU 等产品。

7.1.1　语句表

STL(语句表)是一种类似于计算机汇编语言的文本编程语言,由多条语句组成一个程序段。语句表可供习惯汇编语言的用户使用,在运行时间和要求的存储空间方面最优。在设计通信、数学运算等高级应用程序时,建议使用语句表。

STL 适合经验丰富的编程人员使用,可以实现其他编程语言不能实现的功能。

7.1.2　梯形图

LAD(梯形图)是一种图形语言,比较形象直观,容易掌握,用得最多,堪称用户第一编程语言。梯形图与继电器控制电路图的表达方式极为相似,适合于熟悉继电器控制电路的用户使用,特别适用于数字量逻辑控制。

7.1.3 功能块图

FBD(功能块图)使用类似于布尔代数的图形逻辑符号来表示控制逻辑,一些复杂的功能用指令框表示。FBD 比较适合于有数字电路基础的编程人员使用。

LAD、FBD 和 STL 这三种基本编程语言,每种表示方法有其特殊性质和特定的优势。以 STL 方式编写的程序软件不一定能以 FBD 或 LAD 形式输出。以图形表示的 FBD 和 LAD 方法之间也不全部兼容。但以 FBD 和 LAD 编写的程序总可以转换为 STL 程序。图 7-1 表示了 STL、LAD 和 FBD 三种表示方式的兼容性。

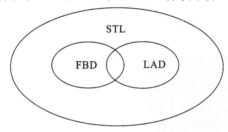

图 7-1 STL、LAD 和 FBD 的兼容性

【例 7-1】 将下列由启动按钮 SB1 和停止按钮 SB2 控制接触器输出 KM 动作的控制电路图(见图 7-2)分别用 STEP 7 语言的 LAD、FBD 和 STL 三种方式编程。

电路如图 7-2 所示。

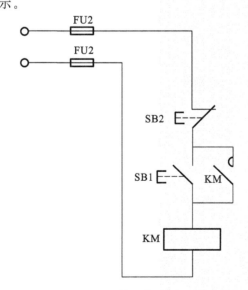

图 7-2 控制电路图

【解】（1）用梯形图 LAD 编程。

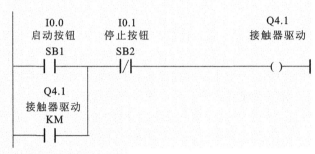

（2）用功能块图 FBD 编程。

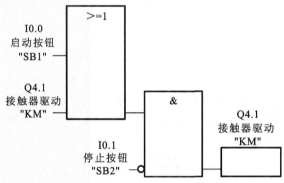

（3）用语句表 STL 编程。

Network 1：电动机启停控制程序段

```
A(
O          "SB1"              I0.0         —— 启动按钮
O          "KM"               Q4.1         —— 接触器驱动
)
AN         "SB2"              I0.1         —— 停止按钮
=          "KM"               Q4.1         —— 接触器驱动
```

7.1.4　顺序控制

GRAPH（顺序控制）类似于解决问题的流程图，适用于顺序控制的编程。利用 S7 GRAPH 编程语言，可以清楚快速地组织和编写 S7 PLC 系统的顺序控制程序。它根据功能将控制任务分解为若干步，其顺序用图形方式显示出来并且可形成图形和文本方式的文件。对应的 GRAPH 程序范例如图 7-3 所示。

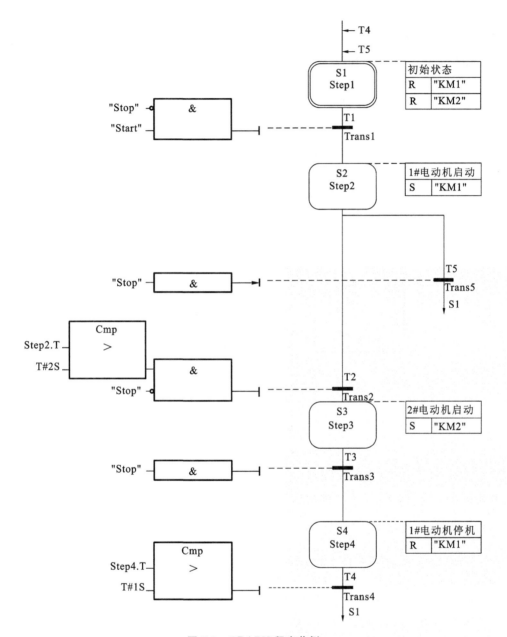

图 7-3　GRAPH 程序范例

　　GRAPH 表达复杂的顺序控制非常清晰,用于编程及故障诊断更为有效,特别适合熟悉流程生产工艺的技术人员使用。

7.1.5　图形编程语言

图形编程语言 S7 HiGraph 属于可选软件包,它用状态图(state graphs)来描述异步、非顺序过程的编程语言。Higraph 允许用状态图描述生产过程,将自动控制下的机器或系统分成若干个功能单元,并为每个单元生成状态图,然后利用信息通信将功能单元组合在一起形成完整的系统。对应的 Higraph 程序范例如同 7-4 所示。

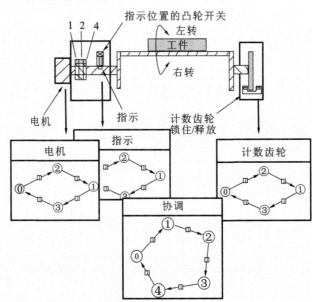

图 7-4　Higraph 程序范例

Higraph 这种"面向对象"的方法非常适合于机器和系统制造厂家(机械工程)、自动化(电气工程)专家、试车工程师和维护专家。

7.1.6　结构化控制语言

SCL(Structured Control Language,结构控制语言)是一种类似于 PASCAL 的高级文本编辑语言,用于 S7-300/400 和 C7 的编程,可以简化数学计算、数据管理和组织工作。S7 SCL 具有 PLC 公开的基本标准认证,符合 IEC 1131-3(结构化文本)标准。SCL 适用于复杂的公式计算、复杂的计算任务和最优化算法,或管理大量的数据等。对应的 SCL 程序范例如同 7-5 所示。

利用 SCL,可以省时经济地完成自动化控制任务,其具有如下优点:①编程语言简单易学,尤其对初学者;②程序容易理解;③复杂的算法和数据处理,编程更容易;④完整的源代码符号调试功能(单步、断点等)。SCL 语言比较适合熟悉高级语言的用户使用。

```
FUNCTION_BLOCK Intearator
VAR_INPUT
    Init        :BOOL;   //Reset output value
    x           :REAL;   //Input value
    Ta          :TIME;   //Sampling interval in ms
    Ti          :TIME;   //Integration time in ms
    olim        :REAL;   //Output value upper limit
    ulim        :REAL;   //Output value lower limit
END_VAR

VAR_OUTPUT
    y    :REAL:=0.0;   //Initialize output value with 0
END_VAR

BEGIN
    IF TIME_TO_DINT(Ti)=0 THEN              //Division by?
        OK:=FALSE;
        y:=0.0;
        RETURN;
    END IF;
    IF Init THEN
        y:=0.0;
    ELSE
        y:=y+TIME_TO_DINT(Ta)*x/TIME_TO_DINT(Ti);
        IF    y>olim      THEN
            y:=olim;
        END IF;
        IF    y<olim      THEN
            y:=olim;
        END IF;
    END IF;
END_FUNCTION_BLOCK
```

图 7-5   SCL 程序范例

7.1.7   连续功能图

可选软件包 CFC(Continuous Function Chart,连续功能图)用图形方式连接程序库中以块的形式提供的各种功能。可以通过绘制工艺设计图来生成 SIMATIC S7 和 SIMATIC M7 的控制程序,该方法类似于 PLC 的 FBD 编程语言。

在这种图形编程方法中,块被安放在一种绘图板上并且相互连接。用户可利用 CFC 快速、容易地将工艺设计图转化为完整的可执行程序。

7.1.8   编程语言的相互转换与选用

在 STEP 7 编程软件中,如果程序块没有错误,并且被正确地划分为网络,那么梯形图、功能块图和语句表之间可以转换。如果部分网络不能转换,则用语句表表示。

STL 语句表可供喜欢用汇编语言编程的用户使用。语句表可以在每条语句后面加上注释。设计高级应用程序时建议使用语句表。

LAD 梯形图适合于熟悉继电器电路的人员使用。设计复杂的触点电路时最好用梯形图。

FBD 功能块图适合于熟悉数字电路的人使用。

S7 SCL 编程语言适合于熟悉高级编程语言(如 PASCAL 或 C 语言)的人使用。

S7 Graph、HiGraph 和 CFC 可供有技术背景,但是没有 PLC 编程经验的用户使用。S7 Graph 对顺序控制过程的编程非常方便,HiGraph 适用于异步非顺序过程的编程,CFC 适用于连续过程控制的编程。

7.2 STEP 7 程序结构

7.2.1 CPU 中的程序

在 CPU 中,有两种不同的程序总会被执行,即操作系统和用户程序。

1. 操作系统

每个 CPU 都有一个操作系统,用以组织与特定的控制任务无关的 CPU 的功能和顺序。操作系统的任务包括以下各项:

(1)处理暖启动和热启动;

(2)刷新输入的过程映像表和输出的过程映像表;

(3)调用用户程序;

(4)检测中断并调用中断 OB;

(5)检测并处理错误;

(6)管理存储区域;

(7)与编程器和其他通信伙伴之间的通信。

如果修改了操作系统的参数(操作系统的缺省设置),则会影响 CPU 在某些区域的操作。

2. 用户程序

必须自己生成用户程序并下载到 CPU。这个程序中包含处理特定的自动化任务所需要的所有功能。用户程序的任务包括以下各项:

(1)指定在 CPU 上暖启动和热启动的条件(例如,带有某个特定值的初始化信号);

(2)处理过程数据(如二进制信号的逻辑组合、读入并处理模拟信号、为输出指定二进制信号、输出模拟值);

(3)指定对中断的响应;

(4)处理程序在正常运行时的干扰。

7.2.2 STEP 7 中的块

STEP 7 中的块从其功能、结构及其应用角度来看,是用户程序的一部分。根据内容,STEP 7 块可划分为两类:用户块和系统块。

1. 用户块

用户块包括组织块(OB)、功能块(FB)、功能(FC)以及数据块(DB)。编程人员将用于进行数据处理或过程控制的程序指令,存储在这些块(OB、FB 和 FC)中。程序员可以将程序执行期间产生的数据保存在数据块(DB)中,以备使用。用户块是在编程设备中创建的,并从编程设备中下载到 CPU 中去。

生成逻辑块(OB、FC、FB)时可以声明临时局域数据。这些数据是临时的,局域(Local)数据,只能在生成它们的逻辑块内使用。所有的逻辑块都可以使用共享数据块中的共享数据。

(1) 组织块(OB)。

组织块(OB)是操作系统和用户程序之间的接口,用于控制扫描循环和中断程序的执行、PLC 的启动和错误处理等。通过编程组织块,可以指定 CPU 的动作。

- OB1 用于循环处理用户程序中的主程序。
- 事件中断处理,需要时才被及时地处理。
- 中断的优先级,高优先级的 OB 可以中断低优先级的 OB。

组织块的优先级:组织块决定各个程序部分执行的顺序。一个 OB 的执行可以被另一个 OB 的调用而中断。哪个 OB 可以中断其他 OB,由它的优先级决定。高优先级的 OB 可以中断低优先级的 OB。背景 OB 的优先级最低。

中断的类型和优先级:导致 OB 被调用的事件就是所知的中断。表 7-1 显示了STEP 7 中的中断类型以及分配给它们的组织块的优先级。并非所有列出的组织块和它们的优先级适用于所有 S7 CPU(见《SIMATIC S7-300 可编程控制器硬件和安装手册》以及《S7-400、M7-400 可编程控制器模板技术规范参考手册》)。

表 7-1 OB 组织块一览表

OB 编号	启 动 事 件	默认优先级	说 明
OB1	启动或上一次循环结束时执行 OB1	1	主程序循环
OB10～OB17	日期时间中断 0～7	2	在设置的日期时间启动
OB20～OB23	时间延时中断 0～3	3～6	延时后启动

续表

OB 编号	启 动 事 件	默认优先级	说 明
OB30～OB38	循环中断 0～8,时间间隔分别为 5 s、2 s、1 s、500 ms、200 ms、100 ms、50 ms、20 ms、10 ms	7～15	以设定的时间周期运行
OB40～OB47	硬件中断 0～7	16～23	检测外部中断请求时启动
OB55	状态中断	2	DPV1 中断(profibus-dp)
OB56	刷新中断	2	
OB57	制造厂特殊中断	2	
OB60	多处理中断,调用 SFC35 时启动	25	多处理中断的同步操作
OB61～64	同步循环中断 1～4	25	同步循环中断
OB70	I/O 冗余错误	25	冗余故障中断
OB72	CPU 冗余错误,如一个 CPU 发生故障	28	只用于 H 系列的 CPU
OB73	通行冗余错误中断,如冗余连接的冗余丢失	25	
OB80	时间错误	26 启动为 28	
OB81	电源故障	27 启动为 28	
OB82	诊断中断	28 启动为 28	
OB83	插入/拔出模块中断	29 启动为 28	
OB84	CPU 硬件故障	30 启动为 28	异步错误中断
OB85	优先级错误	31 启动为 28	
OB86	扩展机架、DP 主站系统或分布式 I/O 站故障	32 启动为 28	
OB87	通行故障	33 启动为 28	
OB88	过程中断	34 启动为 28	
OB90	冷、热启动,删除或背景循环	29	背景循环
OB100	暖启动	27	
OB101	热启动	27	启动
OB102	冷启动	27	
OB121	编程错误	与引起中断的 OB 相同	同步错误中断
OB122	I/O 访问错误		

（2）功能（FC）。

没有固定的存储区的块，其临时变量存储在局域数据堆栈中，功能执行结束后，这些数据就丢失了。用共享数据区来存储那些在功能执行结束后需要保存的数据。

调用功能和功能块时用实参（实际参数）代替形参（形式参数）。形参是实参在逻辑块中的名称，功能不需要背景数据块。功能和功能块用 IN、OUT 和 IN_OUT 参数做指针，指向调用它的逻辑块提供的实参。功能可以为调用它的块提供数据类型为 RETURN 的返回值。

（3）功能块（FB）。

功能块是用户编写的有自己存储区（背景数据块）的块，每次调用功能块时需要提供各种类型的数据给功能块，功能块也要返回变量给调用它的块。这些数据以静态变量（STAT）的形式存放在指定的背景数据块（IDB）中，临时变量 TEMP 存储在局域数据堆栈中。

调用 FB 或 SFB 时，必须指定 DI 的编号。在编译 FB 或 SFB 时自动生成背景数据块中的数据。一个功能块可以有多个背景数据块，用于不同的被控对象。

可以在 FB 的变量声明表中给形参赋初值。如果调用块时没有提供实参，将使用上一次存储在 IDB 中的参数。

（4）数据块（DB）。

数据块中没有 STEP 7 的指令，STEP 7 按数据生成的顺序自动地为数据块中的变量分配地址。数据块分为共享数据块和背景数据块。

首先应生成功能块，然后生成它的背景数据块。在生成背景数据块时指明它的类型为背景数据块和它的功能块的编号。图 7-6 所示的为用于不同对象的背景数据块。

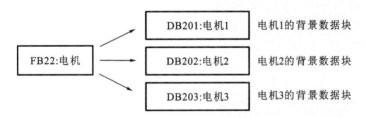

图 7-6　用于不同对象的背景数据块

2. 系统块

系统块包括系统功能块（SFB）、系统功能（SFC）以及系统数据块（SDB）。

SFB 和 SFC 集成在 CPU 的操作系统，用以解决 PLC 需要频繁处理的标准任务。

SDB 包含用作参数分配的数据，这些数据只能由 CPU 进行评估。SDB 是由如 HW−CONFIG 或 NETPRO 这些工具创建编写的，用户程序不能创建编写。SDB 是在将装载参数分配数据期间，该过程对用户可见，由上述工具创建并下载到 CPU 中。

下载操作只能在 STOP(停机)模式下进行。

各种块之间的关系如图 7-7 所示。

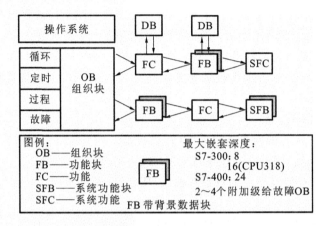

图 7-7   各种块的关系

STEP 7 中的块除了具有结构化编程的优点之外,还具有下面的优点。

可以在运行期间修改 STEP 7 中的用户块(OB、FB、FC 及 DB),并在运行期间将其下载到 CPU 中去。表 7-2 表示 STEP 7 中块的类型及属性。

表 7-2   STEP 7 中块的类型及属性

块 的 类 型	属 性
组织块(OB)	—用户程序接口 —优先级(0 到 27) —在局部数据堆栈中指定开始信息
功能块(FB)	—参数可分配(可以在调用时分配参数) —具有(收回)存储空间(静态变量)
功能(FC)	—参数可分配(必须在调用时分配参数) —基本上没有存储空间(只有临时变量)
数据块(DB)	—结构化的局部数据存储(背景数据块 DB) —结构化的全局数据存储(在整个程序中有效)
系统功能块(SFB)	—FB(具有存储空间),存储在 CPU 的操作系统中并可由用户调用
系统功能(SFC)	—FB(无存储空间),存储在 CPU 的操作系统中并可由用户调用
系统数据块(SDB)	—用于配置数据和参数的数据块

(1)系统功能块(SFB)和系统功能(SFC)。

系统功能块和系统功能是为用户提供已经编好程序的块,可以调用但不能修改。

SFB 和 SFC 属于操作系统的一部分,不占用户程序空间。SFB 有存储功能,其变量保存在指定给它的背景数据块中。

（2）系统数据块(SDB)。

系统数据块包含系统组态数据,如硬件模块参数和通信连接参数等。

CALL、CU(无条件调用)和 CC(RLO＝1 时调用)指令调用没有参数的 FC 和 FB。

7.2.3　用户程序使用的堆栈

堆栈采用"先入后出"的规则存入和取出数据,如图 7-8 所示。最上面的存储单元称为栈顶。

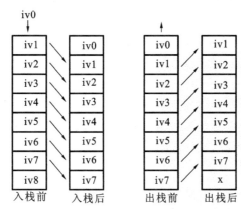

图 7-8　堆栈操作

1.局域数据堆栈(L 堆栈)

存储块的局域数据区的临时变量、组织块的启动信息、块传递参数的信息和梯形图程序的中间结果,可以按位、字节、字和双字来存取,例如,L 0.0,LB 9,LW 4 和 LD 52。各逻辑块均有自己的局域变量表,局域变量仅在它被创建的逻辑块中有效。

2.块堆栈(B 堆栈)

存储被中断的块的类型、编号和返回地址;从 SDB 和 IDB 寄存器中获得的块被中断时打开的共享数据块和背景数据块的编号;局域数据堆栈的指针。

图 7-9 所示的为块堆栈与局域数据堆栈。

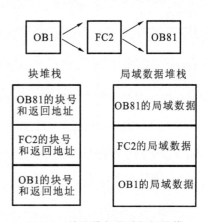

图 7-9　块堆栈与局域数据堆栈

3. 中断堆栈(I 堆栈)

存储当前的累加器和地址寄存器的内容、数据块寄存器 SDB 和 IDB 的内容、局域数据的指针、状态字、MCR(主控继电器)寄存器和 B 堆栈的指针。

7.2.4　程序处理

1. 循环程序处理

循环程序处理是可编程控制器上程序执行的"普通"类型,这意味着操作系统在程序环(循环)中运行,并且在主程序的每一个环中调用一次组织块 OB1,OB1 中的用户程序因此也被循环执行,如图 7-10 所示。

2. 事件驱动的程序处理

循环程序处理可以被某些事件中断。如果一个事件出现,当前正在执行的块在语句边界被中断,并且另一个被分配给特定事件的组织块被调用,一旦该组织块执行结束,循环程序将从断点处继续执行,如图 7-11 所示。这意味着部分用户程序可以不必循环处理,只在需要时处理。用户程序可以分割为"子程序",分布在不同的组织块中。如果用户程序是对一个重要信号的响应,这个信号出现的次数相对较少(例如,用于测量罐中液位的一个限位传感器报警达到了最大上限),当这个信号出现时,要处理的子程序就可以放在一个事件驱动处理的 OB 中。

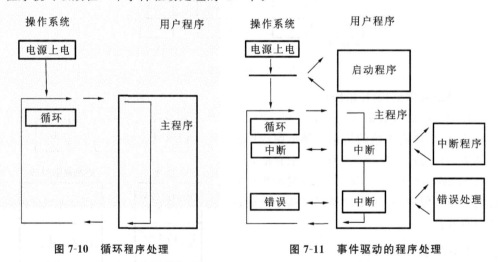

图 7-10　循环程序处理　　　　　图 7-11　事件驱动的程序处理

7.2.5　线性化编程与结构化编程

1. 线性化编程

将整个用户程序放在循环控制组织块 OB1(主程序)中,块中的程序按顺序执行,CPU 通过反复执行 OB1 来实现自动化控制任务。这种结构与 PLC 所代替的硬接线继电器控制类似,CPU 逐条地处理指令。事实上所有的程序都可以用线性结构实现,不过,只有在为 S7-300 编写简单程序并且需要较少存储区域时,才建议使用这种方法。

2. 模块化编程

将整个程序按任务分成若干个部分,并分别放置在不同的功能(FC)、功能块(FB)及组织块中,在一个块中可以进一步分解成段。在组织块 OB1 中包含按顺序调用其他块的指令,并控制程序执行。

在分部程序中,既无数据交换,也不存在重复利用的程序代码。功能(FC)和功能块(FB)不传递也不接收参数,分部程序结构的编程效率比线性程序有所提高,程序测试也较方便,对程序员的要求也不太高。对不太复杂的控制程序可考虑采用这种程序结构。

3. 结构化编程

所谓结构化程序,就是处理复杂自动化控制任务的过程中,为了使任务更易于控制,常把类似或相关的功能进行分类,分割为可用于几个任务的通用解决方案的小任务,这些小任务以相应的程序段表示,称为块(FC 或 FB)。OB1 通过调用这些程序块来完成整个自动化控制任务。

结构化程序的特点是每个块(FC 或 FB)在 OB1 中可能会被多次调用,以完成具有相同过程工艺要求的不同控制对象。这种结构可简化程序设计过程、减小代码长度、提高编程效率,比较适用于较复杂的自动化控制设计。

图 7-12 给出了线性化和结构化程序的对比,图 7-13 说明了整个 CPU 程序的执行过程。

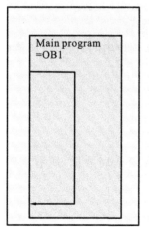
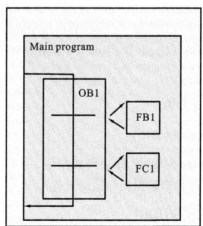

图 7-12 线性化和结构化编程

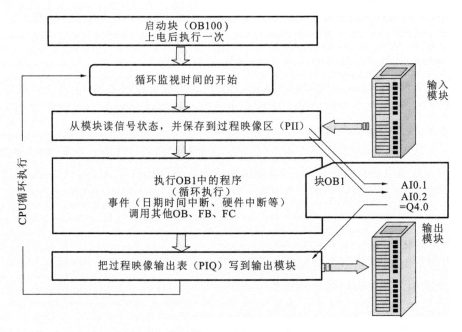

图 7-13　程序循环执行过程

7.3　数据块

数据块(DB)定义在 S7 CPU 的存储器中,用户可在存储器中建立一个或多个数据块。每个数据块可大可小,但 CPU 对数据块数量及数据总量有限制。

数据块可用来存储用户程序中逻辑块的变量数据(如数值)。与临时数据不同,当逻辑块执行结束或数据块关闭时,数据块中的数据保持不变。

用户程序可以位、字节、字或双字操作访问数据块中的数据,可以使用符号或绝对地址。

7.3.1　数据块分类

1. 共享数据块(SDB)

共享数据块(SDB)又称全局数据块,用于存储全局数据,所有逻辑块(OB、FC、FB)都可以访问共享数据块存储的信息。

2. 背景数据块(IDB)

背景数据块(IDB)用作"私有存储器区",即用作功能块(FB)的"存储器"。FB 的参数和静态变量安排在它的背景数据块中。背景数据块不是由用户编辑的,而是由编辑器生成的。

3. 用户定义数据块 (UDT DB)

用户定义数据块(UDT DB)是以 UDT 为模板所生成的数据块。创建用户定义数据块之前,必须先创建一个用户定义数据类型,如 UDT1,并在 LAD/STL/FBD S7程序编辑器内定义。

7.3.2　数据块的数据类型

在 STEP 7 中,数据块的数据类型可以采用基本数据类型、复杂数据类型或用户定义数据类型。

1. 基本数据类型

根据 IEC 1131-3 定义,长度不超过 32 位,可利用 STEP 7 基本指令处理,能完全装入 S7 处理器的累加器中。基本数据类型包括以下几种。

位数据类型:BOOL、BYTE、WORD、DWORD、CHAR。

数字数据类型:INT、DINT、REAL。

定时器类型:S5TIME、TIME、DATE、TIME_OF_DAY。

2. 复杂数据类型

复杂数据类型只能结合共享数据块的变量声明使用。复杂数据类型可大于 32位,装入指令不能把复杂数据类型完全装入累加器,一般利用库中的标准块("IEC"S7程序)处理复杂数据类型。复杂数据类型包括:时间(DATE_AND_TIME)类型、字符串(STRING)类型、矩阵(ARRAY)类型和结构(STRUCT)类型。

3. 用户定义数据类型

用户可以自定义数据类型。

7.3.3　数据块建立

图 7-14～图 7-17 描述了新建 DB 块的过程,以及数据块中数据类型选择。

图 7-18 所示的是一个建立好的 DB10,注意几个要素:地址、名称、类型、初始值和注释。其中:

(1) 地址是根据所定义变量的类型,自动进行地址分配。

(2) 定义了变量的类型,都会有一个默认初始值,当然也可以自己给定初始值。注意各类型的数据格式,比如 BOOL 类型的数据格式为 FALSE 和 TRUE;字节(BYTE)格式为 B♯16♯XX;字(WORD)格式为 W♯16♯XX;双字(DWORD)格式为DW♯16♯XX;实数(REAL)类型为科学计数法格式。根据图 7-18,可以看到各基本数据类型的格式。

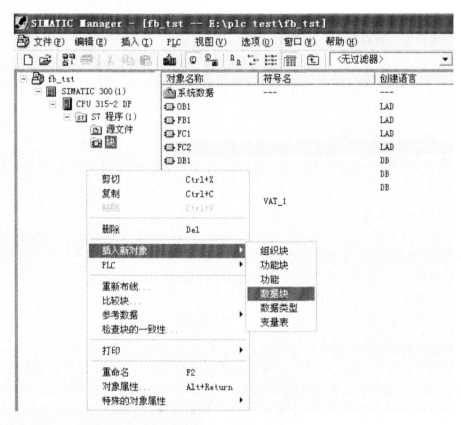

图 7-14 新建 DB 块

图 7-15 DB 名称

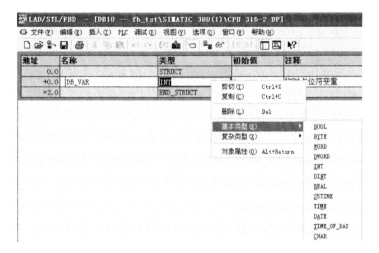

图 7-16 DB 中的基本数据类型

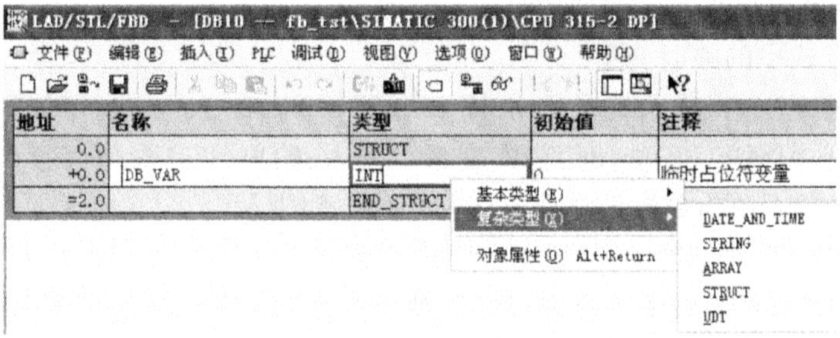

图 7-17 DB 中的复杂数据类型

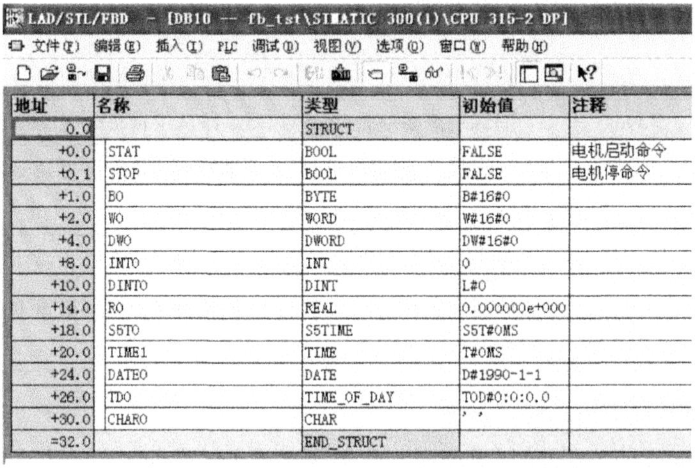

地址	名称	类型	初始值	注释
0.0		STRUCT		
+0.0	STAT	BOOL	FALSE	电机启动命令
+0.1	STOP	BOOL	FALSE	电机停命令
+1.0	BO	BYTE	B#16#0	
+2.0	WO	WORD	W#16#0	
+4.0	DWO	DWORD	DW#16#0	
+8.0	INTO	INT	0	
+10.0	DINTO	DINT	L#0	
+14.0	RO	REAL	0.000000e+000	
+18.0	S5TO	S5TIME	S5T#0MS	
+20.0	TIME1	TIME	T#0MS	
+24.0	DATEO	DATE	D#1990-1-1	
+26.0	TDO	TIME_OF_DAY	TOD#0:0:0.0	
+30.0	CHARO	CHAR	' '	
=32.0		END_STRUCT		

图 7-18 建立好的 DB

7.4 逻辑块的结构

功能(FC)、功能块(FB)和组织块(OB)统称为逻辑块(或程序块)。功能块(FB)有一个数据结构与该功能块的参数完全相同的数据块,称为背景数据块。背景数据块依附于功能块,它随着功能块的调用而打开,随着功能块的结束而关闭。存放在背景数据块中的数据在功能块结束时继续保持,而功能(FC)则不需要背景数据块,功能调用结束后数据不能保持。组织块(OB)是由操作系统直接调用的逻辑块。

逻辑块(OB、FB、FC)由变量声明表、代码段及其属性等几部分组成。

1. 局部变量声明表(局部数据)

每个逻辑块前部都有一个变量声明表,称为局部变量声明表,如表 7-3 所示。

局部数据分为参数和局部变量两大类,局部变量又包括静态变量和临时变量(暂态变量)两种。

对于组织块(OB)来说,其调用是由操作系统管理的,用户不能参与。因此,OB 只有定义在 L 堆栈中的临时变量。

对于功能(FC),操作系统在 L 堆栈中给 FC 的临时变量分配存储空间。由于没有背景数据块,因而 FC 不能使用静态变量。输入、输出、I/O 参数以指向实参的指针形式存储在操作系统为参数传递而保留的额外空间中。

对于功能块(FB),操作系统为参数及静态变量分配的存储空间是背景数据块。这样参数变量在背景数据块中留有运行结果备份。在调用 FB 时,若没有提供实参,则功能块使用背景数据块中的数值。操作系统在 L 堆栈中给 FB 的临时变量分配存储空间。

表 7-3 局部变量声明表

变 量 名	类 型	说 明
输入参数	In	由调用逻辑块的块提供数据,输入给逻辑块的指令
输出参数	Out	向调用逻辑块的块返回参数,即从逻辑块输出结果数据
I/O 参数	In_Out	参数的值由调用该块的其他块提供,由逻辑块处理修改,然后返回
静态变量	Stat	静态变量存储在背景数据块中,块调用结束后,其内容被保留
状态变量	Temp	临时变量存储在 L 堆栈中,块执行结束变量的值因其他内容覆盖而丢失

2. 逻辑块局部变量的数据类型

局部变量可以是基本数据类型或复式数据类型,也可以是专门用于参数传递的所谓的"参数类型"。参数类型包括定时器、计数器、块的地址或指针等。如图 7-19 所示，可以从数据类型的下拉按钮中选择需要的类型。

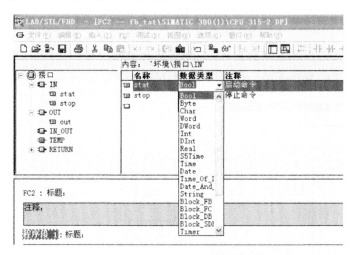

图 7-19　建立的 FC 功能

3. 逻辑块的调用过程及内存分配

CPU 提供块堆栈（L 堆栈、B 堆栈、I 堆栈）来存储与处理相关的逻辑块。逻辑块的调用过程及内存分配如图 7-20 所示。

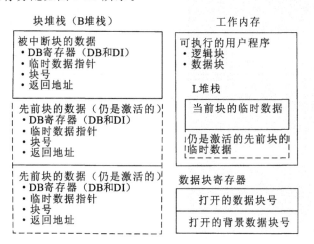

图 7-20　逻辑块的调用及内存分配

（1）调用功能（FC）时的堆栈操作。

当调用功能（FC）时会有以下事件发生：

· 功能（FC）实参的指针存到调用块的 L 堆栈；

· 调用块的地址和返回位置存储在块堆栈，调用块的局部数据压入 L 堆栈；

·功能(FC)存储临时变量的 L 堆栈区被推入 L 堆栈上部；

·当被调用功能(FC)结束时,先前块的信息存储在块堆栈中,临时变量弹出 L 堆栈。

因为功能(FC)不用背景数据块,不能分配初始数值给功能(FC)的局部数据,所以必须给功能(FC)提供实参。调用功能(FC)时的堆栈操作如图 7-21 所示。

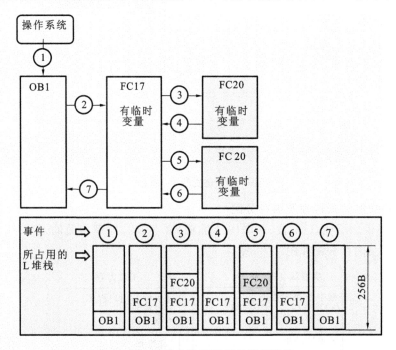

图 7-21 调用功能(FC)时的堆栈操作

(2) 调用功能块(FB)时的堆栈操作。

当调用功能块(FB)时,会有以下事件发生：

·调用块的地址和返回位置存储在块堆栈中,调用块的临时变量压入 L 堆栈；

·数据块 SDB 寄存器内容与 IDB 寄存器内容交换；

·新的数据块地址装入 IDB 寄存器；

·被调用块的实参装入 SDB 和 L 堆栈上部；

·当功能块 FB 结束时,先前块的现场信息从块堆栈中弹出,临时变量弹出 L 堆栈；

·SDB 和 IDB 寄存器内容交换。

当调用功能块(FB)时,STEP 7 并不一定要求给 FB 形参赋予实参,除非参数是复式数据类型的 I/O 形参或参数类型形参。如果没有给 FB 的形参赋予实参,则功能块(FB)就调用背景数据块内的数值,该数值是在功能块(FB)的变量声明表或背景数据块内为形参所设置初始数值。

7.5　逻辑块编程

对逻辑块编程时必须编辑下列三个部分。

(1) 变量声明:分别定义形参、静态变量和临时变量(FC 块中不包括静态变量);确定各变量的声明类型(Declare)、变量名(Name)和数据类型(Data Type),还要为变量设置初始值(Initial Value)。如果需要还可为变量注释(Comment)。在增量编程模式下,STEP 7 将自动产生局部变量地址(Address)。

(2) 代码段:对将要由 PLC 进行处理的块代码进行编程。

(3) 块属性:块属性包含了其他附加的信息,如由系统输入的时间标志或路径。此外,也可输入相关详细资料。

在编写逻辑块(FC 和 FB)程序时,可以用以下两种方式使用局部变量。

使用变量名,此时变量名前加前缀"♯",以区别于在符号表中定义的符号地址。在增量方式下,前缀会自动产生。

直接使用局部变量的地址,这种方式只对背景数据块和 L 堆栈有效。

在调用 FB 块时,要说明其背景数据块。背景数据块应在调用前生成,其顺序格式与变量声明表必须保持一致。

7.5.1　FC 编程

下面以电动机连续运行电路(所谓自锁电路)为例,简单介绍 FC 编程过程,如图 7-22～图 7-31 所示。

7.5.2　FB 编程

下面以标度变换程序为例,简单介绍 FB 编程过程。

首先,编写一个常规的 FC 标度变换模块。

当采集模拟量 AI 时,需要进行标度变换处理。以某压力信号为例:

(1) 需采集变量为压力,范围为 0～300 Pa。

(2) 检测单元压力变送器输出 4～20 mA。

(3) 电信号接入通过 AI 模块的某通道地址 PIW256(在硬件组态是分配)。

(4) 根据硬件手册可知,4～20 mA 的电信号对应数字量信号为 0～27648。

(5) 建立压力(上下限)与数字量(0～27648)之间的对应关系式(见图 7-32)。可以利用相似三角形对应边之比相等列出关系式

$$(Y-\min)/(\max-\min)=X/27648$$

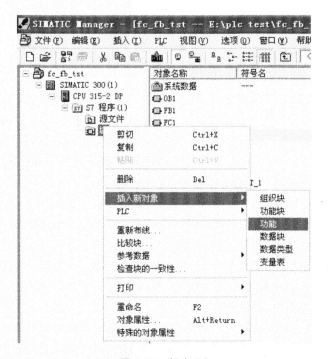

图 7-22 新建 FC

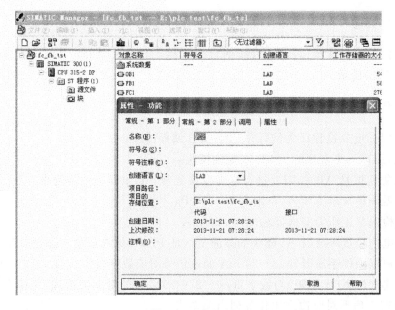

图 7-23 建立 FC2

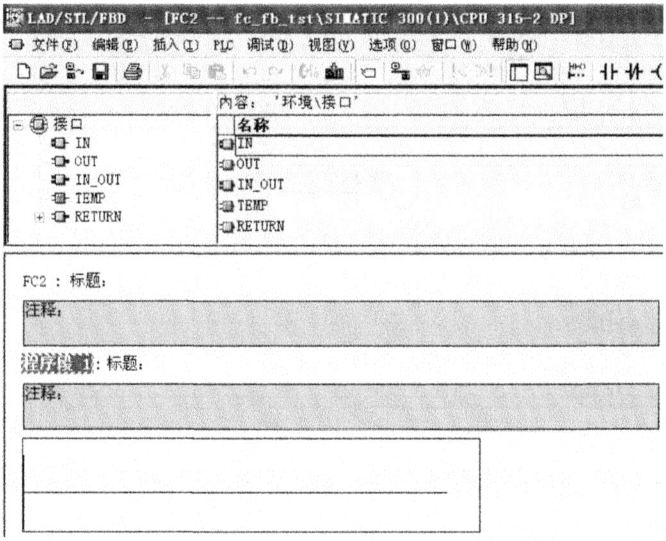

图 7-24　进入 FC 块

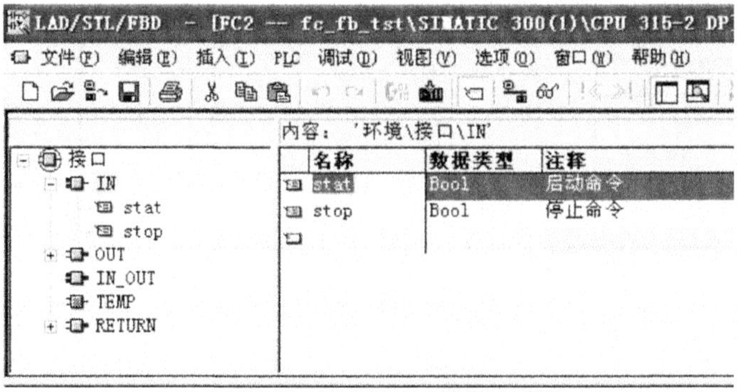

图 7-25　IN 接口变量定义

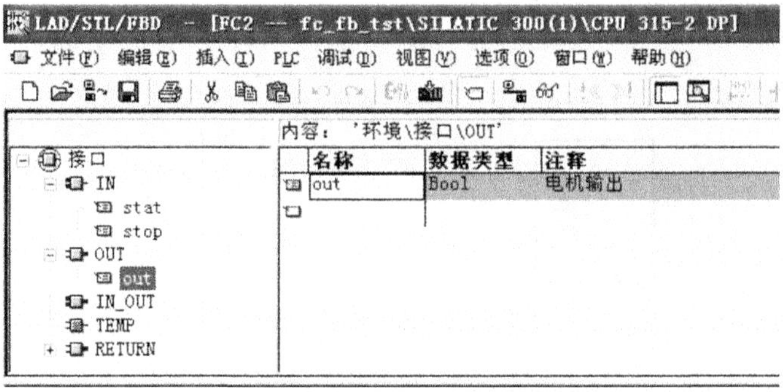

图 7-26　OUT 接口变量定义

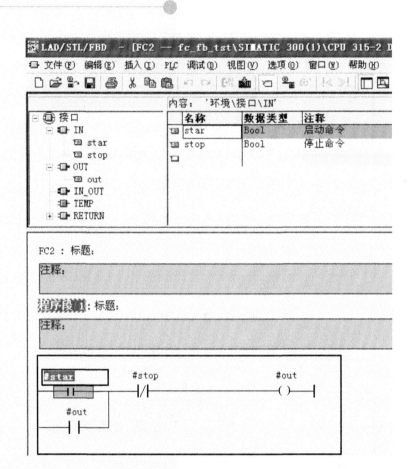

图 7-27 建立好的 FC2

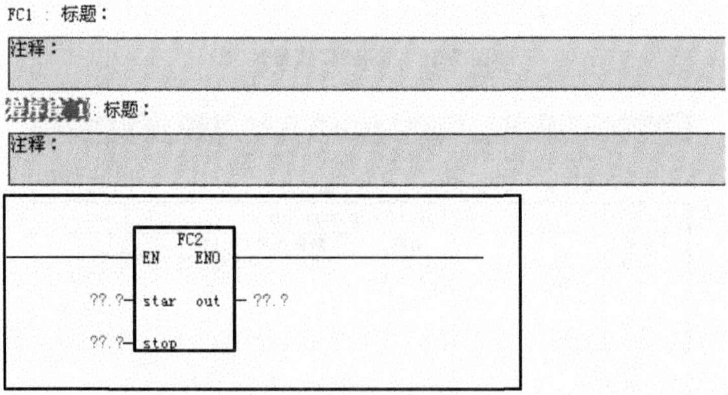

图 7-28 FC1 调用 FC2

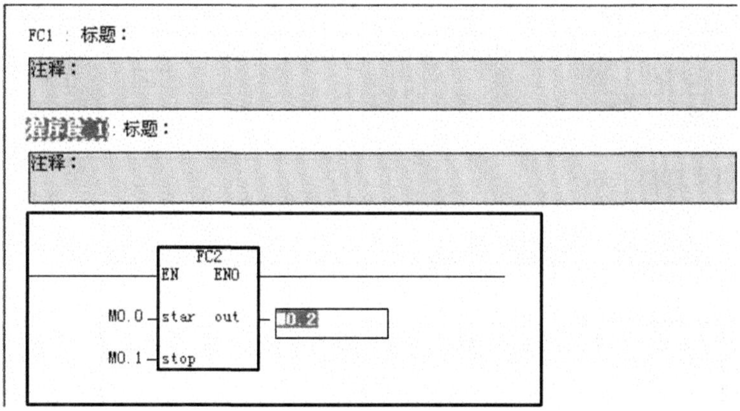

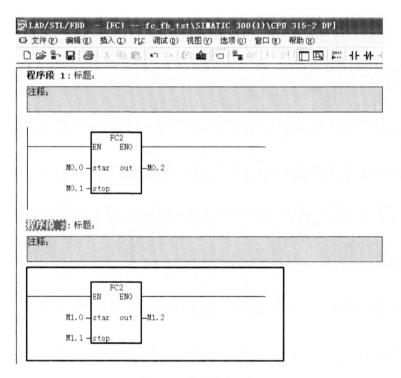

图 7-29　填写 I/O 地址

图 7-30　调用多个 FC2

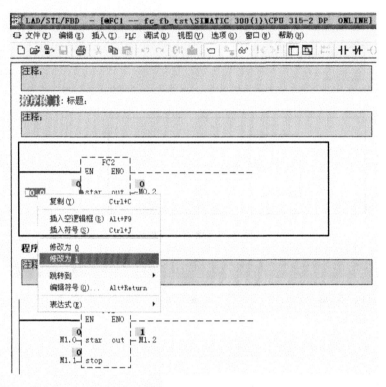

图 7-31　调用效果仿真

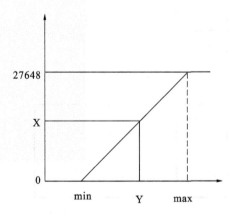

图 7-32　工程量和数字量对应关系

式中：X——采集上来的数字量；

　　　Y——变换后的压力值；

　　　min——压力值下限；

　　　max——压力值上限。

这里,因为压力上下限固定,程序就直接用常数处理,采样值是字信号,转换后的压力值是实数信号,两种类型变量不能直接运算,图 7-33 程序段 1 是数据类型转换,程序段 2 是标度变换算式,注意运算是先乘后除,计算机自动进行小数处理,避免人为误差。

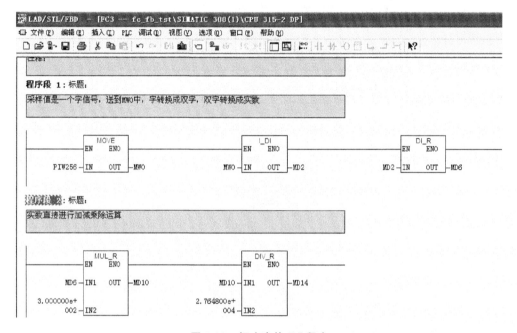

图 7-33 标度变换 FC 程序

为了便于监控,仿真运行时,用 MW0 直接替代 PIW256 地址。MW0:0~27648,标度变换后存放地址 MD14,为一实数,范围为 0~300 Pa。图 7-34 给出了仿真结果。例如,当输入信号 MW0 为 13824 时,对应的压力就是 150 Pa。

这是一个采样值的标度变换程序,当有很多模拟量要采集,重复编如上程序显然不现实,也很低效率。当有多种功能结构雷同,考虑编写成 FC 或 FB 子程序进行调用。

下面就以标度变换程序为例,简单介绍 FB 具体实现。

(1)右键插入新对象,准备建立 FB,如图 7-35 所示。

(2)建立 FB2,如图 7-36 所示。

(3)打开 FB2,如图 7-37 所示。

(4)在功能块 FB2 中添加入口参数 IN、出口参数 OUT、临时变量 TEMP 等。注意 FB 中的参数与 FC 中的参数的不同之处。图 7-38 所示的为建好的 FB2 程序。

(5)在 FC1 中调用 FB2,如图 7-39 所示。

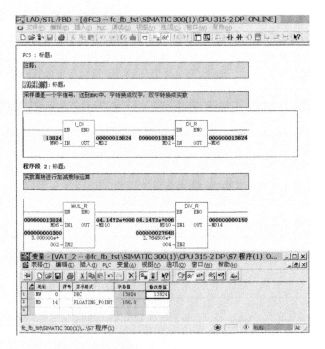

图 7-34　标度变换 FC 仿真效果图

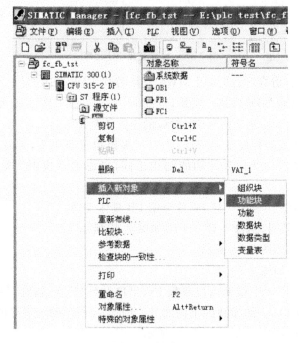

图 7-35　新建 FB

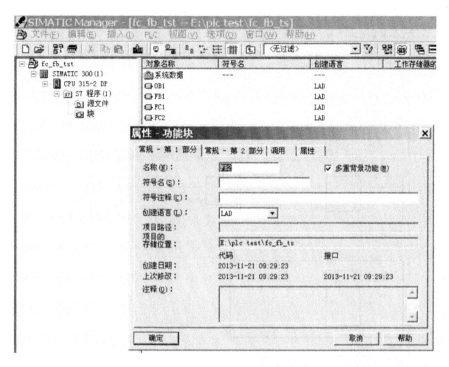

图 7-36 建立 FB2

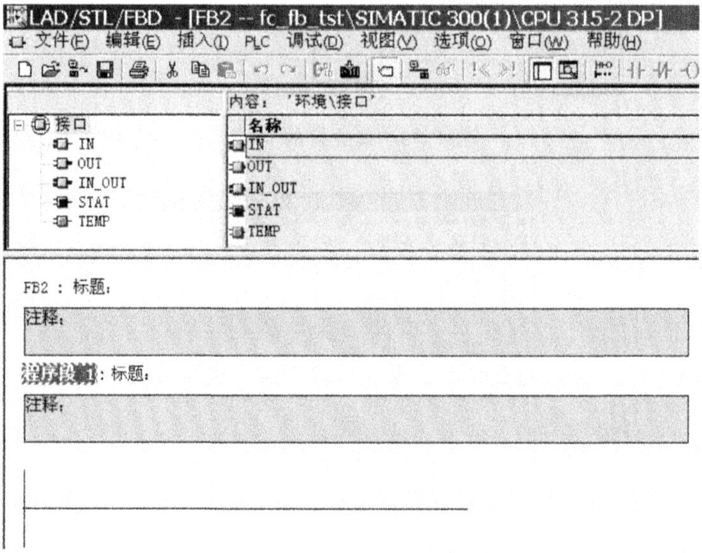

图 7-37 打开 FB2

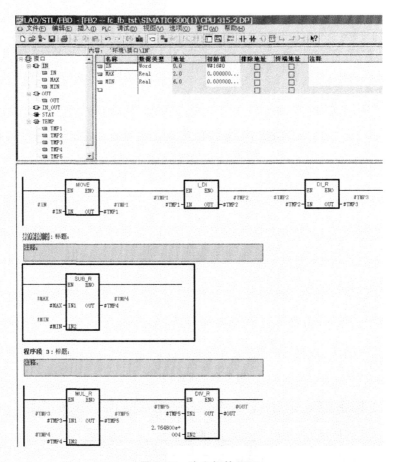

图 7-38　建立好的 FB2

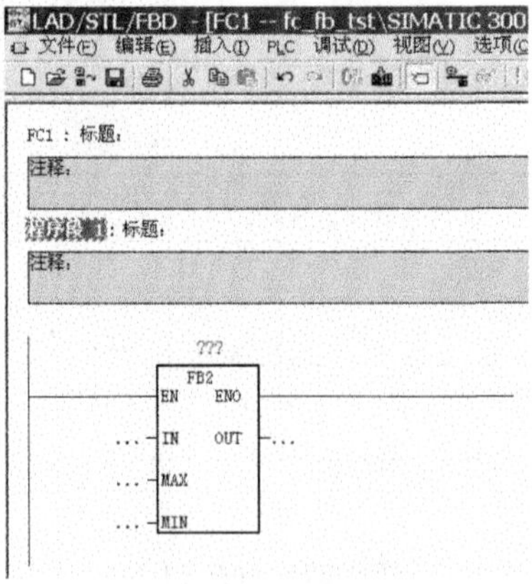

图 7-39　调用 FB2

（6）给 FB2 指定一个背景数据块 DB20,系统会提示是否生成,如图 7-40 所示,单击"是"按钮。或者直接建立 DB3 块,指向为 FB 背景数据块,如图 7-41 所示。建好的背景数据块如图 7-42 所示。

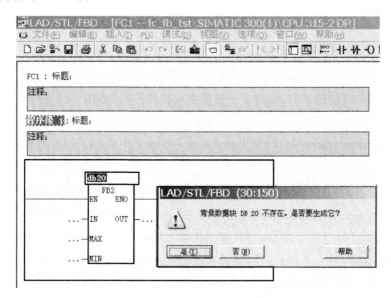

图 7-40　调用 FB2 时生成背景数据块 DB1

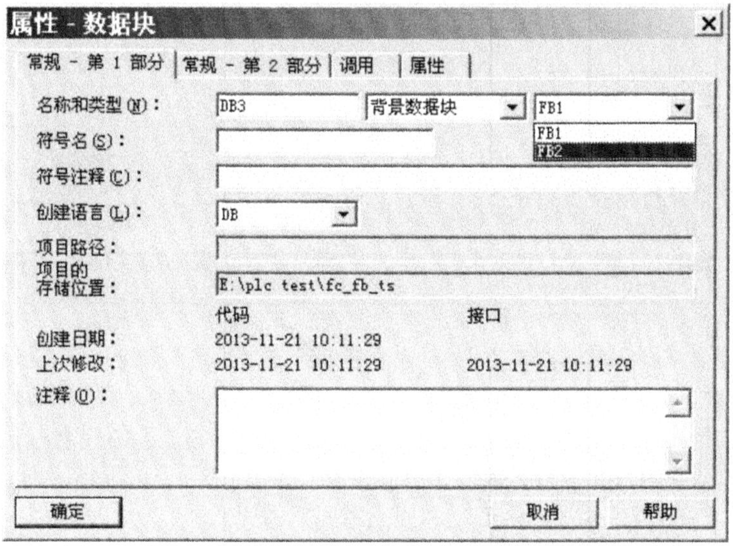

图 7-41　新建背景数据块 DB3 并指向 FB2

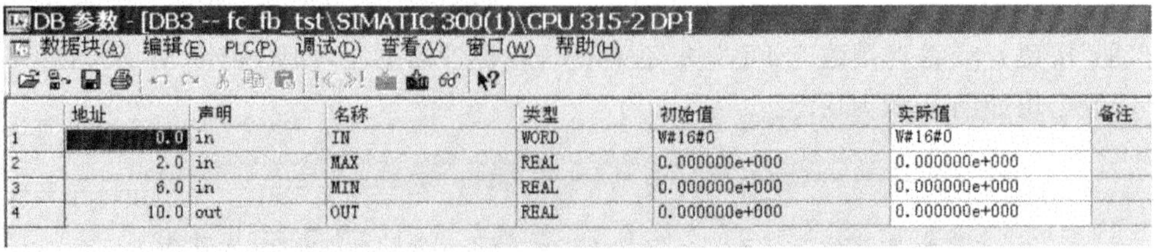

DB 参数 - [DB3 -- fc_fb_tst\SIMATIC 300(1)\CPU 315-2 DP]
数据块(A) 编辑(E) PLC(P) 调试(D) 查看(V) 窗口(W) 帮助(H)
地址 声明 名称 类型 初始值 实际值 备注
1 0.0 in IN WORD W#16#0 W#16#0
2 2.0 in MAX REAL 0.000000e+000 0.000000e+000
3 6.0 in MIN REAL 0.000000e+000 0.000000e+000
4 10.0 out OUT REAL 0.000000e+000 0.000000e+000

图 7-42　新建好的背景数据块 DB3

（7）可以多次调用 FB2，实现多个数据采集标度变换，如图 7-43 所示，仿真效果如图 7-44 所示。

LAD/STL/FBD - [FC1 -- fc_fb_tst\SIMATIC 300(1)\CPU 315-2 DP]
文件(F) 编辑(E) 插入(I) PLC 调试(D) 视图(V) 选项(O) 窗口(W) 帮助(H)
FC1 : 标题:
注释:
程序段 1 : 标题:
注释:
DB20
FB2
EN ENO
MW20 IN OUT MD22
1.000000e+002 MAX
0.000000e+000 MIN
程序段 2 : 标题:
注释:
DB21
FB2
EN ENO
MW30 IN OUT MD32
2.000000e+002 MAX
0.000000e+000 MIN

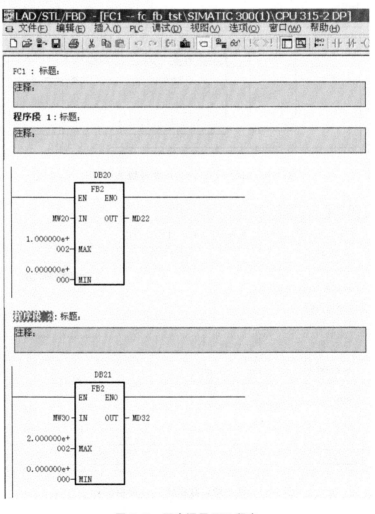

图 7-43　两次调用 FB2 **程序**

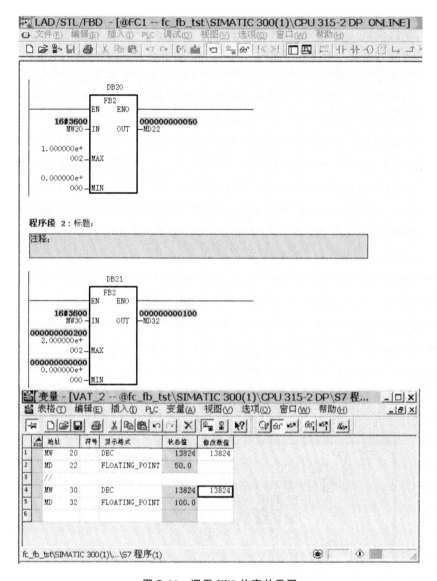

图 7-44　调用 FB2 仿真效果图

7.5.3　EXCEL 导入数据块

在 7.3.3 小节中简述了 DB 块建立的过程，当数据块内容比较多，一个一个去建立变量效率很低，可借助 EXCEL 强大的编辑功能，从 EXCEL 导入 DB 中。以下就是简单的建立和导入过程。

（1）先建立一个 DB 块，按照名称、类别、初始值、注释四类先做个样例。

（2）DB 块拷贝到 EXCEL 中。类别前插入一列，填写"："，初始值前插入一列，填写"：="，注释前插入两列，第一列填写"；"，第二列填写"//"，如表 7-4 所示。注意：①这里面的符号是英文状态输入法下的符号；②如果是自己建立的 EXCEL 文件，名称和数据类型及初始值一定要符合 SETP 7 中 DB 块的定义要求。

表 7-4　建立 EXCEL 模板

zlj_dl_1	:	real	:=	0.00E+00	;	//	1#zlj_dl
zlj_dl_2	:	real	:=	0.00E+00	;	//	2#zlj_dl
zlj_dl_3	:	real	:=	0.00E+00	;	//	3#zlj_dl
LDB_1_dl	:	real	:=	0.00E+00	;	//	LDB_1_电流
LDB_1_PL	:	real	:=	0.00E+00	;	//	LDB_1_频率
LDB_2_dl	:	real	:=	0.00E+00	;	//	LDB_2_电流
LDB_2_PL	:	real	:=	0.00E+00	;	//	LDB_2_频率

（3）文件另存为 *.prn，改后缀名为 *.awl。

（4）打开 STEP 7，选中"源文件"，在"插入"菜单中选择外部源文件（见图 7-45），导入刚才的 *.awl 文件，生成 testool，如图 7-46 所示。

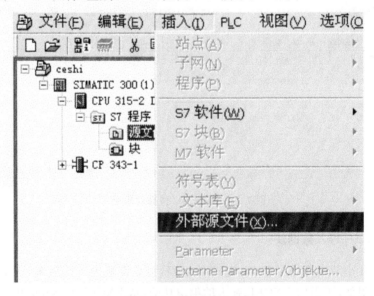

图 7-45　导入外部源文件

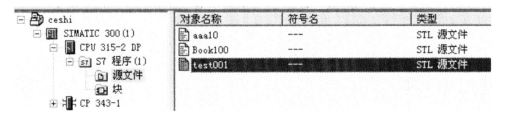

图 7-46 建立 STL 源文件

（5）双击，打开 STL 源文件 test001，如图 7-47 所示。

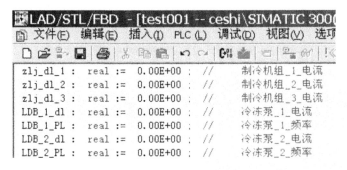

图 7-47 打开 STL 源文件

（6）插入块模板，如图 7-48 所示，指向 DB，生成图 7-49 所示的块模板。

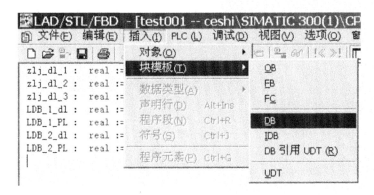

图 7-48 插入块模板

（7）修改 DB 号为 200，并修改结构：

STRUCT

  b0:BYTE;

END_STRUCT;

   BEGIN

  b0:=b♯16♯01;

END_DATA_BLOCK

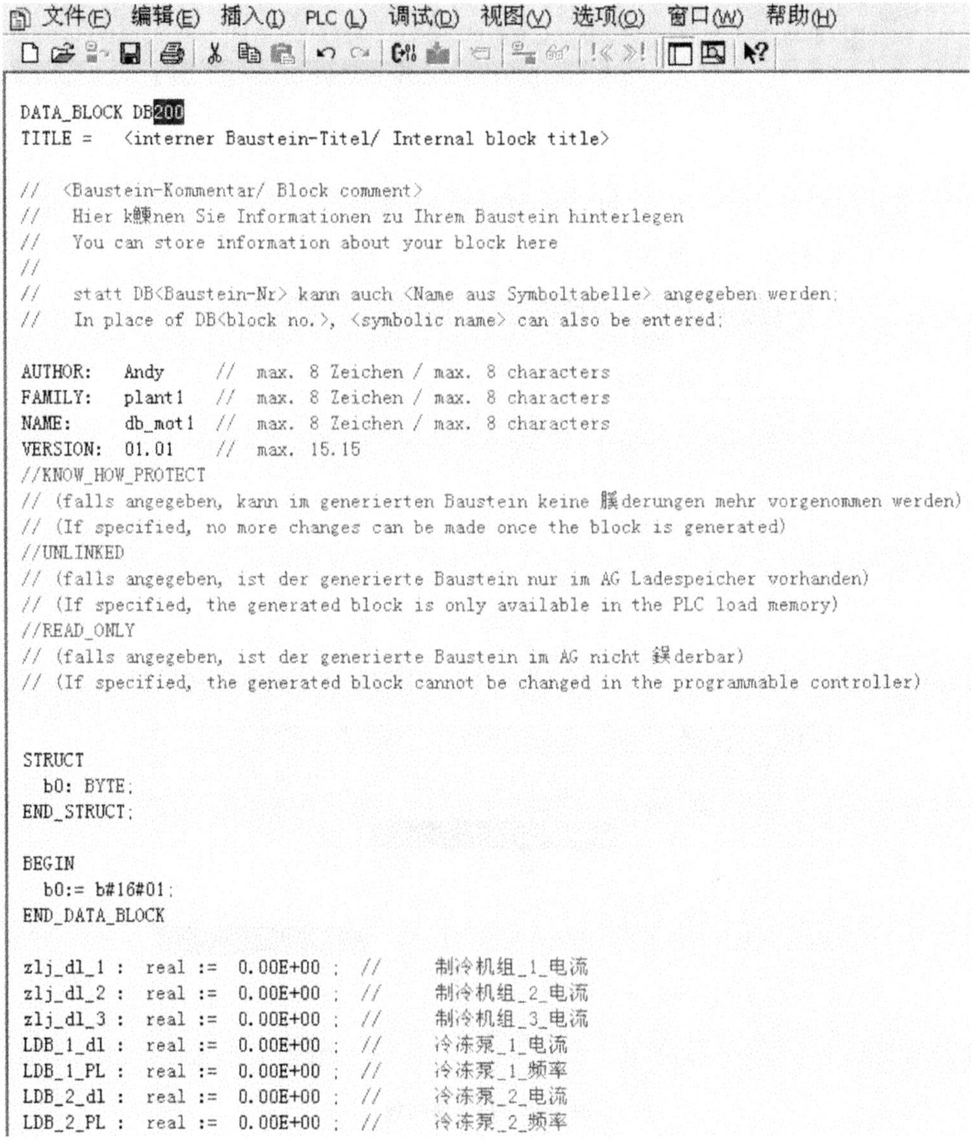

```
文件(F)  编辑(E)  插入(I)  PLC (L)  调试(D)  视图(V)  选项(O)  窗口(W)  帮助(H)
```

```
DATA_BLOCK DB200
TITLE =    <interner Baustein-Titel/ Internal block title>

//   <Baustein-Kommentar/ Block comment>
//   Hier können Sie Informationen zu Ihrem Baustein hinterlegen
//   You can store information about your block here
//
//   statt DB<Baustein-Nr> kann auch <Name aus Symboltabelle> angegeben werden;
//   In place of DB<block no.>, <symbolic name> can also be entered;

AUTHOR:    Andy     // max. 8 Zeichen / max. 8 characters
FAMILY:    plant1   // max. 8 Zeichen / max. 8 characters
NAME:      db_mot1  // max. 8 Zeichen / max. 8 characters
VERSION:   01.01    // max. 15.15
//KNOW_HOW_PROTECT
// (falls angegeben, kann im generierten Baustein keine Änderungen mehr vorgenommen werden)
// (If specified, no more changes can be made once the block is generated)
//UNLINKED
// (falls angegeben, ist der generierte Baustein nur im AG Ladespeicher vorhanden)
// (If specified, the generated block is only available in the PLC load memory)
//READ_ONLY
// (falls angegeben, ist der generierte Baustein im AG nicht änderbar)
// (If specified, the generated block cannot be changed in the programmable controller)


STRUCT
  b0: BYTE;
END_STRUCT;

BEGIN
  b0:= b#16#01;
END_DATA_BLOCK

zlj_dl_1 : real := 0.00E+00 ; //    制冷机组_1_电流
zlj_dl_2 : real := 0.00E+00 ; //    制冷机组_2_电流
zlj_dl_3 : real := 0.00E+00 ; //    制冷机组_3_电流
LDB_1_dl : real := 0.00E+00 ; //    冷冻泵_1_电流
LDB_1_PL : real := 0.00E+00 ; //    冷冻泵_1_频率
LDB_2_dl : real := 0.00E+00 ; //    冷冻泵_2_电流
LDB_2_PL : real := 0.00E+00 ; //    冷冻泵_2_频率
```

图 7-49　生成 DB 块模板

　　将变量拖到："STRUCT"和"END_STRUCT"之间，并删掉"BEGIN"和"END_DATA_BLOCK"之间内容。效果如图 7-50 所示。

```
STRUCT
zlj_dl_1 :  real :=  0.00E+00 ;  //     制冷机组_1_电流
zlj_dl_2 :  real :=  0.00E+00 ;  //     制冷机组_2_电流
zlj_dl_3 :  real :=  0.00E+00 ;  //     制冷机组_3_电流
LDB_1_dl :  real :=  0.00E+00 ;  //     冷冻泵_1_电流
LDB_1_PL :  real :=  0.00E+00 ;  //     冷冻泵_1_频率
LDB_2_dl :  real :=  0.00E+00 ;  //     冷冻泵_2_电流
LDB_2_PL :  real :=  0.00E+00 ;  //     冷冻泵_2_频率

END_STRUCT;

BEGIN

END_DATA_BLOCK
```

图 7-50　修改后的结构图

(8) 编译无误，如图 7-51 所示，则可以生成 DB200 数据块，结果如图 7-52 所示。

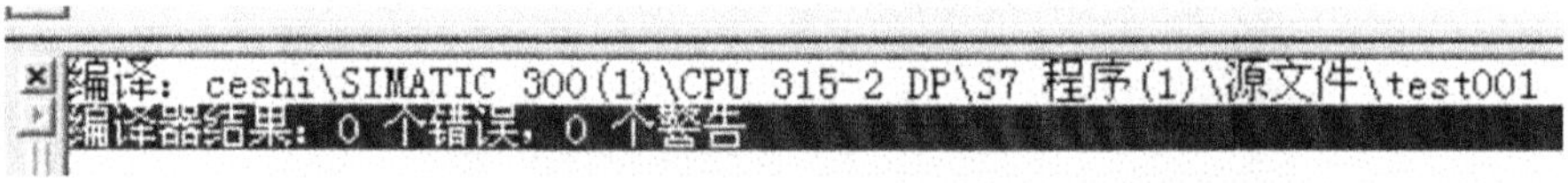

图 7-51　编译

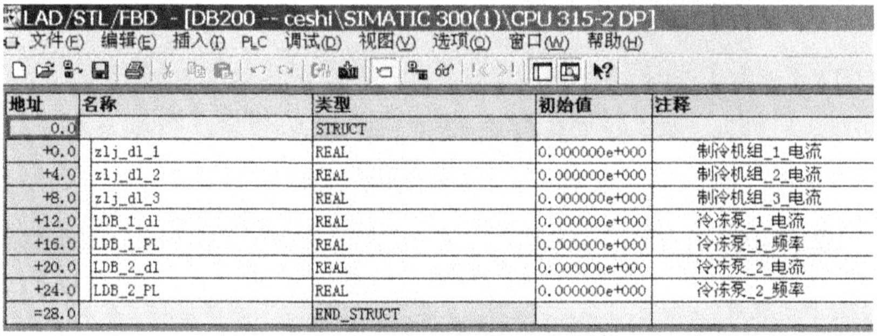

地址	名称	类型	初始值	注释
0.0		STRUCT		
+0.0	zlj_dl_1	REAL	0.000000e+000	制冷机组_1_电流
+4.0	zlj_dl_2	REAL	0.000000e+000	制冷机组_2_电流
+8.0	zlj_dl_3	REAL	0.000000e+000	制冷机组_3_电流
+12.0	LDB_1_dl	REAL	0.000000e+000	冷冻泵_1_电流
+16.0	LDB_1_PL	REAL	0.000000e+000	冷冻泵_1_频率
+20.0	LDB_2_dl	REAL	0.000000e+000	冷冻泵_2_电流
+24.0	LDB_2_PL	REAL	0.000000e+000	冷冻泵_2_频率
=28.0		END_STRUCT		

图 7-52　生成的 DB200

7.5.4 查看程序块的调用结构

(1) 图 7-53 中，随便进入某个块，如 OB1，通过“选项”→“参考数据”→“显示”，进入自定义界面，如图 7-54 所示，选中“程序结构”后单击“确定”按钮。

(2) 图 7-55 所示的为程序调用结构图，OB1 调用 FC1，FC1 调用 FB2，打叉的块是在程序中未被调用。当新建逻辑块时，该参考界面会自动刷新。

(3) 更改不同的快捷图标，可以查看地址与程序交叉参考等，如图 7-56 所示。

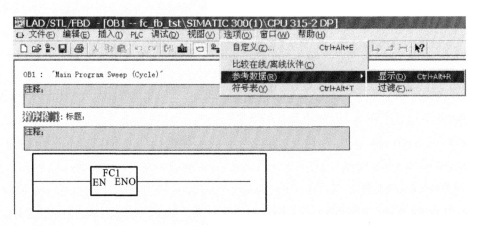

图 7-53　查看块调用

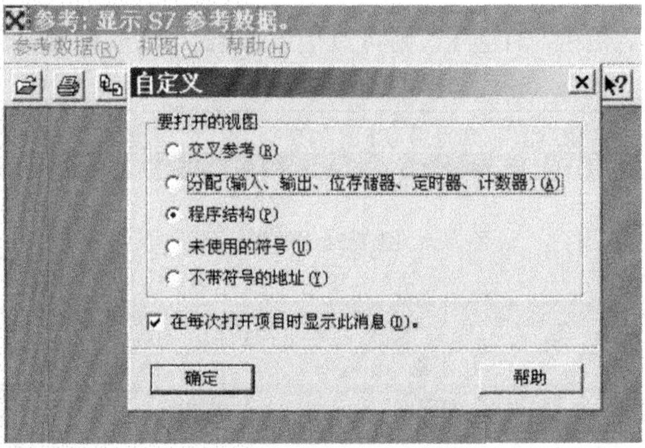

图 7-54　查看程序结构等

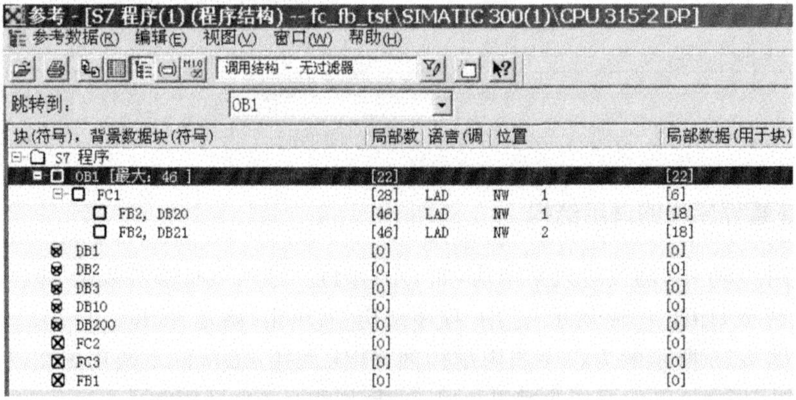

图 7-55　程序调用结构图

地址(符号)	块(符号)	类型	语言	位置			位置
⊞ MD 2	FC3	R	LAD	NW	1	/L	
⊞ MD 6	FC3	R	LAD	NW	2	/L	
⊟ MD 10	FC3	R	LAD	NW	2	/L	
		W	LAD	NW	2	/T	
MD 14	FC3	W	LAD	NW	2	/T	
MD 22	FC1	W	LAD	NW	1	/CALL	
MD 32	FC1	W	LAD	NW	2	/CALL	
⊞ MW 0	FC3	R	LAD	NW	1	/L	
MW 20	FC1	R	LAD	NW	1	/CALL	
MW 30	FC1	R	LAD	NW	2	/CALL	

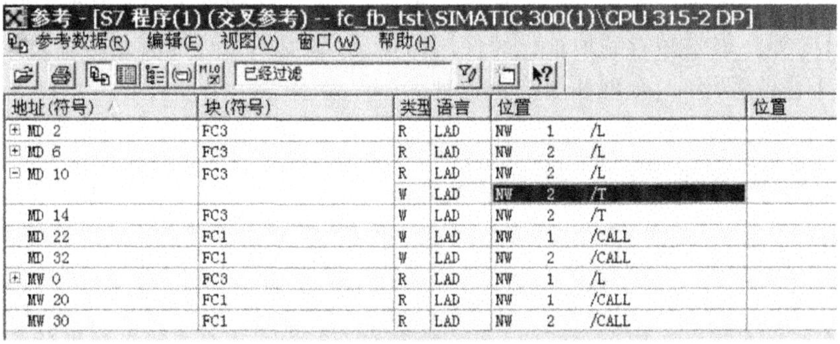

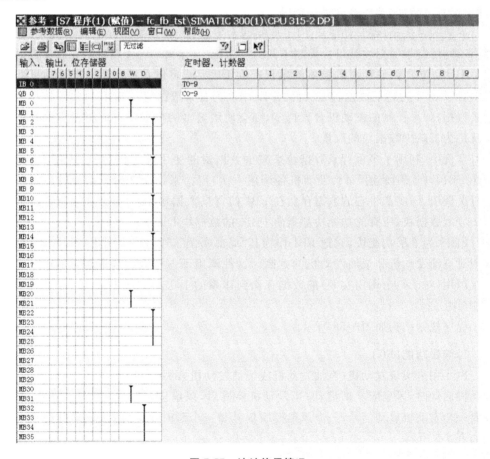

图 7-56 地址与程序交叉参考关联图

(4) 图 7-57 显示了已使用地址分配情况，添加修改程序时特别有用，避免地址重复使用。

图 7-57 地址使用情况

图 7-57 中,W 列的竖线,表示使用了地址 MW0,D 列的竖线,表示使用了地址 MD2、MD6 等。很容易看到地址已经使用的情况,重要的是可以看到地址是否有重叠 现象,便于修改程序时,合理使用变量地址。

7.6　使用多重背景数据块

多重背景数据块是数据块的一种特殊形式,如在 OB1 中调用 FB10,在 FB10 中又 调用 FB1 和 FB2,只要 FB10 的背景数据块选择为多重背景数据块就可以了,FB1 和 FB2 不需要建立背景数据块,其接口参数都保存在 FB10 的多重背景数据块中。

下面通过一个例子简单介绍多重背景数据块的使用方法。

工艺要求:设发动机组由 1 台汽油发动机和 1 台柴油发动机组成,现要求用 PLC 控制发动机组,使各台发动机的转速稳定在设定的速度上,并控制散热风扇的启动和 延时关闭。每台发动机均设置一个启动按钮和一个停止按钮。

一般的做法是,编写功能块 FB1 控制两台发动机,当控制不同的发动机时,分别 使用不同的背景数据块就可以控制不同的发动机了(如第一台发动机的控制参数保存 在 DB1 中,第二台发动机的控制参数保存在 DB2 中,可以在控制第一台发动机调用 FB1 时以 DB1 为背景数据,第二台同样以 DB2 为背景数据块)。这样就需要使用两个 背景数据,如果控制的发动机台数越多,则会使用更多的数据块。使用多重背景数据 块就是为了减少数据块的数量。

本例中,利用了多重背景数据块来减少数据块的使用量。在 OB1 中调用 FB10, 再在 FB10 中分别调用(每台发动机各调用一次)FB1 来控制两台发动机的运转。对 于每次调用,FB1 都将它的数据存储在 FB1 的背景数据块 DB1 中。这样就无需再为 FB1 分配数据块,所有的功能块都指向 FB10 的数据块 DB10。

FB10 为上层功能块,它把 FB1 作为其“局部实例”,通过二次调用本地实例,分别 实现对汽油发动机和柴油发动机的控制。这种调用不占用数据块 DB1 和 DB2,它将 每次调用(对于每个调用实例)的数据存储到体系的上层功能块 FB10 的背景数据块 DB10 中。

程序规划结构如图 7-58 所示。

1. 编辑功能(FC)

FC1 用来实现发动机(汽油发动机或柴油发动机)的风扇控制,按照控制要求,当 发动机启动时,风扇应立即启动;当发动机停机后,风扇应延时 4 s 关闭。因此,FC1 需要一个发动机启动信号、一个风扇控制信号和一个延时定时器。FC 局部变量声明 表如表 7-5 所示。

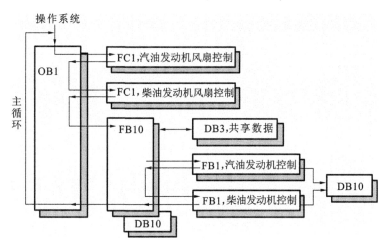

图 7-58　程序规划结构

表 7-5　FC 局部变量声明表

接口类型	变量名	数据类型	注　释
In	Engine_On	BOOL	发动机的启动信号
In	Timer_Off	Timer	用于关闭延迟的定时器功能
Out	Fan_On	BOOL	启动风扇信号

FC1 中定时器采用断电延时定时器,控制程序如图 7-59 所示。

逻辑框"S_OFFDT"来自程序元素目录,并使用♯Timer_Function 对其进行标识。使用输入参数♯Engine_On 启动变量♯Timer_Function。此 TIMER 数据类型的变量♯Timer_Function 代表一个定时器功能,并在之后 OB1 对其调用时分配定时器地址(如 T1)。每次调用定时器功能时,必须为每个发动机风扇分配不同的定时器地址。启动定时器功能,此定时器带 4 s 定时器关闭延迟。也可以使用数据类型 S5TIME 作为输入参数,并为其分配延迟时间,这样就可以为发动机的各个风扇组态不同的运行时间。

2. 编辑共享数据块

共享数据块 DB3(见图 7-60)可为 FB10 保存发动机(汽油发动机和柴油发动机)的实际转速,当发动机转速都达到预设速度时,还可以保存该状态的标志数据。

3. 编辑功能块(FB)

在该系统的程序结构内,有 2 个功能块:FB1 和 FB10。FB1 为底层功能块,所以应首先创建并编辑;FB10 为上层功能块,可以调用 FB1。

(1)编辑底层功能块 FB1。

FB1 的变量声明表如图 7-61 所示。

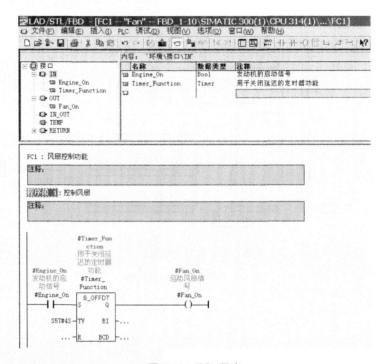

图 7-59 FC1 程序

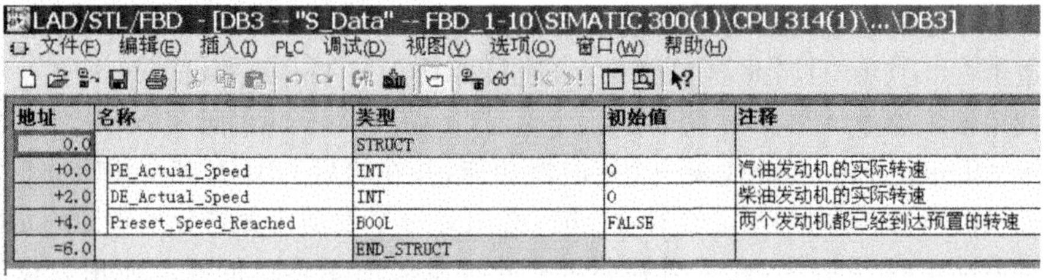

地址	名称	类型	初始值	注释
0.0		STRUCT		
+0.0	PE_Actual_Speed	INT	0	汽油发动机的实际转速
+2.0	DE_Actual_Speed	INT	0	柴油发动机的实际转速
+4.0	Preset_Speed_Reached	BOOL	FALSE	两个发动机都已经到达预置的转速
=6.0		END_STRUCT		

图 7-60 共享数据块 DB3

接口类型	变量名	数据类型	地址	初始值	扩展地址	结束地址	注释
IN	Switch_On	BOOL	0.0	FALSE	—	—	启动发动机
	Switch_Off	BOOL	0.1	FALSE	—	—	关闭发动机
	Failure	BOOL	0.2	FALSE	—	—	发动机故障，导致发动机关闭
	Actual_Speed	INT	2.0	0			发动机的实际转速
OUT	Engine_On	BOOL	4.0	FALSE	—	—	发动机已开启
	Preset_Speed_Reached	BOOL	4.1	FALSE	—	—	达到预置的转速
STAT	Preset_Speed	INT	6.0	1500			要求的发动机转速

图 7-61 功能块 FB1 的变量声明表

（2）编写功能块 FB1 的控制程序。

FB1 主要实现发动机的启停控制及速度监视功能，其控制程序如图 7-62 所示。

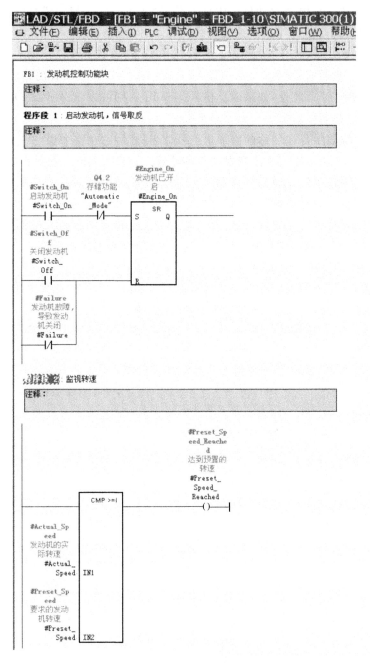

图 7-62　FB1 程序

程序段 1 中，SR（设置、重设）存储功能用于启动发动机。

在变量♯Switch_On 激活时（信号状态"1"），且变量"Automatic_Mode"取消激活时（信号状态为"0"），启动发动机。因而对信号"Automatic_Mode"取反；取反处理通过在 AND 功能后加上一个圆圈来表示。

在变量♯Switch_Off 激活或变量♯Failure 信号状态为"0"时，关闭发动机。♯Failure 是"0"激活信号，通常情况下其信号状态为"1"（如果没有出错的话），而在出错时信号状态为"0"。此处，如果取反信号♯Failure，则可以获得所需要的功能。

注意：通过在名称前加上一个♯号来表示"块相关"变量（♯名称），它只在块中有效。共享的变量表示是在名称前后加上引号（"名称"），它在整个程序中有效。

程序段 2 中，比较器用来监视发动机的转速。它检查实际转速是否大于或等于预设转速。如果满足条件，比较器设置变量♯Preset_Speed_Reached。

实际发动机转速是块输入参数（在"in"声明处定义），因为它是发动机特定参数。预置转速也是发动机特定参数，但因为它是一个固定值，可以以静态数据形式存储在发动机数据中（在"stat"声明处定义）。这种变量即为"静态局部变量"。

（3）编辑上层功能块 FB10。

在"多重背景"项目内创建 FB10，符号名为"Engines"。在 FB10 的属性对话框内激活"Multiple Instance Capable"选项，如图 7-63 所示。

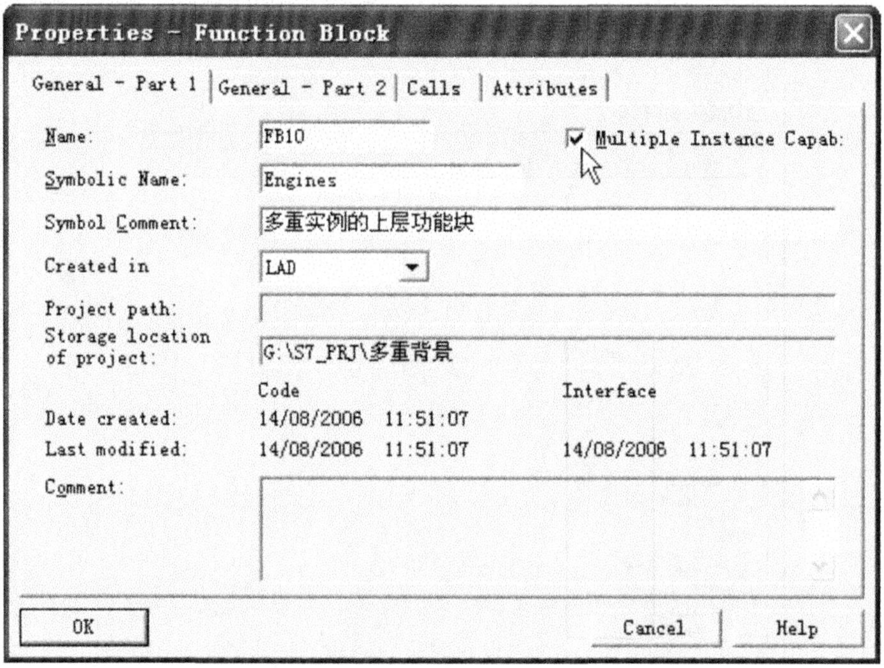

图 7-63　FB10 属性对话框

定义功能块 FB10 的变量声明表,要将 FB1 作为 FB10 的一个"局部背景"调用,需要在 FB10 的变量声明表中为 FB1 的调用声明不同名称的静态变量,数据类型为 FB1(或使用符号名"Engines"),如表 7-6 所示。

表 7-6　FB10 变量声明表

接口类型	变量名	数据类型	地址	初始值	注释
OUT	Preset_Speed_Reached	BOOL	0.0	FALSE	两个发动机都已经到达预置的转速
STAT	Petrol_Engine	FB1	2.0	—	FB1"Engines"的第一个局部实例
	Diesel_Engine	FB1	10.0	—	FB1"Engines"的第二个局部实例
TEMP	PE_Preset_Speed_Reached	BOOL	0.0	FALSE	达到预置的转速(汽油发动机)
	DE_Preset_Speed_Reached	BOOL	0.1	FALSE	达到预置的转速(柴油发动机)

在变量声明表内完成 FB1 类型的局部实例"Petrol_Engine"和"Diesel_Engine"的声明以后,在程序元素目录的"Multiple instances"目录中就会出现所声明的多重实例,如图 7-64 所示。接下来可在 FB10 的代码区,调用 FB1 的"局部实例"。

调用 FB1 局部实例时,不再使用独立的背景数据块,FB1 的实例数据位于 FB10 的实例数据块 DB10 中。发动机的实际转速可直接从共享数据块中得到,如 DB3.DBW2(符号地址为"S_Data".PE_Actual_Speed)。

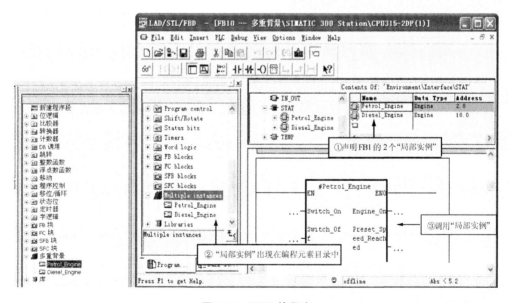

图 7-64　FB10 块程序

功能块 FB10 的控制程序如图 7-65 所示。

（4）生成多重背景数据块 DB10。

在"多重背景"项目内创建一个与 FB10 相关联的多重背景数据块 DB10，符号名为"Engine_Data"，如图 7-66 所示。

4. 在 OB1 中调用功能(FC)及上层功能块(FB)

在 OB1 中调用功能(FC)及上层功能块(FB)程序如图 7-67 所示。

FB10：多重背景

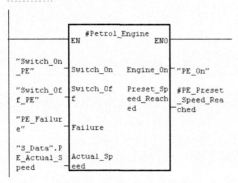
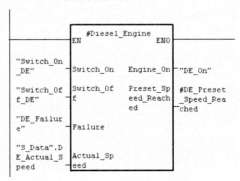

Network 2：启动柴油发动机

Network 3：两台发动机均已达到设定转速

图 7-65　FB10 块调用

	Address	Declaration	Name	Type	Initial value	Actual value	Comment
1	0.0	in	Preset_Speed_Reached	BOOL	FALSE	FALSE	两个发动机都已经到达预置的转速
2	2.0	stat:in	Petrol_Engine.Switch_On	BOOL	FALSE	FALSE	启动发动机
3	2.1	stat:in	Petrol_Engine.Switch_Off	BOOL	FALSE	FALSE	关闭发动机
4	2.2	stat:in	Petrol_Engine.Failure	BOOL	FALSE	FALSE	发动机故障，导致发动机关闭
5	4.0	stat:in	Petrol_Engine.Actual_Speed	INT	0	0	发动机的实际转速
6	6.0	stat:out	Petrol_Engine.Engine_On	BOOL	FALSE	FALSE	发动机已开启
7	6.1	stat:out	Petrol_Engine.Preset_Speed_Reached	BOOL	FALSE	FALSE	达到预置的转速
8	8.0	stat	Petrol_Engine.Preset_Speed	INT	1500	1500	要求的发动机转速
9	10.0	stat:in	Diesel_Engine.Switch_On	BOOL	FALSE	FALSE	启动发动机
10	10.1	stat:in	Diesel_Engine.Switch_Off	BOOL	FALSE	FALSE	关闭发动机
11	10.2	stat:in	Diesel_Engine.Failure	BOOL	FALSE	FALSE	发动机故障，导致发动机关闭
12	12.0	stat:in	Diesel_Engine.Actual_Speed	INT	0	0	发动机的实际转速
13	14.0	stat:out	Diesel_Engine.Engine_On	BOOL	FALSE	FALSE	发动机已开启
14	14.1	stat:out	Diesel_Engine.Preset_Speed_Reached	BOOL	FALSE	FALSE	达到预置的转速
15	16.0	stat	Diesel_Engine.Preset_Speed	INT	1500	1500	要求的发动机转速

DB10 -- 多重背景\SIMATIC 300 Station\CPU315-2DP(1)

图 7-66　多重背景数据块 DB10

OB1：主循环程序

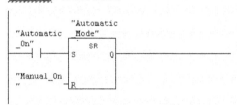

Network 1：设置运行模式

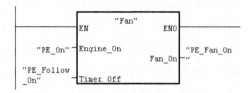

Network 2：控制汽油发动机风扇

Network 3：控制柴油发动机风扇

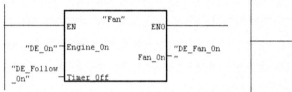

Network 4：调用上层功能块FB10

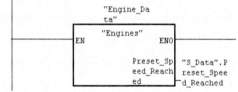

图 7-67 OB1 程序

使用多重背景时应注意以下问题：

（1）首先应生成需要多次调用的功能块（如上例中的 FB1）。

（2）管理多重背景的功能块（如上例中的 FB10）必须设置为有多重背景功能。

（3）在管理多重背景的功能块的变量声明表中，为被调用的功能块的每一次调用定义一个静态（STAT）变量，以被调用的功能块的名称（如 FB1）作为静态变量的数据类型。

（4）必须有一个背景数据块（如上例中的 DB10）分配给管理多重背景的功能块，背景数据块中的数据是自动生成的。

（5）多重背景只能声明为静态变量（声明类型为"STAT"）。

7.7　SFC、SFB 一览表

表 7-7 和表 7-8 简单给出了 SFC 和 SFB 系统块的一览表，详细使用可以参考相关的手册。

表 7-7　SFC 一览表

编　号	名称缩写	功　　能
SFC0	SET_CLK	设系统时钟
SFC1	READ_CLK	读系统时钟
SFC2	SET_RTM	运行时间定时器设定

续表

编　号	名称缩写	功　　能
SFC3	CTRL_RTM	运行时间定时器启/停
SFC4	READ_RTM	运行时间定时器读取
SFC5	GADR_LGC	查询模板的逻辑起始地址
SFC6	RD_SINFO	读 OB 启动信息
SFC7	DP_PRAL	在 DP 主站上触发硬件中断
SFC9	EN_MSG	使能、与块、符号、组状态相关的信息
SFC10	DIS_MSG	禁止、与块、符号、组状态相关的信息
SFC11	DPSYC_FR	同步 DP 从站组
SFC12	D_ACT_DP	取消和激活 DP 从站
SFC13	DPNRM_DG	读 DP 从站的诊断数据(从站诊断)
SFC14	DPRD_DAT	读标准 DP 从站的连续数据
SFC15	DPWR_DAT	写标准 DP 从站的连续数据
SFC17	ALARM_SQ	生成可确认的块相关信息
SFC18	ALARM_S	生成恒定可确认的块相关信息
SFC19	ALARM_SC	查询最后的 LAARM_SQ 到来的事件信息的应答状态
SFC20	BLKMOV	拷贝变量
SFC21	FILL	初始化存储区
SFC22	CREAT_DB	生成 DB
SFC23	DEL_DB	删除 DB
SFC24	TEST_DB	测试 DB
SFC25	COMPRESS	压缩用户内存
SFC26	UPDAT_PI	刷新过程映像输入表
SFC27	UPDAT_PO	刷新过程映像输出表
SFC28	SET_TINT	设置日时钟中断
SFC29	CAN_TINT	取消日时钟中断
SFC30	ACT_TINT	激活日时钟中断
SFC31	QRY_TINT	查询日时钟中断
SFC32	SRT_DINT	启动延时中断
SFC33	CAN_DINT	取消延时中断

续表

编　号	名称缩写	功　　能
SFC34	QRY_DINT	查询延时中断
SFC35	MP_ALM	触发多 CPU 中断
SFC36	MSK_FLT	屏蔽同步故障
SFC37	DMSK_FLT	解除同步故障屏蔽
SFC38	READ_ERR	读故障寄存器
SFC39	DIS_IRT	禁止新中断和非同步故障
SFC40	EN_IRT	使能新中断和非同步故障
SFC41	DIS_AIRT	延迟高优先级中断和非同步故障
SFC42	EN_AIRT	使能高优先级中断和非同步故障
SFC43	RE_TRIGR	再触发循环时间监控
SFC44	REPL_VAL	传送替代值到累加器 1
SFC46	STP	使 CPU 进入停机状态
SFC47	WAIT	延迟用户程序的执行
SFC48	SNC_RTCB	同步子时钟
SFC49	LGC_GADR	查询一个逻辑地址的模块槽位的属性
SFC50	RD_LGADR	查询一个模块的全部逻辑地址
SFC51	RDSYSST	读系统状态表或部分表
SFC52	WR_USMSG	向诊断缓冲区写用户定义的诊断事件
SFC54	RD_PARM	读取定义参数
SFC55	WR_PARM	写动态参数
SFC56	WR_DPARM	写默认参数
SFC57	PARM_MOD	为模块指派参数
SFC58	WR_REC	写数据记录
SFC59	RD_REC	读数据记录
SFC60	GD_SND	全局数据包发送
SFC61	GD_RCV	全局数据包接收
SFC62	CONTROL	查询通信的连接状态
SFC63	AB_CALL	汇编代码块
SFC64	TIME_TCK	读系统时间

编　号	名称缩写	功　能
SFC65	X_SEND	向本地 S7 站之外的通信伙伴发送数据
SFC66	X_RCV	接收本地 S7 站之外的通信伙伴发送的数据
SFC67	X_GET	读取本地 S7 站之外的通信伙伴发送的数据
SFC68	X_PUT	写数据到本地 S7 站之外的通信伙伴
SFC69	X_ABORT	中断与本地 S7 站之外的通信伙伴已建立的连接
SFC72	I_GET	读取本地 S7 站内的通信伙伴的数据
SFC73	I_PUT	写数据到本地 S7 站内的通信伙伴
SFC74	I_ABORT	中断与本地 S7 站内的通信伙伴已建立的连接
SFC78	OB_RT	确定 OB 的程序运行时间
SFC79	SET	置位输出范围
SFC80	RSET	复位输出范围
SFC81	UBLKMOV	不间断拷贝变量
SFC82	CREA_DBL	在装载存储器中生成 DB 块
SFC83	READ_DBL	读装载存储器中的 DB 块
SFC84	WRIT_DBL	写装载存储器中的 DB 块
SFC87	C_DIAG	实际连接状态的诊断
SFC90	H_CTRL	H 系统中的控制操作
SFC100	SET_CLKS	设日期时间和日期时间状态
SFC101	RTM	运行时间计时器
SFC102	RD_DPARA	读取预定义参数(重新定义参数)
SFC103	DP_TOPOL	识别 DP 主系统中总线的拓扑
SFC104	CiR	控制 CiR
SFC105	READ_SI	读取动态系统资源
SFC106	DEL_SI	删除动态系统资源
SFC107	ALARM_DQ	生成可确认的块相关信息
SFC108	ALARM_D	生成恒定可确认的块相关信息
SFC126	SYNC_PI	同步刷新过程映像区输入表
SFC127	SYNC_PO	同步刷新过程映像区输出表

SFC63"AB_CALL"仅在 CPU614 中存在,详细说明可参考相应的手册

表 7-8　SFB 一览表

编　号	名称缩写	功　　能
SFB0	CTU	加记数
SFB1	CTD	减记数
SFB2	CTUD	加/减记数
SFB3	TP	定时脉冲
SFB4	TON	延时接通
SFB5	TOF	延时断开
SFB8	USEND	非协调数据发送
SFB9	URCV	非协调数据接收
SFB12	BSEND	段数据发送
SFB13	BRCV	段数据接收
SFB14	GET	向远程 CPU 写数据
SFB15	PUT	从远程 CPU 读数据
SFB16	PRINT	向打印机发送数据
SFB19	START	在远程装置上实施暖启动或冷启动
SFB20	STOP	将远程装置变为停止状态
SFB21	RESUME	在远程装置上实施暖启动
SFB22	STATUS	查询远程装置的状态
SFB23	USTATUS	接收远程装置的状态
SFB29	HS_COUNT	计数器(高速计数器,集成功能)
SFB30	FREQ_MES	频率计(频率计,集成功能)
SFB31	NOTIFY_8P	生成不带确认显示的块相关信息
SFB32	DRUM	执行顺序器
SFB33	ALARM	生成带确认显示的块相关信息
SFB34	ALARM_8	生成不带 8 个信号值的块相关信息
SFB35	ALARM_8P	生成带 8 个信号值的块相关信息
SFB36	NOTIFY	生成不带确认显示的块相关信息
SFB37	AR_SEND	发送归档数据
SFB38	HSC_A_B	计数器 A/B 转换
SFB39	POS	定位(集成功能)
SFB41	CONT_C	连续调节器
SFB42	CONT_S	步进调节器
SFB43	PULSEGEN	脉冲发生器

续表

编 号	名 称 缩 写	功 能
SFB44	ANALOG	带模拟输出的定位
SFB46	DIGITAL	带数字输出的定位
SFB47	COUNT	计数器控制
SFB48	FREQUENC	频率计控制
SFB49	PULSE	脉冲宽度控制
SFB52	RDREC	读来自 DP 从站的数据记录
SFB53	WRREC	向 DP 从站写数据记录
SFB54	RALRM	接收来自 DP 从站的数据记录
SFB60	SEND_PTP	发送数据（ASCⅡ,3964(R)）
SFB61	RCV_PTP	接收数据（ASCⅡ,3964(R)）
SFB62	RES_RECV	清除接收缓冲区（ASCⅡ,3964(R)）
SFB63	SEND_RK	发送数据（RK512）
SFB64	FETCH_RK	获取数据（RK512）
SFB65	SERVE_RK	接收和提供数据（RK512）
SFB75	SALRM	向 DP 从站发送中断

注：SFB"HS_COUNT"和 SFB30"FREQ_MES"仅在 CPU312IFM 和 CPU314IFM 中存在。
SFB38"HSC_A_B"和 SFB39"POS"仅在 CPU314IFM 中存在；
SFB41"CONT_C"、SFB42"CONT_S"和 SFB43"PULSEGEN"仅在 CPU314IFM 中存在；
SFB44～SFB49 和 SFB60～SFB65 仅在 S7-300C CPU 中存在。

7.8　本章小结

　　本章介绍了 STEP 7 的编程语言和 STEP 7 程序结构,重点讲述了数据块及逻辑块的编写,通过简单实例,介绍了 FC 和 FB 编写过程,并给出了简单的仿真演示。

　　同时,列出了 OB、SFC、SFB 功能一览表,方便大家快速了解并实际应用相关块的功能。

习题 7

　　1. STEP 7 的编程语言,请简单列举几个。

　　2. 简述 STEP 7 的程序结构。

　　3. 数据块的数据类型有哪些?

　　4. 结合常用的继电器接触器电路,编写简单的 FC 和 FB 程序。

8

PLC 闭环控制

8.1 PID 控制概述

　　PID(proportional integral differential)控制是比例、积分、微分控制的简称。在生产过程自动控制的发展历程中,PID 控制是历史最久、生命力最强的基本控制方式。在 20 世纪 40 年代以前,除了在最简单的情况下可采用开关控制外,它是唯一的控制方式。随着科学技术的发展,特别是电子计算机的诞生和发展,涌现出许多先进的控制方法;然而直到现在,PID 控制由于它自身的优点依然是应用最广的基本控制方式,占整个工业过程控制算法的 85%～90%。

　　PID 控制器根据系统的误差,利用误差的比例、积分、微分三个环节的不同组合计算出不同的控制量。图 8-1 所示的是常规 PID 控制系统的原理框图。

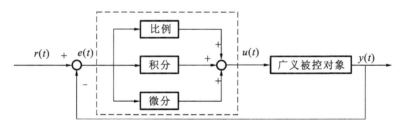

图 8-1 常规 PID 控制系统原理框图

　　其中广义被控对象包括调节阀、被控对象和测量变送元件;虚线框内部分是 PID 控制器,其输入为设定值 $r(t)$ 与被控量实测值 $y(t)$ 构成的控制偏差信号,表达式为

$$e(t) = r(t) - y(t) \tag{8-1}$$

输出为该偏差信号的比例、积分和微分的线性组合,即 PID 控制律,表达式为

$$u(t) = K_P \left[e(t) + \frac{1}{T_I} \int_0^t e(t)\mathrm{d}t + T_D \frac{\mathrm{d}e(t)}{\mathrm{d}t} \right] \tag{8-2}$$

式中：K_P——比例系数；

　　　T_I——积分时间常数；

　　　T_D——微分时间常数。

　　根据被控对象动态特性和控制要求的不同，式(8-2)还应理解为可以只包含比例和积分的 PI 调节或只包含比例和微分的 PD 调节。不论采用哪一种组合形式，PID 控制的基本组成原理都比较简单，参数的物理意义也比较明确，学过控制理论的读者很容易理解它。除此之外，PID 控制还具有其他诸多优点。

　　(1) 适应性强。可以广泛应用于化工、热工、冶金、炼油以及造纸、建材等各种生产部门。按 PID 控制进行工作的自动调节器早已商品化。在具体实现上它们经历了机械式、液动式、气动式、电子式等发展阶段，但始终没有脱离 PID 控制的范畴。即使目前最新式的过程控制计算机，其基本控制功能也仍然是 PID 控制。

　　(2) 鲁棒性强。即其控制品质对被控对象特性的变化不大敏感。

　　(3) 对模型依赖少。当我们不完全了解一个系统和被控对象，或不能通过有效的测量手段来获得系统参数时，控制理论的其他技术难以采用，这时应用 PID 控制技术最为方便。

　　由于具有这些优点，在过程控制中，人们首先想到的控制方法总是 PID 控制。一个大型的现代化生产装置的控制回路可能多达二百甚至更多，其中绝大部分都采用 PID 控制。例外的情况只有两种：一种是被控对象易于控制且控制要求不高，可以采用更简单的开关控制方式；另一种是被控对象特别难以控制且控制要求又特别高，这时如果 PID 控制难以达到生产要求就要考虑采用更先进的控制方法。

8.2　数字 PID 控制器

　　由前所述，PID 控制由于简单好用，对对象模型依赖较少等优点而在工业过程控制领域得以最为广泛的应用。追溯 PID 控制应用的发展历史，早期的 PID 控制器(也称为调节器)首先是在由气动或液动、电动仪表组成的模拟控制器上实现的。近年来，随着计算机技术飞速发展，由计算机实现的数字 PID 控制器正逐渐取代由模拟仪表构成的模拟 PID 控制器。

　　由于计算机只能处理数字信号，所以要用计算机实现 PID 控制，首先要将 PID 控制算法离散化，也即设计数字 PID 算法。

　　考虑式(8-2)所述的模拟 PID 控制算法，为将其离散化，首先将连续时间 t 离散化为一系列采样时刻点 kT(k 为采样序号，T 为采样周期)，而后以求和取代积分，以向后差分取代微分，于是得到离散化的 PID 控制算法的表达式为

$$u(k) = K_{\mathrm{P}}\{e(k) + \frac{T}{T_{\mathrm{I}}}\sum_{j=0}^{k}e(j) + \frac{T_{\mathrm{D}}}{T}[e(k) - e(k-1)]\} \tag{8-3}$$

式(8-3)就是基本的数字 PID 算法。不难看出,基本的数字 PID 控制仍包含三个部分:比例部分 $K_{\mathrm{P}}e(k)$、积分部分 $\dfrac{K_{\mathrm{P}}T}{T_{\mathrm{I}}}\sum_{j=0}^{k}e(j)$ 和微分部分 $K_{\mathrm{P}}T_{\mathrm{D}}\dfrac{e(k)-e(k-1)}{T}$。由于计算机输出 $u(k)$ 是直接控制执行机构(如阀门)动作的,$u(k)$ 的值与执行机构的位置(如阀门开度)一一对应,所以通常称式(8-3)为位置式 PID 控制算法。图 8-2 给出了位置式 PID 控制系统的示意图。

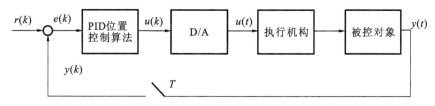

图 8-2 位置式 PID 控制系统

实际应用中,位置式 PID 控制算法会遇到一些问题:由于计算时要对 $e(k)$ 累加,所以过去的所有状态均要保存,这无疑增大了计算机的存储量和运算的工作量;由于计算机输出 $u(k)$ 直接对应执行机构的实际位置,所以一旦计算机出现故障使得 $u(k)$ 大幅度变化,必会引起执行机构的大幅变化,而这在生产实践中是不允许的,在某些场合甚至会造成重大的生产事故;有些执行机构(如步进电动机)要求控制器的输出为增量形式,这些情况下位置式 PID 控制都不能使用,为此对位置式 PID 控制算法进行改进,引入增量式 PID 控制。

所谓增量即两个相邻时刻控制输出的绝对量之差。根据式(8-3)不难写出 $u(k-1)$ 的表达式,即

$$u(k-1) = K_{\mathrm{P}}\{e(k-1) + \frac{T}{T_{\mathrm{I}}}\sum_{i=0}^{k-1}e(i) + \frac{T_{\mathrm{D}}}{T}[e(k-1) - e(k-2)]\} \tag{8-4}$$

用式(8-3)减去式(8-4)即得增量式 PID 控制算法的表达式为

$$\Delta u(k) = u(k) - u(k-1)$$
$$= K_{\mathrm{P}}[e(k) - e(k-1)] + K_{\mathrm{I}}e(k) + K_{\mathrm{D}}[e(k) - 2e(k-1) + e(k-2)] \tag{8-5}$$

式中:K_{P}——比例增益;

$\quad K_{\mathrm{I}}$——$K_{\mathrm{I}} = K_{\mathrm{P}}T/T_{\mathrm{I}}$ 为积分系数;

$\quad K_{\mathrm{D}}$——$K_{\mathrm{D}} = K_{\mathrm{P}}T_{\mathrm{D}}/T$ 为微分常数。

为编程方便,可将式(8-5)整理成如下形式

$$\Delta u(k) = q_0 e(k) + q_1 e(k-1) + q_2 e(k-2) \tag{8-6}$$

式中：

$$\begin{cases} q_0 = K_P(1 + \dfrac{T}{T_I} + \dfrac{T_D}{T}) \\[2mm] q_1 = -K_P(1 + \dfrac{2T_D}{T}) \\[2mm] q_2 = K_P\dfrac{T_D}{T} \end{cases} \qquad (8\text{-}7)$$

图 8-3 给出了增量式 PID 控制系统的示意图。

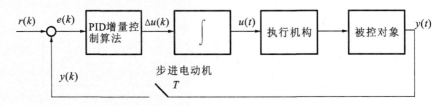

图 8-3 增量式 PID 控制系统

增量式控制在本质上与位置式控制并无多大差别，却具有不少优点。

（1）增量式算法不需要做累加，增量的确定仅与最近几次偏差采样值有关，计算精度对控制量的计算影响较小。而位置式算法要用到过去偏差的累加值，容易产生大的累加误差。

（2）增量式算法得出的是控制量的增量，如阀门控制中，只输出阀门开度的变化部分，误动作影响小，必要时通过逻辑判断限制或禁止本次输出，不会严重影响系统的工作。

（3）增量式算法不对偏差做累加，因而也不会引起积分饱和。

（4）采用增量式算法，易于实现手动到自动的无冲击切换。在手动到自动切换时，增量式算法不需要知道切换时刻前的执行机构位置，只要输出控制增量就可以切换。而位置式算法要实现手动到自动切换，必须知道切换时刻前的执行机构的位置，无疑增加了系统设计的复杂性。

正是因为增量式算法具有上述优点，所以在实际应用中多采用这种算法进行数字 PID 控制。

8.3 模拟量的闭环控制功能

8.3.1 PID 功能块概述

本文中所讨论的功能块（SFB41/FB41 "CONT_C"，连续控制方式；SFB42/FB42 "CONT_S"，步进控制方式；SFB43/FB43 "PULSEGEN"，脉冲宽度调制器）仅适用于 S7 和 C7 的 CPU 中的循环中断程序。该功能块定期计算所需的数据，保存在指定的背景数据块中。允许多次调用该功能块。

CONT_C 块与 PULSEGEN 块组合使用,可以获得一个带有比例执行机构脉冲输出的控制器(如加热和冷却装置)。

注意:SFB41/42/43 与 FB41/42/43 兼容,可以用于 CPU313C、CPU313C-2 DP/PTP 和 CPU314C-2 DP/PTP 中。

1. 应用

借助于组态大量模块组成的控制器,可以完成带有 PID 算法的实际控制器。控制效率,即处理速度取决于所使用的 CPU 性能。对于给定的 CPU,必须在控制器的数量和控制器所需要执行频率之间找到一个折中方案。连接的控制电路越快,所安装的控制器数量越少,则每个时间单位计算的数值就越多,对于控制过程的类型没有限制,较慢(温度、填料位等)以及较快(流量、速度等)的控制系统都可以控制。

2. 控制系统分析

控制系统的静态性能(增益)和动态性能(滞后、空载时间、积分常数等),都是设计系统控制器及其静态参数(P 操作)和动态参数(I、D 操作)的主要因素。

因此,熟练掌握控制系统的类型和特性非常重要,如图 8-4～图 8-7 所示。

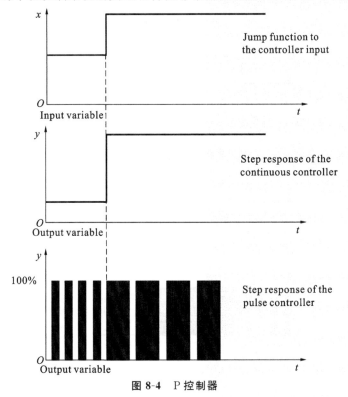

图 8-4　P 控制器

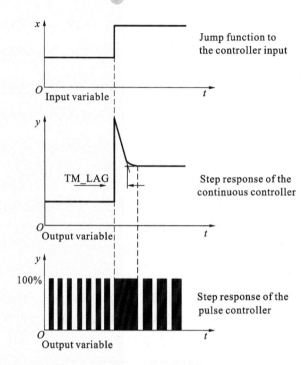

图 8-5 PD 控制器

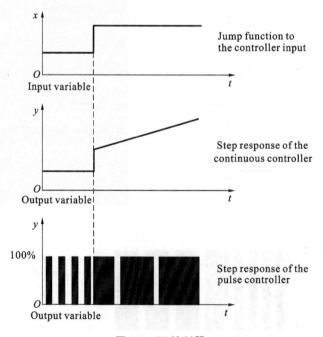

图 8-6 PI 控制器

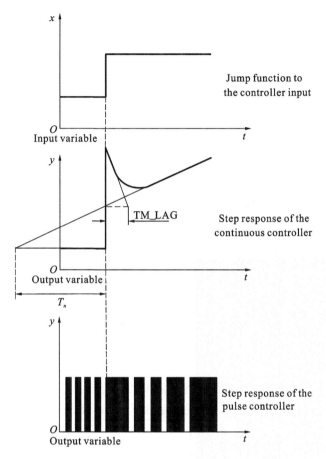

图 8-7 PID 控制器

8.3.2 PID 系统控制器的选择

控制系统的属性由技术过程和机器条件决定。因此,为了获得良好的控制效果,必须选择最适用的系统控制器。

1. 连续控制器、开关控制器

连续控制器,输出一个线性(模拟)数值。

开关控制器,输出一个二进制(数字)数值。

2. 固定值控制器

固定值控制是使用设定固定数值进行的过程控制,只是偶尔修改一下参考变量,属过程偏差的控制。

3. 级联控制器

级联控制是控制器串行连接进行的控制。第一个控制器(主控制器)决定了串行控制器(从控制器)的设定点,或者根据过程变量的实际偏差来影响从控制器的设定点。

一个级联控制器的控制性能可以使用其他过程变量加以改进。为此,可以为主控制变量添加一个辅助过程变量 PV2(主控制器 SP2 的输出)。主控制器可以将过程变量 PV1 施加给设定点 SP1,并且可以调整 SP2,以便尽可能快地到达目标,而没有过调节。级联控制器如图 8-8 所示。

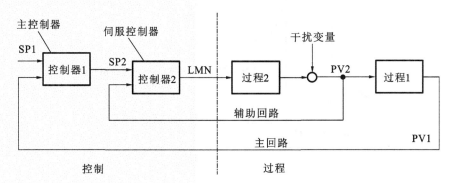

图 8-8 级联控制器

4. 混合控制器

混合控制器是指根据每个被控组件所需要的设定点总数量,来计算总 SP 数量的一种控制结构,如图 8-9 所示。在此,混合系数 FAC 的和必须为"1"。

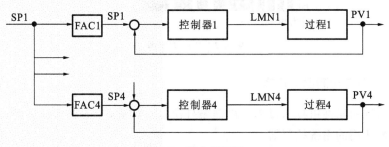

图 8-9 混合控制器

5. 比例控制器

(1)单循环比例控制器。

单循环比例控制器如图 8-10 所示,可以用于"两个过程变量之间的比率"比"两个过程变量的绝对数值"重要的场合,如速度控制。

(2)多循环比例控制器。

对于多循环比例控制,两个过程变量 PV1 和 PV2 之比保持为常数。因此,可以使用第一个控制循环的过程数值,来计算第二个控制循环的设定点。对于过程变量PV1的动态变化,也可以保证保持特定的比例,如图8-11所示。

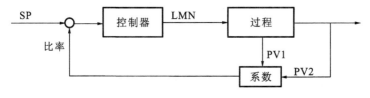

图8-10 单循环比例控制器

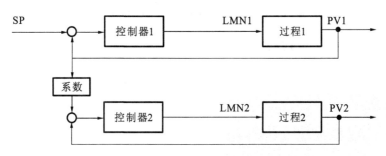

图8-11 多循环比例控制器

6.二级控制器

一个二级控制器只能采集两个输出状态(如开和关)。典型的控制为:一个加热系统,通过继电器输出的脉冲宽度调制。

7.三级控制器

一个三级控制器只能采集到三个具体的输出状态,需要区分"脉冲宽度调制"(如加热—冷却,加热—关机—冷却)与"使用集成执行机构的步进控制"(如左—停止—右)之间的区别。

8.3.3 布线

对于没有集成的I/O控制器,必须使用附加的I/O模块。

1.布线规则

连接电缆需要满足以下要求。

(1)对于数字I/O,如果线路有100 m长,必须使用屏蔽电缆。

(2)电缆屏蔽时必须在两端进行接地。

(3)软电缆的截面积选择$0.25\sim1.5$ mm^2。

(4)无需选择电缆套。如果决定使用电缆套,可以使用不带绝缘套圈的电缆套(DIN 46228,Shape A,Short version)。

2. 屏蔽端接元件

(1) 可以使用屏蔽端接元件,将所有屏蔽的电缆直接通过导轨连接接地。

(2) 必须在断电情况下对组件进行接线。

3. 警告

(1) 带电作业会有生命危险。

(2) 如果你带电对组件的前插头进行接线,会有触电危险!

4. 其他信息

其他注意事项可参见"CPU 数据"手册以及 CPU 的安装手册。

8.3.4 PID 参数赋值工具介绍

借助于"PID 参数设置"工具,可以很方便地调试功能块 SFB41/FB41、SFB42/FB42 的参数(背景数据块)。

1. 调试 PID 参数的用户界面

在 Windows 操作系统中,调用"调试 PID 参数用户界面"的操作过程如下:Start →SIMATIC→STEP 7→PID Control Parameter Assignment,如图 8-12 所示。

图 8-12 PID 参数设置路径

在最开始的对话框中,既可以打开一个已经存在的 FB41/SFB41"CONT_C"或者 FB42/SFB42"CONT_S"的背景数据块;也可以生成一个新的数据块,再分配给 FB41/ SFB41"CONT_C"或者 FB42/SFB42"CONT_S",作为背景数据块,如图 8-13 所示。

　　FB43/SFB43"PULSEGEN"没有参数设置的用户界面工具,必须在 STEP 7 中去设置它的参数。

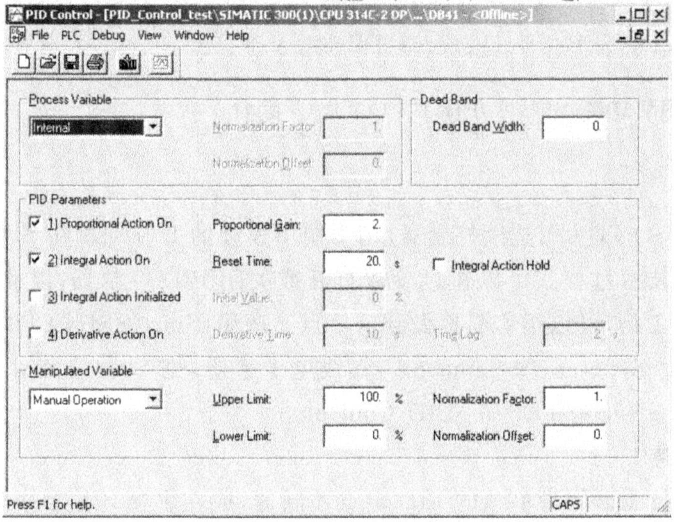

图 8-13　PID 参数设置对话框

2.获取在线帮助的途径

　　当分配参数给 FB41/SFB41"CONT_C"、FB42/SFB42"CONT_S"或者 FB43/SFB43"PULSEGEN"时,可以通过以下三条途径获得帮助:

　　(1) 使用 STEP 7 菜单 Help→Contents,获得相应的帮助信息。

　　(2) 通过按下 F1 键得到帮助。

　　(3) 在 PID 参数设置对话框中,通过点击 Help,可以得到具体的帮助信息。

8.3.5　PID 功能块在用户程序中实现

1.调用功能块

　　使用相应的背景数据块调用系统功能块,例如,

CALL SFB 41,DB 30 (或者 CALL　FB 41,DB 31)

2.背景数据块

　　系统功能块的参数将保存在背景数据块中,在 8.3.7 小节中将阐述这些参数。可以通过以下方式访问这些参数:

　　(1)DB 编号和偏移地址。

　　(2)数据块编号和数据块中的符号地址。

3. 程序结构

SFB 必须在重新启动组织块 OB100 中和循环中断组织块 OB30～OB38 中调用。

(1)OB100 Call SFB/FB 41、42、43，DB 30。

(2)OB35Call SFB/FB 41、42、43，DB 30。

8.3.6 连续调节功能 SFB41/FB41"CONT_C"简介

1. 简介

SFB/FB"CONT_C"(连续控制器)用于使用连续的 I/O 变量在 SIMATIC S7 控制系统中控制技术过程。可以通过参数打开或关闭 PID 控制器，以此来控制系统。通过参数赋值工具，可以很容易地做到这一点。调用：Start→SIMATIC→STEP 7→PID Control Parameter Assignment。在线电子手册，见 Start→SIMATIC→Documentation→English→STEP 7→PID Control。

2. 应用程序

可以使用控制器作为单独的 PID 定点控制器，或在多循环控制中作为级联控制器、混合控制器和比例控制器使用。控制器的功能基于带有一个模拟信号的采样控制器的 PID 控制算法，如果必要的话，可以通过脉冲发送器(PULSEGEN)进行扩展，以产生脉冲宽度调制的输出信号，来控制比例执行机构的两个或三个步进控制器。

3. 说明

除了设定点操作和过程数值操作的功能以外，SFB41/FB41"CONT_C"可以使用连续的变量输出和手动影响控制数值选项，来实现一个完整的 PID 控制器。下面是关于 SFB41/FB41 "CONT_C"详细的子功能说明。

1) 设定点操作

设定点以浮点格式在"SP_INT"端输入。

2) 实际数值操作

过程变量可以在外围设备(I/O)或者以浮点数值格式输入。

"CRP_IN"功能可以将"PV_PER"外围设备数值转换为一个浮点格式的数值，在－100％和＋100％之间，转换公式如下：CPR_IN 的输出＝PV_PER×100/27648。

"PV_NORM"功能可以根据下述规则标准化"CRP_IN"的输出：输出PV_NORM＝(CPR_IN 的输出)×PV_FAC＋PV_OFF，"PV_FAC"的缺省值为"1"，"PV_OFF"的缺省值为"0"。

变量"PV_FAC"和"PV_OFF"为下述公式转化的结果：PV_OFF＝(PV_NORM 的输出)－(CPR_IN 的输出)×PV_FAC；PV_FAC＝(PV_NORM 的输出)－

PV_OFF/(CPR_IN 的输出),不必转换为百分比数值。如果设定点为物理确定,实际数值还可以转换为该物理数值。

FB41 PID 调节原理如图 8-14 所示。

Continuous Control with SFB 41/FB 41"CONT_C"

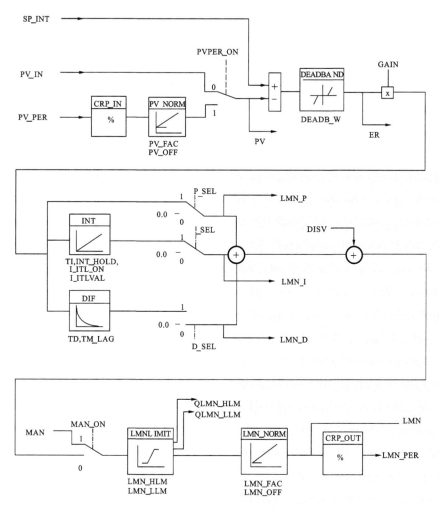

图 8-14 FB41 PID 调节原理图

3)负偏差计算

设定点和实际数值之间的区别便形成负值偏差。为了抑制由于被控量的量化引起的小的、恒定的振荡(例如,使用 PULSEGEN 进行脉冲宽度调制),可以施加一个死区(DEADBAND)。如果 DEADB_W=0,则死区将关闭。

4）PID 算法

PID 算法作为一种位置算法进行控制。比例运算、积分运算（INT）和微商运算（DIF）都可并行连接，也可以单独激活或取消。这就允许组态成 P、PI、PD 和 PID 控制器；也可以是纯 I 和 D 调节器。

5）手动模式

可以在手动模式和自动模式之间切换。在手动模式下，被控量被修改成手动选定的数值。

积分器（INT）内部设置为"LMN-LMN_P-DISV"，微商器（DIF）内部设置为"0"，并进行内部匹配。这就是说，切换到自动模式时不会引起被控量的突变。

6）受控数值的处理

使用 LMNLIMIT 功能，受控数值可以被限制为一个所选择的数值。当输入变量超出极限值时，信号位将给出指示。"LMN_NORM"功能可以根据下述公式标准化"LMNLIMIT"的输出：

LMN＝（LMNLIMIT 的输出）×LMN_FAC＋LMN_OFF，"LMN_FAC"的缺省值为"1"，"LMN_OFF"的缺省值为"0"。受控数值也适用于外围设备（I/O）格式。"CPR_OUT"功能可以将浮点值"LMN"转换为一个外围设备值，转换公式如下：LMN_PER=LMN×2764/10。

7）前馈控制

一个干扰变量被引入"DISV"端输入。

8）初始化

SFB41/FB41"CONT_C"有一个初始化程序，可以在输入参数 COM_RST ＝ TRUE 置位时运行。在初始化过程中，积分器可以内部设置为初始值"I_ITVAL"。如果在一个循环中断优先级调用它，它将从该数值继续开始运行。其他输出都设置为其缺省值。

9）出错信息

输出错误信息：故障输出参数 RET_VAL 不使用。

8.3.7　SFB41/FB41 输入/输出参数说明

1. 输入参数详细说明表

SFB41/FB41"CONT_C"输入参数的说明如表 8-1 所示。

表 8-1 SFB41/FB41"CONT_C"输入参数的说明

序号	参 数	数据类型	数值范围	缺省	说 明
1	COM_RST	BOOL		FAULSE	COMPLETE RESTART(完全再启动); 该块有一个初始化程序,可以在输入参数 COM_RST 置位时运行
2	MAN_ON	BOOL		TRUE	MANUAL VALUE ON(手动数值接通); 如果输入端"手动数值接通"被置位,那么闭环控制循环将中断。手动数值被设置为受控数值
3	PVPER_ON	BOOL		FALSE	PROCESS VARIABLE PERIPHERY ON(过程变量外设接通); 如果过程变量从 I/O 读取,输入"PV_PER"必须连接到外围设备,并且输入" PROCESS VARIABLE PERIPHERY ON"必须置位
4	P_SEL	BOOL		TRUE	PROPORTIONAL ACTION ON(比例分量接通); PID 各分量在 PID 算法中可以分别激活或者取消。当输入端"比例分量接通"被置位时,P 分量被接通
5	I_SEL	BOOL		TRUE	INTEGRAL ACTION ON(积分分量接通); PID 各分量在 PID 算法中可以分别激活或者取消。当输入端"积分分量接通"被置位时,I 分量被接通

序号	参 数	数据类型	数 值 范 围	缺省	说 明
6	INT_HOLD	BOOL		FALSE	INTEGRAL ACTION HOLD（积分分量保持）； 积分器的输出被冻结。为此，必须置位输入"Integral Action Hold（积分操作保持）"
7	I_ITL_ON	BOOL		FALSE	INITIALIZATION OF THE INTEGRAL ACTION（积分分量初始化接通）； 积分器的输出可以被设置为输入"I_ITLVAL"。为此，必须置位输入"积分操作的初始化"
8	D_SEL	BOOL		FALSE	DERIVATIVE ACTION ON（微分分量接通）； PID 各分量在 PID 算法中可以分别激活或者取消。当输入端"微分分量接通"被置位时，D 分量被接通
9	CYCLE	TIME	≥1 ms	T#1s	SAMPLE TIME（采样时间）； 块调用之间的时间必须恒定。"采样时间"输入规定了块调用之间的时间，应该与 OB35 设定时间保持一致
10	SP_INT	REAL	−100.0%～100.0% 或者物理值 1	0.0	INTERNAL SETPOINT（内部设定点）； "内部设定点"输入端用于确定设定值
11	PV_IN	REAL	−100.0%～100.0% 或者物理值 1	0.0	PROCESS VARIABLE IN（过程变量输入）； 可以设置一个初始值到"过程变量输入"输入端或者连接一个浮点数格式的外部过程变量

续表

序号	参　数	数据类型	数 值 范 围	缺省	说　　明
12	PV_PER	WORD		W#16#0000	PROCESS VARIABLE PERIPHERY(过程变量外设)； 　外围设备的实际数值，通过 I/O 格式的过程变量被连接到"过程变量外围设备"输入端，连接到控制器
13	MAN	REAL	−100.0%~100.0% 或者物理值 2	0.0	MANUAL VALUE(手动数值)； 　"手动数值"输入端可以用于通过操作者接口功能设置一个手动数值
14	GAIN	REAL		2.0	PROPORTIONAL GAIN(比例增益)； 　"比例增益"输入端可以设置控制器的比例增益系数
15	TI	TIME	≥CYCLE	T#20s	RESET TIME(复位时间)； 　"复位时间"输入端确定了积分器的时间响应
16	TD	TIME	≥CYCLE	T#10s	DERIVATIVE TIME(微分时间)； 　"微商时间"输入端确定了微商单元的时间响应
17	TM_LAG	TIME	≥CYCLE/2	T#2s	TIME LAG OF THE DERIVATIVE ACTION(微分分量的滞后时间)； 　微商操作的算法包括一个时间滞后,可以被赋值给"微分分量的滞后时间"输入端上
18	DEADB_W	REAL	≥0.0% 或者物理值 1	0.0	DEAD BAND WIDTH(死区宽度)； 　死区用于存储错误。"死区宽度"输入端确定了死区的容量大小

续表

序号	参　数	数据类型	数　值　范　围	缺省	说　　明
19	LMN_HLM	REAL	LMN_LLM 至 100.0% 或者物理值 2	100.0	MANIPULATED VALUE HIGH LIMIT(受控数值的上限); 受控数值必须设定有一个"上限"和一个"下限"。"受控数值上限"输入端确定了"上极限"
20	LMN_LLM	REAL	−100.0% 至 LMN_HLM 或者物理值 2	0.0	MANIPULATED VALUE LOW LIMIT(受控数值的下限); 受控数值必须设定有一个"上限"和一个"下限"。"受控数值下限"输入端确定了"下极限"
21	PV_FAC	REAL		1.0	PROCESS VARIABLE FACTOR(过程变量系数); "过程变量系数"输入端用于和过程变量相乘。该输入端可以用于匹配过程变量范围
22	PV_OFF	REAL		0.0	PROCESS VARIABLE OFFSET(过程变量偏移量); "过程变量偏移"输入端可以添加到"过程变量"。该输入端可以用于匹配过程变量的范围
23	LMN_FAC	REAL		1.0	MANIPULATED VALUE FACTOR(受控数值系数); "受控数值系数"输入端用于与受控数值相乘。该输入端可以用于匹配受控数值的范围
24	LMN_OFF	REAL		0.0	MANIPULATED VALUE(受控数值的偏移量); "受控数值的偏移量"可以与受控数值相加。该输入端可以用于匹配受控数值的范围

续表

序号	参 数	数据类型	数 值 范 围	缺省	说 明
25	I_ITLVAL	REAL	−100.0%~100.0% 或者物理值 2	0.0	INITIALIZATION VALUE OF THE INTEGRAL-ACTION (积分分量初始化值); 积分器的输出可以用输入端 "I_ITL_ON"设置。初始化数值可以设为"积分分量初始值"输入
26	DISV	REAL	−100.0%~100.0% 或者物理值 2	0.0	DISTURBANCE VARIABLE (干扰变量); 对于前馈控制,干扰变量被输入到"干扰变量"输入端

(1)"设定值通道"和"过程变量通道"中的参数,应该有相同的单位。例如,如果使用 PV_IN 作为"过程物理值"或者"过程物理值百分比",SP_INT 必须使用相应相同的单位;如果使用 PV_PER 作为外围设备的实际数值,SP_INT 只能使用"−100.0%~+100.0%"作为设定值。如果设定值 SP_INT 是 0~10 MPa 中的 8 MPa,那么需要填写 0.8,PV_PER 填写硬件外设地址 PIW XXX。

(2)受控量通道中的参数应该有相同的单位。

2. 输出参数说明表

SFB41/FB41"CONT_C"输出参数的说明如表 8-2 所示。

表 8-2 SFB41/FB41"CONT_C"输出参数的说明

序号	参 数	数据类型	数值范围	缺省	说 明
1	LMN	REAL		0.0	MANIPULATED VALUE(受控数值); 有效的受控数值被以浮点数格式输出在"受控数值"输出端上
2	LMN_PER	WORD		W#16#0000	MANIPULATED VALUE PERIPHERY (受控数值外围设备); I/O格式的受控数值被连接到"受控数值外围设备"输出端上的控制器

续表

序号	参 数	数据类型	数值范围	缺省	说 明
3	QLMN_HLM	BOOL		FALSE	HIGH LIMIT OF MANIPULATED VALUE REACHED（达到受控数值上限）；受控数值必须规定一个最大极限和一个最小极限。"达到受控数值上限"指示已超过最大极限
4	QLMN_LLM	BOOL		FALSE	LOW LIMIT OF MANIPULATED VALUE REACHED（达到受控数值下限）；受控数值必须规定一个最大极限和一个最小极限。"达到受控数值下限"指示已超过最小极限
5	LMN_P	REAL		0.0	PROPORTIONALITY COMPONENT（比例分量）；"比例分量"输出端输出受控数值的比例分量
6	LMN_I	REAL		0.0	INTEGRAL COMPONENT（积分分量）；"积分分量"输出端输出受控数值的积分分量
7	LMN_D	REAL		0.0	DERIVATIVE COMPONENT（微分分量）；"微分分量"输出端输出受控数值的微分分量
8	PV	REAL		0.0	PROCESS VARIABLE（过程变量）；有效的过程变量在"过程变量"输出端上输出
9	ER	REAL		0.0	ERROR SIGNAL（误差信号）；有效误差在"误差信号"输出端输出

　　编程时,FB41 在 Libraries/Standard Library/PID Control Blocks 下面添加,如图 8-15 所示,图 8-16 所示的是添加到程序网络中的效果图。

图 8-15　FB41 选择路径

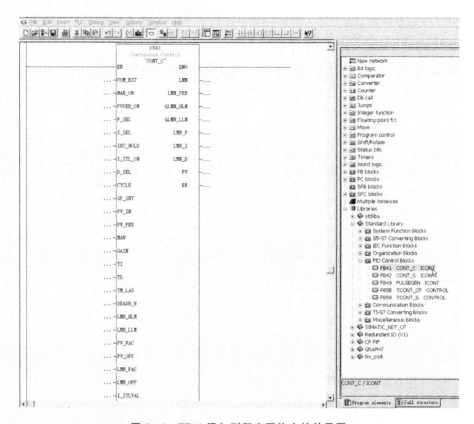

图 8-16　FB41 添加到程序网络中的效果图

8.4　闭环控制中的应用

以某焦炉集气管压力控制系统为例,介绍 FB41 功能块在闭环控制中的具体应用,同时给出简单的仿真调试过程。图 8-17 所示的是一个典型的压力闭环控制原理图。图 8-18 所示的是模拟量输入/输出过程。

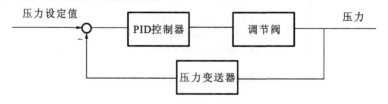

图 8-17　压力闭环控制原理图

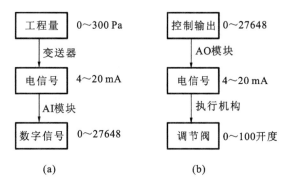

图 8-18　模拟量输入/输出过程

下面简单讲述 PLC 实现这一闭环控制的流程。

1. 输入信号采集

就是集气管压力的采集,通过压力变送器,把工程量(0~300 Pa)转化成对应的电信号(4~20 mA),该变换是线性关系。压力变送器的输出接入 AI 模块的某个通道,注意信号的匹配,实现了电信号到数字信号的转化,同样也是线性关系。各种类型 PLC 都有电信号与数字信号对应图,如图 8-19 所示。

在不同测量范围下模拟量的表达方式

范围	电压 例如:		电流 例如:		电阻 例如:		温度 例如 Pt100	
	测量范围 ±10V	单位	测量范围 4…20mA	单位	测量范围 0…300Ohm	单位	测量范围 -200…+850℃	单位
超上限	>= 11.759	32767	>= 22.815	32767	>=352.778	32767	>= 1000.1	32767
超上界	11.7589	32511	22.810	32511	352.767	32511	1000.0	10000
	10.0004	27649	20.0005	27649	300.011	27649	850.1	8501
额定范围	10.00 7.50 0 -7.50 -10.00	27648 20736 0 -20736 -27648	20.000 16.000 4.000	27648 20736 0	300.000 225.000 0.000	27648 20736 0	850.0 -200.0	8500 -2000
超下界	- 10.0004 - 11.759	- 27649 - 32512	3.9995 1.1852	- 1 - 4864	不允许 负值	- 1 - 4864	- 200.1 - 243.0	- 2001 - 2430
超下限	<= - 11.76	- 32768	<= 1.1845	- 32768		- 32768	<= - 243.1	- 32768

图 8-19　模拟量输入单元电信号与数字信号对照图

2. 设定值给定

设定值一般通过人工直接输入,该单元数据类型为实数 R,反馈值单元,通过 AI 模块采样的数据类型为字 W。实数 R 和字 W 不能直接运算,必须进行标度变换。这可以自己编写标度变换程序,也可以调用 PLC 中的标度变化功能来实现。

3. 控制过程实现

控制器,可以是软件算法,也可以是硬件设备。这里,主要讲述 FB41 软件功能块的使用。

4. 控制输出

通过 PLC 的 AO 模块,把控制输出接到执行机构,产生相应的阀门开度。实现步骤如下:

(1) 信号统计;

(2) 硬件选型、接线;

(3) 硬件组态及地址分配;

(4) 信号采集及标度变换;

(5) 设置 PID 控制周期;

(6) 调用 FB41 功能块;

(7) 仿真调试。

5. 输出实现

下面详细说明控制输出各步骤的具体实现过程。

1) 列表统计

如图 8-20 所示,根据要控制的信号,以列表方式进行统计,表 8-3 就是简单的信号统计表,便于后面进行设备选型和编程。

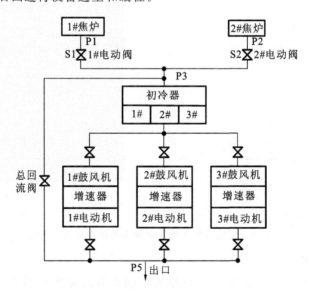

图 8-20　焦炉集气管压力控制工艺流程图

表 8-3　工艺变量参数表

序号	信　　　　号	数量	类型	量程	对应电量信号/mA
1	集气管压力	4	AI	0～300 Pa	4～20
2	初冷器前吸力	2	AI	−6000～0 Pa	4～20
3	集气管蝶阀控制信号	4	AO	0～100%	4～20
4	初冷器阀控制信号	2	AO	0～100%	4～20

2)硬件组态及地址分配

(1)硬件选型:选用 S7-300 系列的 CPU 315-2DP,负责采集现场主要信号,同时调节焦炉集气管压力和初冷器前吸力。模块数量及型号如表 8-4 所示。

表 8-4　硬件选型

序　号	模块类型	模块型号	数　量
1	电源	6ES7 307−1EA00−0AA0	1
2	CPU	6ES7 315−2AF03−0AB0	1
3	AI 模块,8 通道	6ES7 331−7KF02−0AB0	1
4	AO 模块,4 通道	6ES7 332−5HD01−0AB0	2

(2)硬件组态:图 8-21 和图 8-22 所示的分别是模拟量输入和模拟量输出模块的设置。

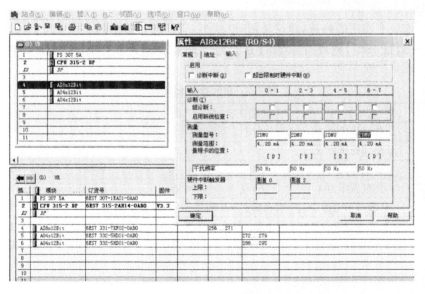

图 8-21　模拟量输入模块设置

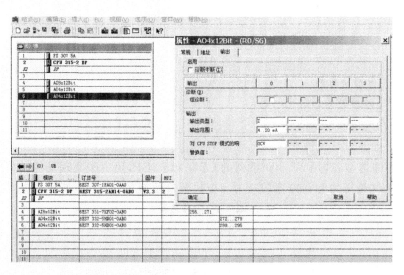

图 8-22 模拟量输出模块设置

注意：

① AI、AO 模块在硬件组态中，必须进行设置。

② 对于 7KF02 型号 AI 模块，量程卡 A、B、C、D 挡位要与硬件组态设置匹配，否则模块信号灯会报错。

③ 模块不使用的通道，建议禁用，以减小 CPU 的扫描时间。

（3）地址分配，把硬件组态时分配的地址添加到表 8-4 中，形成类似表 8-5 的样式。

表 8-5 信号地址分配表

序号	信 号	类型	量 程	对应电量信号/mA	地址分配
1	集气管压力 1	AI	0～300 Pa	4～20	PIW256
2	集气管压力 2	AI	0～300 Pa	4～20	PIW258
3	集气管压力 3	AI	0～300 Pa	4～20	PIW260
4	集气管压力 4	AI	0～300 Pa	4～20	PIW262
5	初冷器前吸力 1	AI	−6000～0 Pa	4～20	PIW264
6	初冷器前吸力 2	AI	−6000～0 Pa	4～20	PIW266
7	集气管蝶阀控制信号 1	AO	0～100%	4～20	PQW272
8	集气管蝶阀控制信号 2	AO	0～100%	4～20	PQW274
9	集气管蝶阀控制信号 3	AO	0～100%	4～20	PQW276
10	集气管蝶阀控制信号 4	AO	0～100%	4～20	PQW278
11	初冷器阀控制信号 1	AO	0～100%	4～20	PQW280
12	初冷器阀控制信号 2	AO	0～100%	4～20	PQW282

3）信号采集及标度变换

（1）编写相关程序如下。

OB1　主程序，调用若干用户子程序。

OB35　定时中断程序，用于生成控制 PID 的定时脉冲。

FC1　主控程序，包含数据采集、标度变换、PID 功能调用等。

DB 块　数据块若干，用户数据块及背景数据块等。

VAT　变量表若干，用于监控调试。

图 8-23 所示的为编写的程序块，图 8-24 所示的为程序结构。

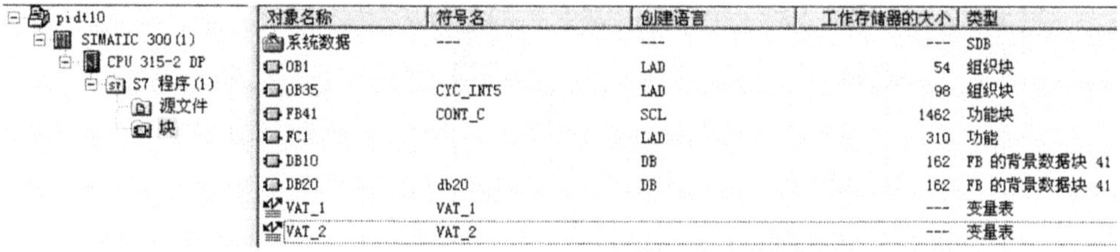

对象名称	符号名	创建语言	工作存储器的大小	类型
系统数据	---		---	SDB
OB1		LAD	54	组织块
OB35	CYC_INT5	LAD	98	组织块
FB41	CONT_C	SCL	1462	功能块
FC1		LAD	310	功能
DB10		DB	162	FB 的背景数据块 41
DB20	db20	DB	162	FB 的背景数据块 41
VAT_1	VAT_1		---	变量表
VAT_2	VAT_2		---	变量表

图 8-23　编写的程序块图

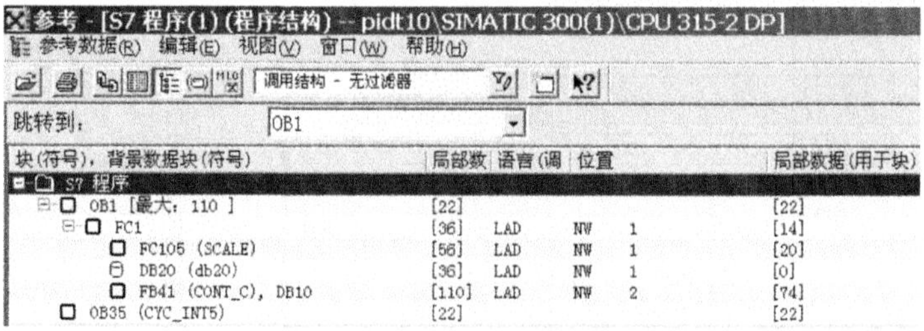

图 8-24　程序结构图

（2）实施过程如下。

① OB1 为主程序，调用 FC1 用户子程序。

② FC1 调用 FC105（标度变换功能）以及 FB41（连续 PID 功能块）等相应的控制程序。

③ OB35 默认为 100 ms 的定时中断，如果 MW102 为 10，则 M0.0 就是 1 s 的时钟脉冲，改变 MW102 的数值，可以得到不同周期的脉冲序列 M0.0。

④ FC105 是处理模拟量（1～5 V、4～20 mA 等常规信号）输入的功能块，在 中，打开 Libraries\standard library\Ti-S7 Converting Blocks\FC105，将其调入 FC1 中。

⑤ FB41 PID 模块是进行模拟量控制的模块，可以完成温度、压力、流量等控制功能。在 中，打开 Libraries\standard library\PID Control blocks\FB41，将其调入 FC1 中，首先分配背景数据块 DB10，再给各个管脚输入地址。

⑥ 如果单独控制变量输出通道，可使用 FC106 模块，FC106 是处理模拟量（1～5

V、4～20 mA 等常规信号）输出的功能块，在 中，打开 Libraries\standard library\
Ti-S7 Converting Blocks\FC106，将其调入 FC1 中。

图 8-25 所示的为编写的 OB35 程序块，图 8-26 所示的为编写的 FC1 程序块。FC105
调用路径如图 8-27 所示，调用效果如图 8-28 所示；FB 41 调用效果如图 8-29 所示。

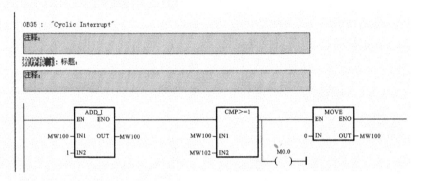

图 8-25　OB35 程序图

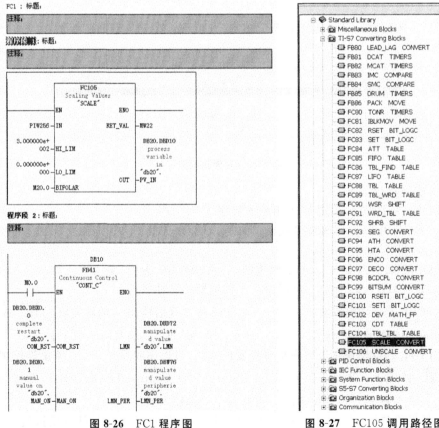

图 8-26　FC1 程序图　　　　　　**图 8-27　FC105 调用路径图**

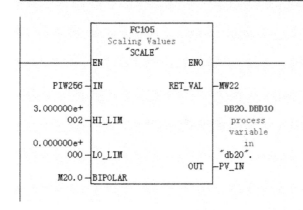

图 8-28 FC105 调用效果图

（3）管脚的定义如下。

IN　　　　　模拟量模块的输入通道地址，在硬件组态时分配（如 PIW256）；

HI_LIM　　　现场信号的最大量程值，实数；

LO_LIM　　　现场信号的最小量程值，实数；

BIPOLAR　　极性设置，如果现场信号为＋10～－10 V（有极性信号），则设置为
　　　　　　1；如果现场信号为 4～20 mA（无极性信号），则设置为 0；

OUT　　　　现场信号值（带工程量单位）；信号类型是实数，所以要用 DB20.
　　　　　　DBD10 来存放；

RET_VAL　　FC105 功能块的故障字，可存放在一个字里面，如 MW22。使用
　　　　　　时，注意各管脚信号类型。

（4）PID 功能块 FB41 地址说明如表 8-6 所示。

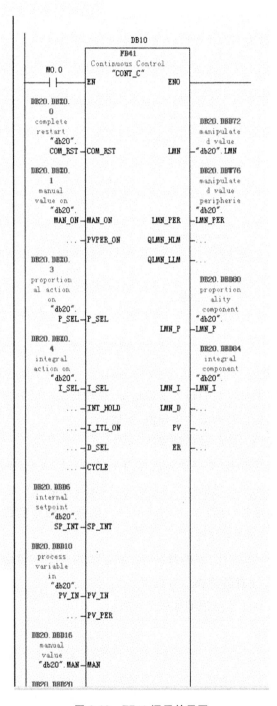

图 8-29　FB41 调用效果图

表 8-6 PID 功能块 FB41 地址说明

变 量 地 址	FB41 功能块管脚	参 数 说 明	数 据 类 型
DB20. DBX 0. 0	db20. COM_RST		BOOL
DB20. DBX 0. 1	db20. MAN_ON	手自动平滑切换	BOOL
DB20. DBX 0. 2	db20. PVPER_ON		BOOL
DB20. DBX 0. 3	db20. P_SEL	比例设置	BOOL
DB20. DBX 0. 4	db20. I_SEL	积分设置	BOOL
DB20. DBX 0. 7	db20. D_SEL	微分设置	BOOL
DB20. DBD 2	db20. CYCLE		TIME
DB20. DBD 6	db20. SP_INT	设定值	FLOATING_POINT
DB20. DBD 10	db20. PV_IN	采样值(反馈值)	FLOATING_POINT
DB20. DBW 14	db20. PV_PER		DEC
DB20. DBD 16	db20. MAN	手动控制输出	FLOATING_POINT
DB20. DBD 20	db20. GAIN	增益	FLOATING_POINT
DB20. DBD 24	db20. TI	积分时间	TIME
DB20. DBD 28	db20. TD	微分时间	TIME
DB20. DBD 36	db20. DEADB_W	死区	FLOATING_POINT
DB20. DBD 40	db20. LMN_HLM	高限幅	FLOATING_POINT
DB20. DBD 44	db20. LMN_LLM	低限幅	FLOATING_POINT
DB20. DBD 68	db20. DISV		FLOATING_POINT
以下为输出管脚			
DB20. DBD 72	db20. LMN	PID 输出(0～100)	FLOATING_POINT
DB20. DBW 76	db20. LMN_PER	PID 输出(0～27648)	DEC
DB20. DBD 80	db20. LMN_P	比例输出	FLOATING_POINT
DB20. DBD 84	db20. LMN_I	积分输出	FLOATING_POINT
DB20. DBD 88	db20. LMN_D	微分输出	FLOATING_POINT
DB20. DBD 92	db20. PV		FLOATING_POINT
DB20. DBD 96	db20. ER		FLOATING_POINT

(5)各功能块仿真效果如图 8-30 至图 8-35 所示。

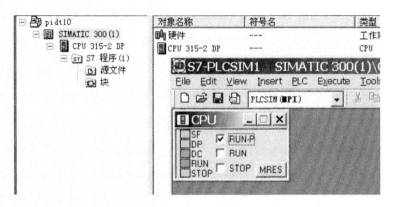

图 8-30 启动 PLCSIM

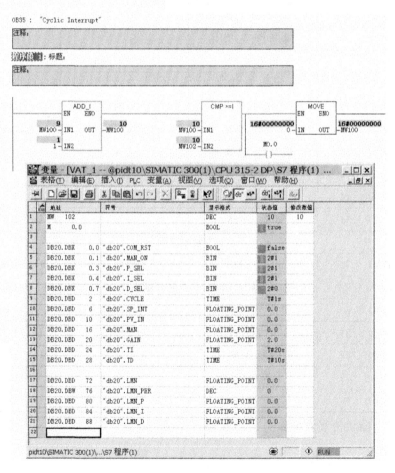

图 8-31 OB35 运行监控-仿真效果图

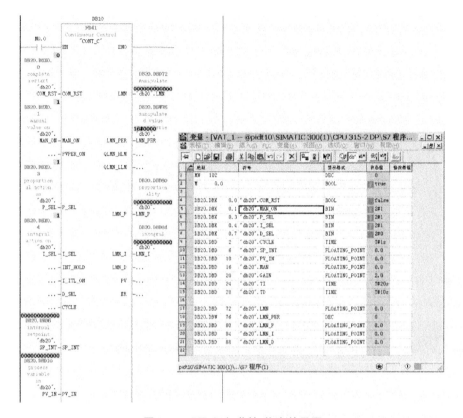

图 8-32 PID 运行监控-仿真效果图

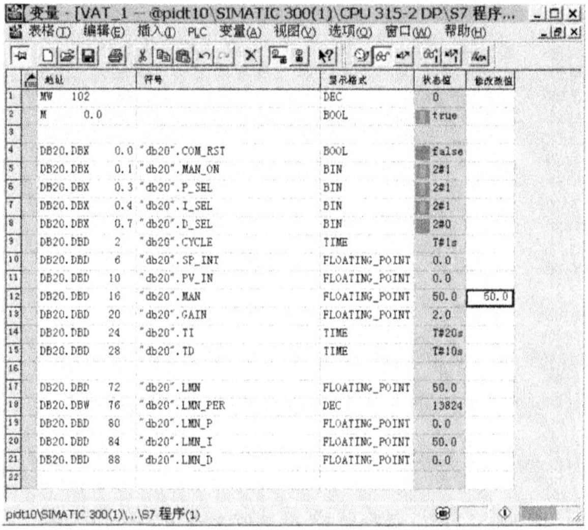

图 8-33 PID 运行监控-手动输出仿真图

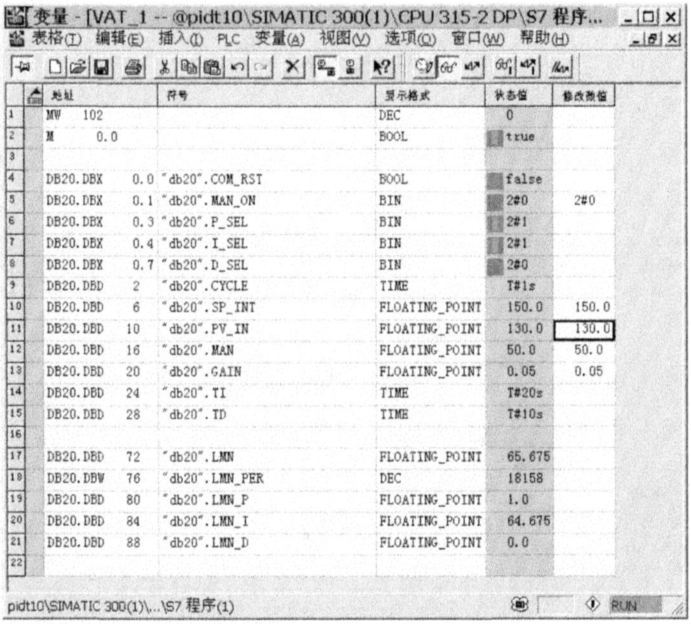

变量 - [VAT_1 -- @pidt10\SIMATIC 300(1)\CPU 315-2 DP\S7 程序...

表格(T)　编辑(E)　插入(I)　PLC　变量(A)　视图(V)　选项(O)　窗口(W)　帮助(H)

	地址		符号	显示格式	状态值	修改数值
1	MW	102		DEC	0	
2	M	0.0		BOOL	true	
3						
4	DB20.DBX	0.0	"db20".COM_RST	BOOL	false	
5	DB20.DBX	0.1	"db20".MAN_ON	BIN	2#0	2#0
6	DB20.DBX	0.3	"db20".P_SEL	BIN	2#1	
7	DB20.DBX	0.4	"db20".I_SEL	BIN	2#1	
8	DB20.DBX	0.7	"db20".D_SEL	BIN	2#0	
9	DB20.DBD	2	"db20".CYCLE	TIME	T#1s	
10	DB20.DBD	6	"db20".SP_INT	FLOATING_POINT	150.0	150.0
11	DB20.DBD	10	"db20".PV_IN	FLOATING_POINT	130.0	130.0
12	DB20.DBD	16	"db20".MAN	FLOATING_POINT	50.0	50.0
13	DB20.DBD	20	"db20".GAIN	FLOATING_POINT	0.05	0.05
14	DB20.DBD	24	"db20".TI	TIME	T#20s	
15	DB20.DBD	28	"db20".TD	TIME	T#10s	
16						
17	DB20.DBD	72	"db20".LMN	FLOATING_POINT	65.675	
18	DB20.DBW	76	"db20".LMN_PER	DEC	18158	
19	DB20.DBD	80	"db20".LMN_P	FLOATING_POINT	1.0	
20	DB20.DBD	84	"db20".LMN_I	FLOATING_POINT	64.675	
21	DB20.DBD	88	"db20".LMN_D	FLOATING_POINT	0.0	
22						

pidt10\SIMATIC 300(1)\...\S7 程序(1)　　RUN

图 8-34　PID 运行监控-反馈值小于设定值效果图

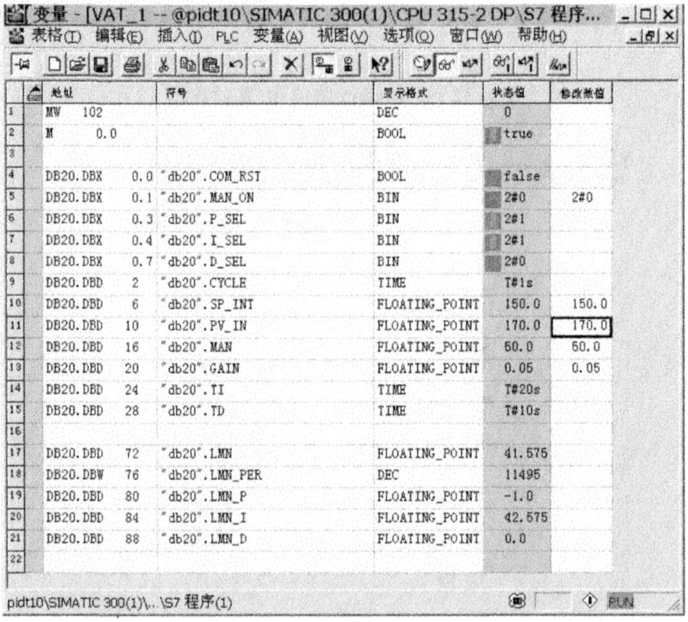

变量 - [VAT_1 -- @pidt10\SIMATIC 300(1)\CPU 315-2 DP\S7 程序...

表格(T)　编辑(E)　插入(I)　PLC　变量(A)　视图(V)　选项(O)　窗口(W)　帮助(H)

	地址		符号	显示格式	状态值	修改数值
1	MW	102		DEC	0	
2	M	0.0		BOOL	true	
3						
4	DB20.DBX	0.0	"db20".COM_RST	BOOL	false	
5	DB20.DBX	0.1	"db20".MAN_ON	BIN	2#0	2#0
6	DB20.DBX	0.3	"db20".P_SEL	BIN	2#1	
7	DB20.DBX	0.4	"db20".I_SEL	BIN	2#1	
8	DB20.DBX	0.7	"db20".D_SEL	BIN	2#0	
9	DB20.DBD	2	"db20".CYCLE	TIME	T#1s	
10	DB20.DBD	6	"db20".SP_INT	FLOATING_POINT	150.0	150.0
11	DB20.DBD	10	"db20".PV_IN	FLOATING_POINT	170.0	170.0
12	DB20.DBD	16	"db20".MAN	FLOATING_POINT	50.0	50.0
13	DB20.DBD	20	"db20".GAIN	FLOATING_POINT	0.05	0.05
14	DB20.DBD	24	"db20".TI	TIME	T#20s	
15	DB20.DBD	28	"db20".TD	TIME	T#10s	
16						
17	DB20.DBD	72	"db20".LMN	FLOATING_POINT	41.575	
18	DB20.DBW	76	"db20".LMN_PER	DEC	11495	
19	DB20.DBD	80	"db20".LMN_P	FLOATING_POINT	-1.0	
20	DB20.DBD	84	"db20".LMN_I	FLOATING_POINT	42.575	
21	DB20.DBD	88	"db20".LMN_D	FLOATING_POINT	0.0	
22						

pidt10\SIMATIC 300(1)\...\S7 程序(1)　　RUN

图 8-35　PID 运行监控-反馈值大于设定值效果图

6. 编程小结

本节是以一个压力控制回路来进行说明的,其余控制回路的结构相同,只是变量地址不同而已。具体编程思路小结如下。

(1) 设定手动/自动状态。手动状态,由上位机通过增减按钮或滚动条直接输出阀门开度或变频器输出频率;自动状态,则是根据设定值和反馈值关系自动调节输出控制。

(2) 手动/自动切换保持控制平滑输出,即所谓的无扰切换。

(3) 反馈变量进行标度变换,由于从 AI 模块通道读取的采样值是一个字(Word),必须经过字转换成双字,双字转换成实数,才能进行工程变量的实数运算。

(4) P、I、D 组合,一般控制选取 PI 或 PID。

(5) 注意阀门执行机构是正作用还是反作用,PID 输出要适当变换输出方式。所谓正作用方式,是指 4~20 mA 对应阀门开度为 0~100,PID 直接输出;反作用方式,是指 4~20 mA 对应阀门开度为 100~0,那么 PID 输出值用 27648 相减后再输出。

(6) 注意,P、I、D 各参数的设定可以通过变量表(variable table,简称 VAT)进行在线整定。每一个 PID 控制回路建立一个变量表,将其设置成在线状态,即可进行变量参数一次性设定或调整。

(7) PID 作用间隔时间由其前面的常开节点控制。有的是将 PID 功能块放到 OB35(默认是 100 ms 的定时中断)中调用,此处是在 OB35 中,利用一个自己编的时钟脉冲序列节点来实现,其优点是各 PID 回路可以分别有不同的控制间隔。

(8) PID 输出=比例输出(LMN_P)+积分输出(LMN_I)+微分输出(LMN_D)+偏移量(DISV)。

(9) 仿真时,可以依据阀门开度增大或减小趋势是否正确,人为更改设定值和反馈值。实际工程中,相关 PID 的参数整定需要一定的经验积累。

(10) 规格化概念及方法:PID 参数中重要的几个变量——给定值、反馈值和输出值都是用 0.0~1.0 之间的实数表示,而这几个变量在实际中都来自于模拟输入,或者输出控制模拟量的。因此,需要将模拟输出转换为 0.0~1.0 的数据,或将 0.0~1.0 的数据转换为模拟输出,这个过程称为规格化。

规格化的方法(即变量相对所占整个值域范围内的百分比,对应于 27648 数字量范围内的量):

对于输入和反馈,执行变量×100/27648,然后将结果传送到 PV-IN 和 SP-INT;

对于输出变量,执行 LMN×27648/100,然后将结果取整传送给 PQW 即可。

(11) PID 的调整方法:一般不用 D,除非一些大功率加热控制等惯性大的系统;仅使用 PI 即可,一般先使 I 等于 0,P 从 0 开始往上加,直到系统出现等幅振荡为止,记下此时振荡的周期,然后设置 I 为振荡周期的 0.48 倍,就可以满足大多数系统的需求。

8.5　本章小结

本章以 PID 控制为例,阐述了 PLC 闭环控制的过程,重点介绍了 FB41 功能块的使用,并给出了简单的仿真样例。

习题 8

1. 请画出常规 PID 控制系统原理框图。
2. 请写出连续 PID 方程。
3. 请写出离散 PID 方程。
4. 如何实现 PID 的手动/自动切换?
5. 编写一个恒压供水系统的 PID 程序。

9

冶炼过程定氧加铝PLC控制系统的设计实例

定氧加铝工艺是炼钢厂铝镇静钢冶炼过程的工序之一,对减少钢中的杂质,改善钢的品质,减少钢水在吹氩站的滞留时间,提高转炉与铸机节奏的协调能力,提高转炉作业率起着重要的作用。本章以某炼钢厂定氧加铝系统为例,介绍 S7-300 PLC 的工程应用。

9.1 冶炼过程定氧加铝系统介绍

9.1.1 定氧加铝主要工艺流程简介

定氧加铝技术就是利用定氧探头测定钢液中的含氧量,然后根据该含氧量、目标含铝量和钢水温度,由系统中的程序计算加铝量,从而控制钢水中的含铝量。这里采用铝线机(又称喂线机)加铝方式。

某炼钢厂进行转炉炼钢,每座转炉配备一台定氧仪和两台铝线机,定氧仪检测氧的含量,铝线机根据含氧量进行加铝线操作,工业控制计算机(也称上位机)和 PLC 进行模型计算,实现加铝过程控制,如图 9-1 所示。

加铝过程控制流程:确认定氧仪信号→由模型换算出加铝量→确认开始加铝→油泵启动→延时→支撑→延时→压下→延时→电动机启动→加铝计数→计数到→电动机停止→松支撑→松压下→油泵停止。

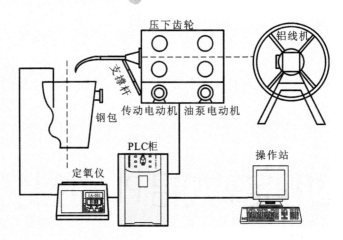

图 9-1　定氧加铝过程示意图

9.1.2　工艺控制设备及控制要求

1. 控制系统组成

控制系统由 S7-300 PLC 和工业控制计算机组成,每一系统控制一座炼钢炉的定氧加铝过程,控制系统的结构如图 9-2 所示。

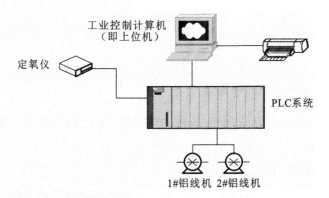

图 9-2　单个控制系统结构示意图

1)工业控制计算机

为人机接口设备,完成如下任务。

(1)与 PLC 通信:PLC 采集的信号传递(上传)到上位机,供显示用。操作人员将冶炼工艺所需数据输入上位机,传送(下传)到 PLC 中,供控制用。

(2)显示界面:工艺流程动画显示、参数曲线显示以及操作状态显示等。

(3)数据库管理:上位机把经串口通信送来的数据,保存为相应的数据库格式,供查询和显示用。数据库的查询按熔炼号、班次、班别来查询;按当班、当日、当月保存数据。可调出加铝时间、某一炉的含氧量以及设定加铝量和实际加铝量,并可对系统数据作统计分析和数据打印。

2) PLC 系统

为直接面向现场的设备,完成数据采集和控制功能。

(1) 采集现场工作状况:电动机运行、支撑、压下、油泵、加铝计数等数据。

(2) 控制加铝全过程。

(3) 与定氧仪通信:定氧仪采集与计算的数据通过 RS-232 串行口传送到 PLC,作为加铝的设定值。

2. 控制方式

系统设有手动和自动控制,这里只介绍自动控制流程。

(1) 定氧仪采集来的温度、含氧量等参数通过 RS-232 串口通信传送给 PLC,根据所采集的参数,在线辨识定氧加铝模型,并随着现场工况的变化自适应整定和优化模型的参数;然后,通过实时辨识出的定氧加铝模型计算出加铝量,作为控制的设定值。

(2) 加铝量的设定和检测:铝线是通过铝线机打出去的,旋转编码器与铝线机的传动电动机主动轮同轴安装,电动机每转动一圈,铝线长度即为主动轮的周长,编码器同时就有对应的脉冲数。已知铝线的直径、比重和长度,通过脉冲数就可计算出铝线的质量(kg)。进行加铝操作时,铝线设定值(kg 数)通过上位机转换成设定脉冲数传送给 PLC,PLC 检测到的脉冲数经上位机转换成实际加铝量进行显示。

(3) PLC 控制电动机启动,向钢水打入铝线,然后开始采集旋转编码器的脉冲,直到计数值到达设定值,PLC 控制电动机停止,加铝过程结束。支撑、压下控制以及油泵控制、电动机控制均由 PLC 完成。

3. 故障判断

传感器故障:旋转编码器多脉冲和丢失脉冲是根据单位时间的脉冲数突然增加或减少来判断的。

9.2　控制系统设计

9.2.1　设计方案思路

1. 设计思想

(1) 要读取定氧仪串口通信数据,需选串口通信模块。

(2) 要测量加铝量,通过计数脉冲的转换来实现,需选高速计数模块。

(3) 铝线速度要求可控,通过变频器调节电动机速度,需选变频器,并实现与 PLC

的总线通信。

（4）加铝线要有手动/自动两种工作方式，自动方式由上位机完成，手动方式由操作面板实现。

2. 信号表

控制系统传送的信号如表 9-1 所示。

表 9-1　信号表

序号	信　　　号	数量	类型	量　　程	对应电量信号
1	手动/自动	2	DI		
2	变频器准备就绪信号	3	DI		
3	变频器合闸信号	3	DI		
4	变频器故障	3	DI		
5	支撑	2	DO		
6	压下	2	DO		
7	油泵	4	DO		
8	电机	4	DO		
9	变频器输出给定	1	AO	$0\sim50$ Hz	$4\sim20$ mA

3. 硬件选型

PS307 5A　6ES7 307-1AE00-0AA0，1 块；

CPU 315-2DP　6ES7 315-2AG10-0AB0，1 块；

DI16×DC24V　6ES7 321-1BH02-0AA0，1 块；

DO16×DC24V/0.5A　6ES7 321-1BH02-0AA0，1 块；

CP340-RS232C　6ES7 340-1AH00-0AE0，1 块；

FM250-2 COUNTER　6ES7 350-2AH00-0AE0，1 块；

AO2×12B　6ES7 332-5HB01-0AB0，1 块。

9.2.2　PLC 硬件组态

下面分别介绍几个典型原理图及接线图。

（1）油泵、电动机原理图如图 9-3 所示。

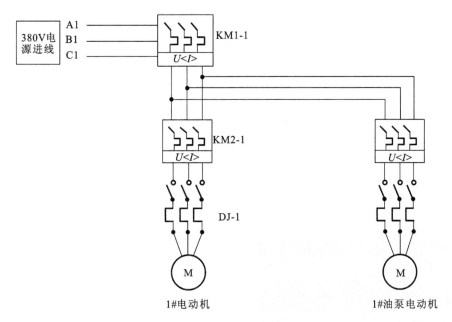

图 9-3　1#油泵、电动机原理图

（2）油泵、电动机接线图如图 9-4 所示。

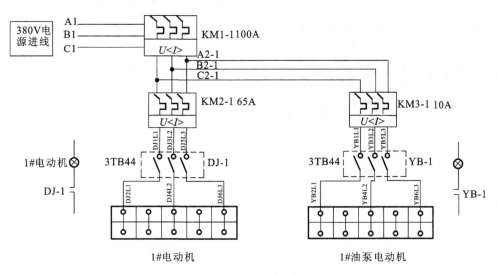

图 9-4　1#油泵、电动机接线图

（3）支撑、压下电磁阀原理图如图 9-5 所示。

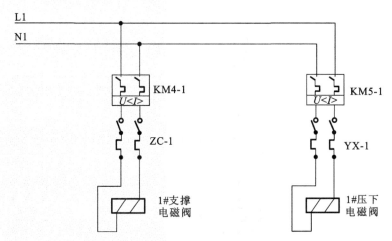

图 9-5　支撑、压下电磁阀原理图

（4）支撑、压下电磁阀接线图如图 9-6 所示。

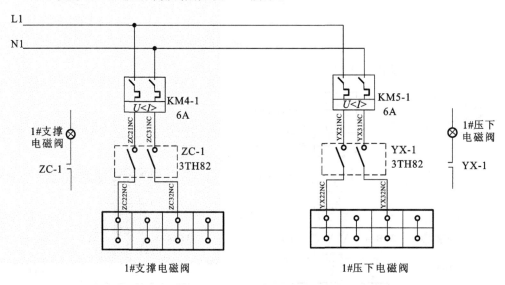

图 9-6　支撑、压下电磁阀接线图

（5）通信模块接线图如图 9-7 所示。

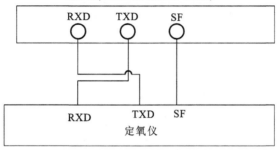

图 9-7　通信模块接线图

（6）计数模块接线图如图 9-8 所示。

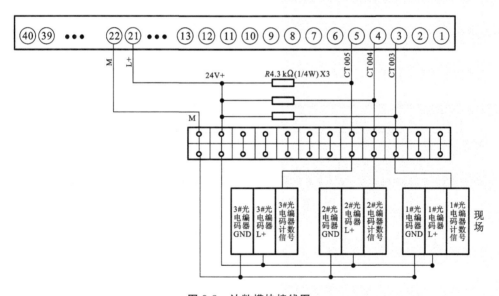

图 9-8　计数模块接线图

(7)DI 模块接线图如图 9-9 所示。

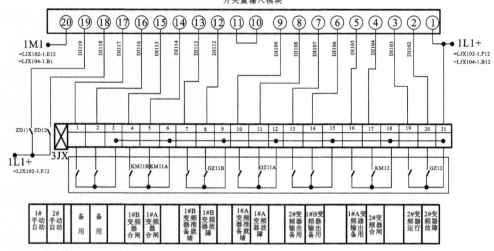

图 9-9　DI 模块接线图

(8)DO 模块接线图如图 9-10 所示。

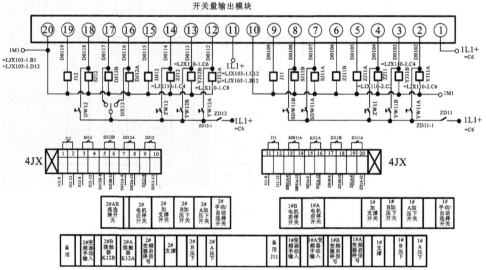

图 9-10　DO 模块接线图

(9)系统硬件配置图如图 9-11 所示。

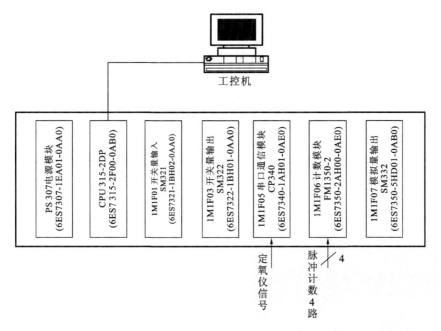

图 9-11 硬件配置图

(10)PLC 硬件组态图如图 9-12 所示。

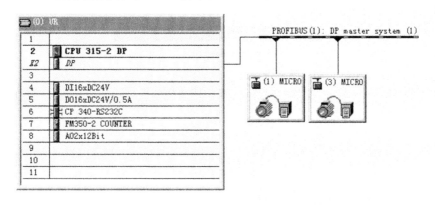

图 9-12 硬件组态图

9.2.3 CP340 串口通信模块使用

1. 串口通信模块基本信息介绍

CP340 模块是西门子 S7-300 系列 PLC 中的串行通信模块,该模块具有 1 个串行通信口 RS-232C;该模块是 9 针 D 型针接头,支持 ASCII、3964R、USS 等协议,可以使用这个通信模块实现 S7-300 与其他串行通信设备的数据交换。

（1）一般来讲,RS-232 的通信最大距离为 15 m,20 mA TTY 的通信最大距离为 100 m(主动模式)、1000 m(被动模式),RS-422/485 的通信最大距离为 1200 m。

（2）CP34x/CP44x 模块可以同时与多台串行通信设备进行通信,如同时连接多个变频器及多个智能仪表等。如果采用 ASCII 通信方式,需要在发送的数据包中包括站号、数据区、读写指令等信息,供 CP34x/CP44x 模块所连接的从站设备鉴别数据包的发送目的站,以及该数据包对哪个数据区进行读或写的功能。

（3）串行通信模板只有 RS-232C 或 TTY 或 RS-485/422 三种电气接口类型,如果想实现串口的光纤通信,只能在电子市场上购买第三方制造的电气与光缆的转换设备,西门子不提供该类设备。

2. CP34x 调试过程

在计算机上首先安装 STEP 7 5.x 软件和 CP34x 模板所带的软件驱动程序,模板驱动程序包括对 CP341 进行参数化的窗口(在 STEP 7 的硬件组态界面下可以打开)、用于串行通信的 FB 程序块、模板不同应用方式的例子程序,光盘上 CP34x 模板手册附录 B 中说明了 CP 模板通信口的针脚定义。当系统上电,CP34x 模板初始化完成后,CP34x 上的 SF 灯点亮。

1）参数化 CP34x 模板

在硬件组态窗口双击 CP34x 模板,打开 CP34x 模板的属性窗口,记录模板的硬件地址,如图 9-13 所示。

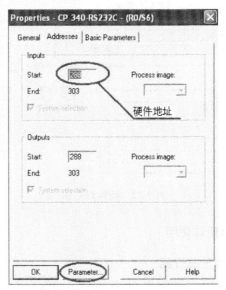

图 9-13　CP340 硬件地址

在编写通信程序时,需要该地址参数。单击图 9-13 中的"Parameters"按钮,进入图9-14所示的协议选择窗口。

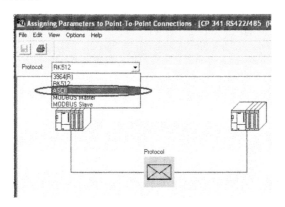

图 9-14 CP340 协议选择

选择所要使用的通信协议,这里选用 ASCII 协议,双击信封图标,弹出 ASCII 协议通信参数设置窗口,如图 9-15 所示。这里使用默认值:9600 b/s,8 data bits,1 stop bit,even parity。对硬件组态存盘编译,下载硬件组态,如果此时 SF 灯亮,请将通信电缆与另一个通信伙伴进行连接后,SF 灯熄灭,说明硬件组态正确。

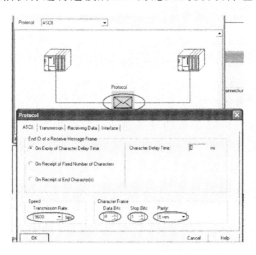

图 9-15 CP340 协议参数设置

2)编写通信程序

在安装完 CP34x/CP44x 的驱动程序、Modbus 主站软件、Modbus 从站软件等 3 个软件后,可以在目录….\Siemens\STEP7\Examples 当中找到关于 CP34x/CP44x 的串口通信和 Modbus 通信的例子程序,通过在 STEP 7 软件的 SIMATIC Manager

下打开例子程序,如图 9-16 所示。

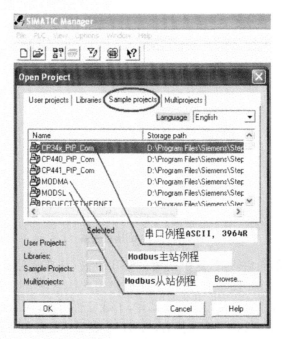

图 9-16 CP340 **例子程序选择**

可以使用 CP341 串口例子程序中"3964(R)站"中的程序块实现 ASCII 通信协议。打开 CPU 站下的 Blocks 文件夹,复制所有的程序块(除 system data)到项目中,只要作一些简单的参数修改,就可以实现相应的通信。如果 CP34x 的硬件地址与例子程序中的不同,那应当修改相应程序块 LADDR 参数,CP34x/CP44x 模块实际的硬件组态地址值相同(与图 9-13 分配的硬件地址一致),修改后,下载程序块,将 CPU 切换至运行状态,CP34x 开始循环发送数据,可以看到"TxD"灯闪烁。

调用 FB7/FB8(CP341)或 FB2/FB3(CP340)实现模块的字符收发功能。

注意:这里一定要将 M20.0 和 M30.0 使能位置 1,同时在程序中插入接收数据区 DB1 和发送数据区 DB2。

调试 CP34x 的一个基本方法是采用 PC 上的串口通信调试软件,Windows 系统自带的超级终端(hyper terminal)软件是一个非常方便的串口调试工具,用电缆将 CP34x 的通信口和 PC 的 COM 口(RS-232C)连接起来;如果系统采用的是 RS-485/422 或 TYY 接口的模块,那么还需在中间加一个 RS-485 ←→RS-232 或 TYY ←→ RS-232 信号转换器,打开超级终端的路径,如图 9-17 所示。

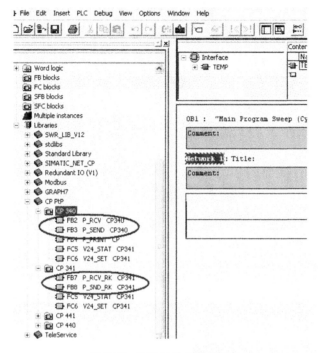

图 9-17　CP340 功能块选项

图 9-18 显示了调用 FB7/FB8 实现通信功能,在线监视的状态。

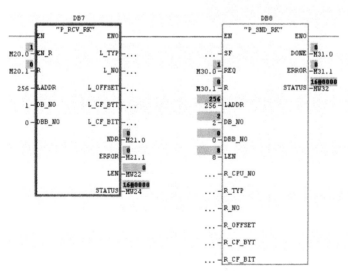

图 9-18　CP340 数据块在线监控

　　如图 9-19 所示，打开超级终端软件后，定义连接的名称，确定通信端口以及串口通信的属性（波特率、数据位个数、校验类型、流控类型等），界面如图 9-20、图 9-21、图 9-22 所示。

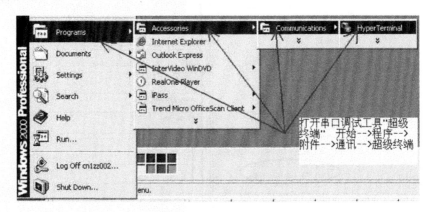

图 9-19　超级终端的路径

图 9-20　超级终端连接

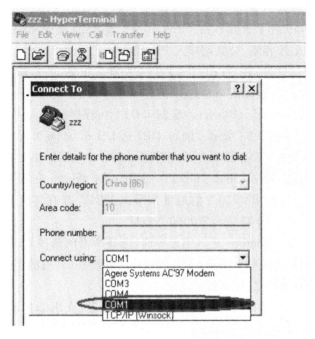

图 9-21 通信端口设置

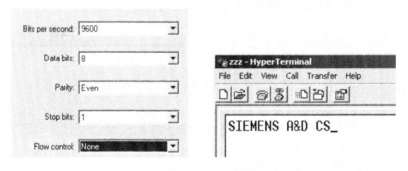

图 9-22 串口参数设置

注意:如果用的是其他 COM 口,请根据实际连接的 COM 口选择波特率、数据位、奇偶校验位、停止位,流控要与 CP34x/CP44x 组态时设定的值一致,起始位为 1 位,停止位可设定为 1~2 位。

9.2.4 FM350-2 高速计数模块使用

1. 读 FM350-2 计数值

(1)首先给 FM350-2 接线,PIN21(+)、PIN22(-)接入 24 V 电源给模板供电,

PIN3～PIN6 前 4 通道 A 相，PIN7～PIN10 前 4 通道 B 相，PIN23～PIN26 后 4 通道 A 相，PIN27～PIN30 后 4 通道 B 相。FM350-2 只能接 24 V PNP A、B 相编码器；如是开关点，一段接入 A 相端，公共端接入 PIN22。

(2)写 FM350-2 地址：在 STEP 7 硬件组态中插入 FM350-2，然后存盘，这样可以在目录下生成"S7_Program"，再打开例子程序，file→open→sample project→fm_cntex，打开"Bausteine"（Block），复制 UDT1 到程序（block）中，在程序（block）中插入一个 DB 块，如图 9-23 所示。例如，DB1 选 DB of type 为 UDT1。

再次打开硬件组态，双击 FM350-2，单击"addresses"，然后单击"general"，这样出现一个对话框，单击"select date block"，如图 9-24 所示。在程序目录中选择用 UDT1 生成的 DB1，这样 FM350-2 的地址就写入 DB1。若有多块 FM350-2，则需用 UDT1 生成多个 DB 块，分别写入 FM350-2 地址。

(3)组态：单击"parameters"进入组态界面，选择所需的选项，如编码器类型，在操作模式中选择计数方式或频率测量，是否用软件门和硬件门（门的作用：只有在门打开时，计数值有效）等，做好之后，存盘并下载。

(4)读值：用测试工具读值时，CPU 处于 Stop 状态，在组态界面中选择 debug→commissioning 中，设置"SW－Gate"和"Apply"，转动编码器时，在"Count"栏中会出现当前计数值。如果读不出来，则应检查是否有接线错误及编码器类型是否匹配，计数值在这里读出来以后，用程序才可以读到 CPU 中为它所用。

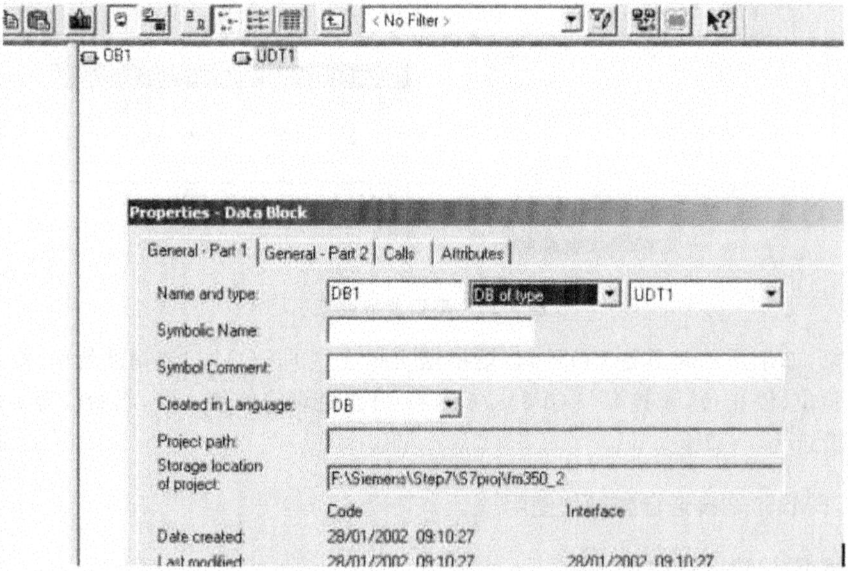

图 9-23　建立 UDT 对应的 DB 块

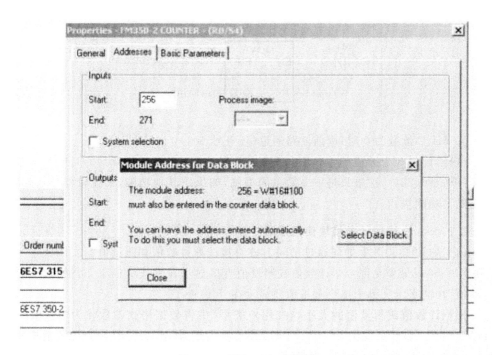

图 9-24　设置 FM350 地址

在 CPURun 状态下是调用程序来读出的,读的过程与手动的方式一样。

① 首先设置软件门如下。

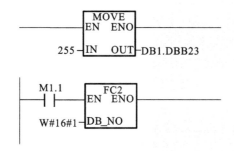

② 调用 FC2 一次,使打开软件门生效,可从 DB1.DBB43 读 8 个门是否打开。

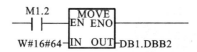

③ M1.2 读数为 1 时,读前 4 路通道(任务号 100)。

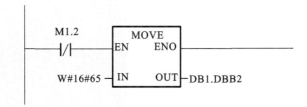

④ M1.2 读数为 0 时，读前 4 路通道(任务号 101)。

这样，读到 8 个通道的值，就可以放到下列地址中：DB1.DBB148,156,164,172,180,188,196,204。这里只是一个简单的举例，如果用其他功能，如比较器，则需调用相应的写功能块。

2. FM350-2 高速计数模块使用说明

(1) 在 FM350-2 上如何通过访问 I/O 直接读取计数值和测量值？

FM350-2 最多允许 4 个计数值或测量值直接显示在模块 I/O 上，可通过使用"指定通道"功能来定义哪个单个测量值要显示在 I/O 区。

根据计数值或测量值的大小，在"用户类型"中将数据格式参数化为"WORD"或"DWORD"。如果参数化为"DWORD"，则每个"用户类型"只能有一个计数值或测量值。如果参数化为"WORD"，则可以读进两个值。在用户程序中，命令 L PIW 用于WORD 访问，L PID 用于 DWORD 访问。

访问地址的结构如下。

① 对于 Word 访问：FM350-2 的模块地址从 HW Config +8,+10,+12,+14 开始。如 FM350-2 地址是 256，访问 L PIW 264,L PIW 266,L PIW 268,L PIW 270。

② 对于 DWORD 访问：FM350-2 的模块地址从 HW Config +8,+12 开始。如FM350-2 地址是 256，访问 L PID 264,L PID 268。

用这种方法读出测量值不需要读函数"FC CNT2_RD"。模块每隔 2 ms 更新一次 I/O 输入接口。

如果需要 4 个以上的测量值或计数值，则也需要读函数"FC CNT2_RD"来进行。如下可进入参数窗口"指定通道"：在硬件组态中双击 FM350-2。在"属性——FM350-2 计数器"窗口中单击"参数"按钮，如图 9-25 所示。

在"FM350-2 计数器[参数赋值]"窗口中选择菜单条目"编辑→定义通道"，如图9-26 所示。

(2) 在 FM350-2 中，工作号的作用是什么？

工作号是 S7-300 CPU 与 FM 进行通信的任务号，每次交换数据只是部分数据交换，而非全部数据，这样可以减少 FM 的工作负载。工作号又分写工作号和读工作号。例如，在 FM350-2 中指定 DB1 为通信数据块，如果把写工作号 12 写到 DB1.DBB0

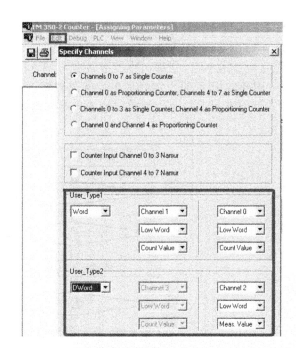

图 9-25　设置 FM350-2 的属性　　　图 9-26　定义通道

中,把 200 写到 DB1.DBD52 中,再调用 FC3 写功能,这样第一个计数器的初始值为200,这里工作号 10 的任务号是写第一个计数器的初始值,DB1.DBB0 为写工作号存入地址,DB1.DBD52 为第一个计数器装载地址区;同样读工作号 100 为读前 4 路计数器,101 为读后 4 路计数器,读工作号存入地址为 DB1.DBB2。注意:写任务不能循环写,只能分时写入。

(3) S7-300 功能模块(FM)怎么给模块定义通信地址?

S7-300 CPU 与 FM 通信,在调用相应的功能(FC)时要定义通信数据块(DB),在通信数据块首先要定义通信地址,指定这个数据块与哪一个 FM 相对应。定义通信地址有两种方法:① 用户程序中写到通信数据块中,如 FM350-1/2,指定 FM 地址通道号及指针;② 建立好 DB 块后,打开 FM 的组态画面,在 File-Mod address 中选中指定的通信数据块,这些所有相关地址就会自动写到通信数据块中。

总之,使用 FM350-2 时,要注意模块地址、硬件连线、通信协议、工作号、软件门、通道号等。

9.2.5　PLC 软件设计

1. 软件设计流程

由于本系统涉及数据参数较多,功能块建的也比较多,主要分为以下四大类。

(1) 各模块初始化设置。

（2）通信数据处理，主要是串口模块与定氧仪之间数据交换及处理。

（3）变频器 MM440 与 CPU315-2DP 间的 Profibus-DP 总线控制。

（4）防错处理，根据出错类型，建立若干 OB 块。

图 9-27 所示的为定氧加铝控制流程图，图 9-28 所示的是所建立的主要功能块，图 9-29 所示的是整个完整程序的子程序结构调用图。

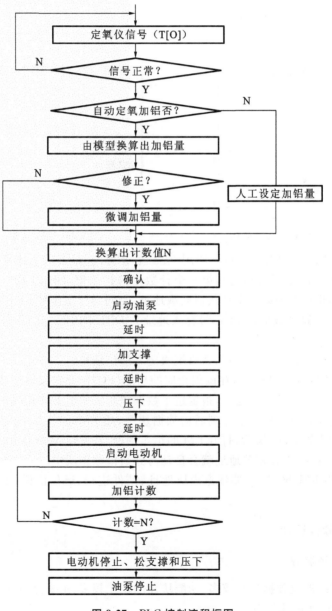

图 9-27 PLC 控制流程框图

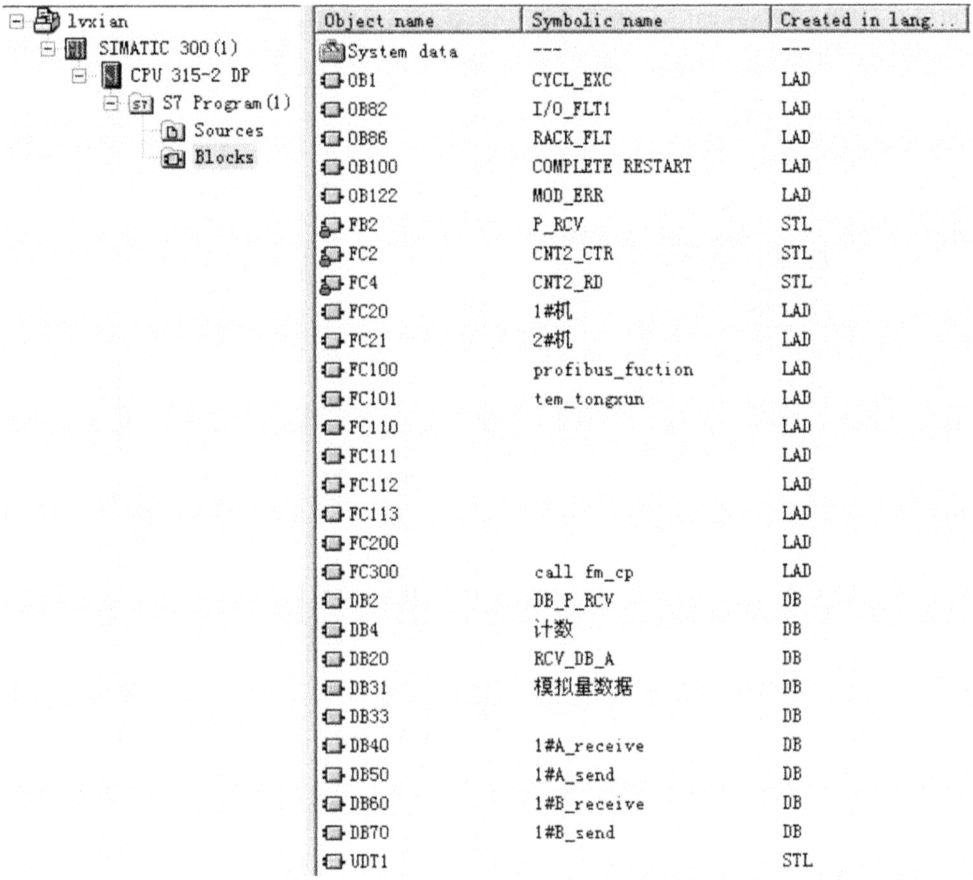

Object name	Symbolic name	Created in lang...
System data	---	---
OB1	CYCL_EXC	LAD
OB82	I/O_FLT1	LAD
OB86	RACK_FLT	LAD
OB100	COMPLETE RESTART	LAD
OB122	MOD_ERR	LAD
FB2	P_RCV	STL
FC2	CNT2_CTR	STL
FC4	CNT2_RD	STL
FC20	1#机	LAD
FC21	2#机	LAD
FC100	profibus_fuction	LAD
FC101	tem_tongxun	LAD
FC110		LAD
FC111		LAD
FC112		LAD
FC113		LAD
FC200		LAD
FC300	call fm_cp	LAD
DB2	DB_P_RCV	DB
DB4	计数	DB
DB20	RCV_DB_A	DB
DB31	模拟量数据	DB
DB33		DB
DB40	1#A_receive	DB
DB50	1#A_send	DB
DB60	1#B_receive	DB
DB70	1#B_send	DB
UDT1		STL

图 9-28 系统主要功能块

2. 程序说明

根据图 9-29,可以看出功能块之间的调用关系,下面就主要的程序功能进行简单说明,详细说明参见程序注释。

Block(symbol), Instance DB(symbol)	Local	Languag	Location			Local data
⊟ ☐ S7 Program						
⊟ ☐ OB1 (CYCL_EXC) [maximum: 62+20]	[22]					[22]
⊟ ☐ FC300 (call fm_cp)	[28]	LAD	NW	1		[6]
⊟ ☐ FC2 (CNT2_CTR)	[34]	LAD	NW	1		[6]
☐ DB?	[34]	STL	NW	1	Sta 6	[6]
⊟ ☐ FC4 (CNT2_RD)	[52]	LAD	NW	2		[24]
☐ DB?	[52]	STL	NW	1	Sta 6	[0]
☐ SFC59 (RD_REC)	[52]	STL	NW	2	Sta 53	[0]
⊟ ☐ FB2 (P_RCV), DB2 (DB_P_RCV)	[62]	LAD	NW	3		[34]
☐ SFC24 (TEST_DB)	[62]	STL	NW	7	Sta 19	[0]
☐ SFC24 (TEST_DB)	[62]	STL	NW	9	Sta 11	[0]
☐ SFC24 (TEST_DB)	[62]	STL	NW	12	Sta 11	[0]
☐ SFC59 (RD_REC)	[62]	STL	NW	14	Sta 7	[0]
⊟ ☐ FC100 (profibus_fuction)	[42]	LAD	NW	4		[14]
☐ SFC15 (DPWR_DAT)	[42]	LAD	NW	1		[0]
☐ SFC14 (DPRD_DAT), DB40 (1...	[42]	LAD	NW	1		[0]
⊖ DB50 (1#A_send)	[42]	LAD	NW	1		[0]
⊖ DB31 (模拟量数据)	[42]	LAD	NW	5		[0]
☐ SFC15 (DPWR_DAT)	[42]	LAD	NW	7		[0]
☐ SFC14 (DPRD_DAT), DB60 (1...	[42]	LAD	NW	7		[0]
⊖ DB70 (1#B_send)	[42]	LAD	NW	7		[0]
⊟ ☐ FC101 (tem_tongxun)	[24]	LAD	NW	2		[2]
⊖ DB20 (RCV_DB_A)	[24]	LAD	NW	1		[0]
⊟ ☐ FC111	[24]	LAD	NW	2		[0]
⊖ DB20 (RCV_DB_A)	[24]	LAD	NW	1		[0]
⊖ DB33	[24]	LAD	NW	8		[0]
⊟ ☐ FC110	[24]	LAD	NW	2		[0]
⊖ DB20 (RCV_DB_A)	[24]	LAD	NW	1		[0]
⊖ DB33	[24]	LAD	NW	8		[0]
⊟ ☐ FC112	[24]	LAD	NW	4		[0]
⊖ DB20 (RCV_DB_A)	[24]	LAD	NW	1		[0]
⊖ DB33	[24]	LAD	NW	8		[0]
⊟ ☐ FC113	[24]	LAD	NW	4		[0]
⊖ DB20 (RCV_DB_A)	[24]	LAD	NW	1		[0]
⊖ DB33	[24]	LAD	NW	8		[0]
☐ FC200	[24]	LAD	NW	5		[0]
⊟ ☐ FC20 (1#机)	[24]	LAD	NW	3		[2]
⊖ DB4 (计数)	[24]	LAD	NW	3		[0]
⊖ DB31 (模拟量数据)	[24]	LAD	NW	28		[0]
⊟ ☐ FC21 (2#机)	[22]	LAD	NW	4		[0]
⊖ DB4 (计数)	[22]	LAD	NW	3		[0]
⊖ DB31 (模拟量数据)	[22]	LAD	NW	28		[0]
☐ OB82 (I/O_FLT1)	[20]					[20]
☐ OB86 (RACK_FLT)	[20]					[20]
⊞ ☐ OB100 (COMPLETE RESTART)	[20]					[20]
☐ OB122 (MOD_ERR)	[20]					[20]

图 9-29　功能块调用结构图

(1)子程序 FC300,调用 FM 和 CP 模块,注意其中 FC2、FC4、FB2 的格式定义。

Network 1：调用高速计数功能

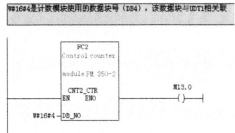

Network 2：Title:

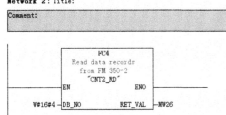

Network 3：调用通信功能块

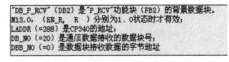

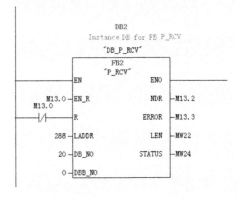

（2）子程序 FC100，CPU 与 MM440 变频器通信，调用 SFC14（读变频器数据）和 SFC15（写变频器数据），注意站地址，以及数据交换的数据块区域。

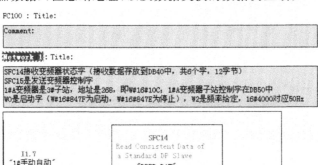

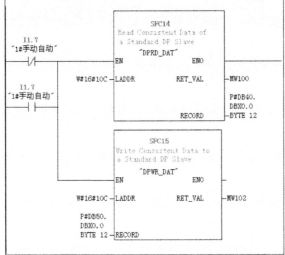

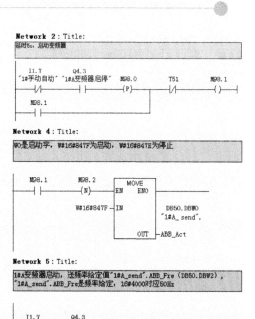

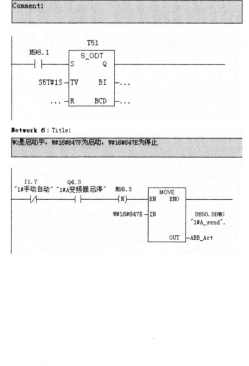

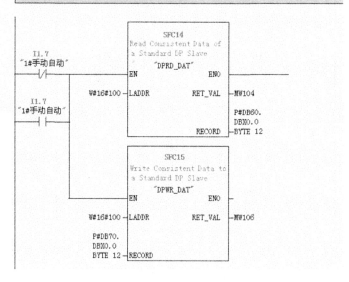

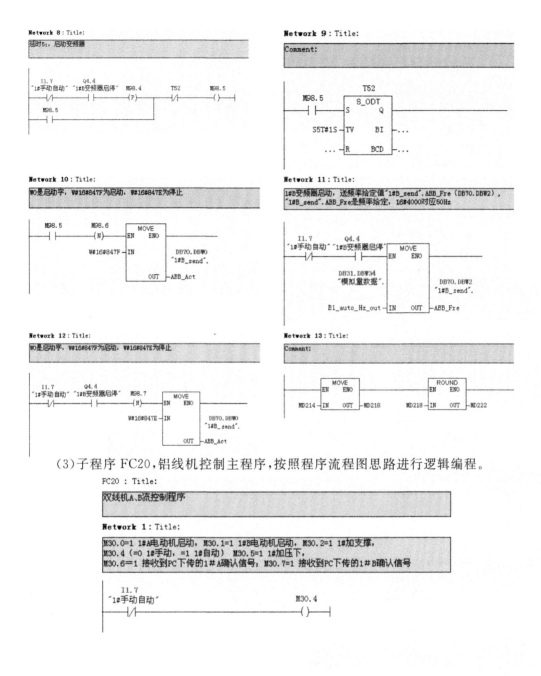

Network 8: Title:

延时5s，启动变频器

Network 9: Title:

Comment:

Network 10: Title:

W0是启动字，W#16#847F为启动，W#16#847E为停止

Network 11: Title:

1#B变频器启动，送频率给定值"1#B_send".ABB_Fre（DB70.DBW2），
"1#B_send".ABB_Fre是频率给定，16#4000对应50Hz

Network 12: Title:

W0是启动字，W#16#847F为启动，W#16#847E为停止

Network 13: Title:

Comment:

（3）子程序 FC20，铝线机控制主程序，按照程序流程图思路进行逻辑编程。

FC20: Title:

双线机A、B流控制程序

Network 1: Title:

M30.0=1 1#A电动机启动，M30.1=1 1#B电动机启动，M30.2=1 1#加支撑，
M30.4（=0 1#手动，=1 1#自动）M30.5=1 1#加压下，
M30.6=1 接收到PC下传的1#A确认信号，M30.7=1 接收到PC下传的1#B确认信号

Network 2 : Title:

M30.6是PC传下来的1#A自动加铝确认信号,自动状态即I1.7时将其锁定为M32.6
由"自动→手动"(即当I1.7由"1→0"时)相当于急停按钮作用
M32.6为自动后确认1#A加铝运行状态, M31.6是1#A计数脉冲到
T30是3分钟停机信号,M213.4是PC下传的1#A紧停信号

```
                         I1.7
  M30.6    M17.6      "1#手动自动"   M31.6     T30     M213.4    M32.6
  --| |----(P)----+------|/|--------|/|------|/|------|/|------( )--
                  |
  M32.6           |
  --| |-----------+
```

Network 3 : Title:

Comment:

```
  M32.6    M3.0          MOVE
  --| |----(P)------+--EN      ENO---
                    |
                  0-+IN            DB4.DBD148
                    |              actual counter value  0
                    |
                    |           "计数".
                    +--OUT     -ACT_CNTV0
```

Network 4 : Title:

Comment:

```
  M32.6                              M30.6
  --| |------------------------------(R)--
```

Network 5 : Title:

M30.7是PC传下来的1#B自动加铝确认信号,自动状态即I1.7时将其锁定为M32.7
由"自动→手动"(即当I1.7由"1→0"时)相当于急停按钮作用
M32.7为自动后确认1#B加铝运行状态,M31.7是1#B计数脉冲到
T31是3分钟停机信号,M213.5是PC下传的1#B紧停信号

```
                         I1.7
  M30.7    M17.7      "1#手动自动"   M31.7     T31     M213.5    M32.7
  --| |----(P)----+------|/|--------|/|------|/|------|/|------( )--
                  |
  M32.7           |
  --| |-----------+
```

Network 6：Title:

Comment:

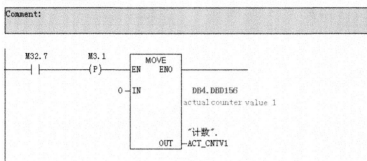

Network 7：Title:

Comment:

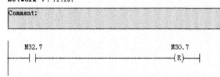

Network 8：Title:

1#自动转到手动状态时，复位上位机下传1#B自动加铝信号M30.7

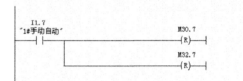

Network 9：Title:

1#自动转到手动状态时，复位上位机下传1#A自动加铝信号M30.6

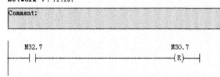

Network 10：Title:

M32.6/7是自动并确认1#加铝运行状态，分别对应A、B流
M31.2是自动时加支撑，M31.4是延时松支撑

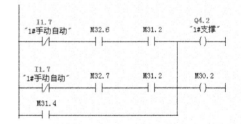

Network 11：Title:

M32.6是自动并确认1#A加铝运行状态
M31.3是自动时1#A加压下

Network 12：Title:

M32.7是自动并确认1#B加铝运行状态
M31.5是自动时1#B加压下

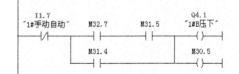

Network 13: Title:

I1.5(=0)手动也为急停
M32.6是自动并确认1#A加铝运行状态
M31.0是自动时启动1#A电动机

```
     I1.7
  "1#手动自动"    M32.6      M31.0             Q4.3
                                          "1#A变频器启停"
  ───┤/├────────┤├────────┤├──────────────( )──
```

Network 14: Title:

M32.6是自动并确认1#B加铝运行状态
M31.1是自动时启动1#B电动机

```
     I1.7
  "1#手动自动"    M32.7      M31.1             Q4.4
                                          "1#B变频器启停"
  ───┤/├────────┤├────────┤├──────────────( )──
```

Network 15: Title:

I1.5(=0)手动也为急停
M32.6是自动并确认1#A加铝运行状态
M31.0是自动时启动1#A电动机

```
     I1.7          Q4.3
  "1#手动自动"  "1#A变频器启停"              M30.0
  ───┤/├──────────┤├───────────────────────( )──

     I1.7          I0.7
  "1#手动自动"  "1#A变频器运行"
  ───┤/├──────────┤├──

     M2.0
  ───┤├──
```

Network 16: Title:

M32.6是自动并确认1#B加铝运行状态
M31.1是自动时启动1#B电动机

```
     I1.7          Q4.4
  "1#手动自动"  "1#B变频器启停"                    M30.1
  ───┤/├──────────┤├───────────────────────────( )──

     I1.7          I1.1
  "1#手动自动"  "1#B变频器运行"
  ───┤/├──────────┤├──

     M2.1
  ───┤├──
```

Network 17: software gate 0

电动机只要启动，马上启动"计数".CONTROL_SIGNALS.SW_GATE0计数软件门进行计数操作

```
     M2.0                               M20.5
  ───┤├─────────────────────────────────( )──

     M32.6                            DB4.DBX23.
  ───┤├──                                0
                                   software gate 0
     I1.7          I0.7              "计数".
  "1#手动自动"  "1#A变频器运行"      CONTROL_SIGNALS.
  ───┤├──────────┤├──
                                      SW_GATE0
     I1.7          Q4.3                ( )──
  "1#手动自动"  "1#A变频器启停"
  ───┤/├──────────┤├──
```

Network 18: software gate 1

电动机只要启动，马上启动"计数".CONTROL_SIGNALS.SW_GATE1计数软件门进行计数操作

```
     M2.1                               M20.6
  ───┤├─────────────────────────────────( )──

     M32.7                            DB4.DBX23.
  ───┤├──                                1
                                   software gate 1
     I1.7          I1.1               "计数".
  "1#手动自动"  "1#B变频器运行"       CONTROL_SIGNALS.
  ───┤├──────────┤├──
                                      SW_GATE1
     I1.7          Q4.4                ( )──
  "1#手动自动"  "1#B变频器启停"
  ───┤/├──────────┤├──
```

Network 19: software gate 0

M32.6/7是自动并确认1#加铝运行状态，分别对应A、B流

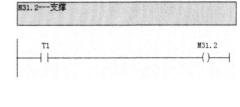

Network 20: Title:

M31.2---支撑

T1 —| |— M31.2 —( )—

Network 21: Title:

Comment:

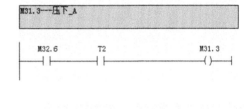

Network 22: Title:

M31.3---压下_A

M32.6 —| |— T2 —| |— M31.3 —( )—

Network 23: Title:

M31.5---压下_B

M32.7 —| |— T2 —| |— M31.5 —( )—

Network 24: Title:

Comment:

Network 25: Title:

M31.0---启动电动机_A

M32.6 —| |— T3 —| |— M31.0 —( )—

Network 26: Title:

M31.1---启动电动机_B

M32.7 —| |— T3 —| |— M31.1 —( )—

Network 27: Title:

100是前四个通道的计数工作号，地址分别为148、156、164、172

```
        MOVE
       EN   ENO
100 — IN      DB4.DBB2
              number
              "计数".
         OUT —JOB_RD.NO
```

Network 28: Title:

M32.6/7是自动并确认1#加铝运行状态，分别对应A、B流，"计数".ACT_CNTV0
(DB4.DBD148) 是码盘
传来的1#A计数脉冲，"模拟量数据".A1_receive_pulse（DB31.DBD16）是PC下传
的计数脉冲

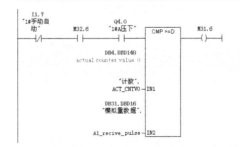

Network 29 : Title:

M32.6/7是自动并确认1#加铝运行状态，分别对应A、B流，"计数".ACT_CNTV1(DB4.DBD156)
是码盘
传来的1#B计数脉冲，"模拟量数据".B1_recive_pulse（DB31.DBD20）是PC下传的计数脉冲

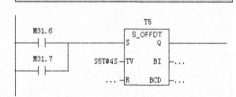
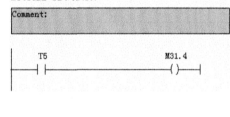

```
       I1.7
    "1#手动自动"                    Q4.1
                 M32.7         "1#B压下"        CMP >=D              M31.7
    ───┤/├───────┤ ├───────────┤ ├──────    ┌─────────┐         ──( )──
                                            │         │
                                      DB4.DBD156
                                   actual counter value 1

                                      "计数".
                                   ACT_CNTV1 ─┤IN1

                                   DB31.DBD20
                                   "模拟量数据".

                                   B1_recive_pulse ─┤IN2
```

Network 30 : Title:

M31.6是1#A计数脉冲到，M31.7是1#B计数脉冲到

```
                        T5
                     S_OFFDT
    M31.6         ┌─────────┐
    ──┤ ├────────┤S       Q├
                 │          │
    M31.7        │          │
    ──┤ ├────S5T#4S─┤TV    BI├─...
                 │          │
              ...─┤R    BCD├─...
                 └─────────┘
```

Network 31 : Title:

Comment:

```
        T5                      M31.4
    ──┤ ├──────────────────────( )──
```

Network 32 : Title:

当电动机运行时，码盘的计数脉冲"计数".ACT_CNTV0 >0，将该值传给上位机供显示
当电动机停止时，码盘的计数脉冲"计数".ACT_CNTV0清零，同时保持上位机的显示值，
直到下次电动机启动触发计数软件门，才能清零上位机的显示值

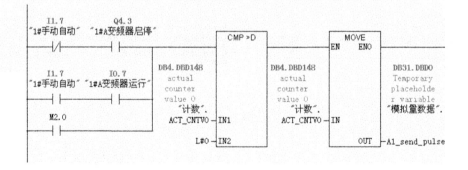

```
       I1.7        Q4.3
    "1#手动自动"  "1#A变频器启停"            CMP >D                 MOVE
    ──┤/├──────────┤ ├──────    ┌─────────┐    ┌─────────┐    ┌──EN   ENO──┐
                                                                 │         │
       I1.7        I0.7        DB4.DBD148      DB4.DBD148      DB31.DBD0
    "1#手动自动"  "1#A变频器运行"  actual          actual        Temporary
    ──┤ ├──────────┤ ├──────    counter         counter       placeholde
                                value 0         value 0       r variable
       M2.0                     "计数".          "计数".         "模拟量数据".
    ──┤ ├──────                 ACT_CNTV0 ─┤IN1  ACT_CNTV0 ─┤IN

                                L#0 ─┤IN2                    OUT├─ A1_send_pulse
```

Network 33：Title:

当电动机运行时，码盘的计数脉冲"计数".ACT_CNTV1 >0，将该值传给上位机供显示
当电动机停止时，码盘的计数脉冲"计数".ACT_CNTV1清零，同时保持上位机的显示值，
直到下次电动机启动触发计数软件门，才能清零上位机的显示值

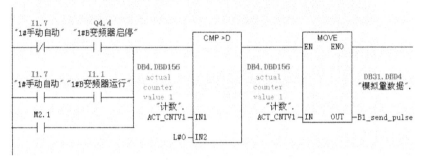

Network 34：Title:

M32.6是计数脉冲到，延时1s触发M32.7来复位M30.7（上位机的加铝确认按钮），
同时复位M31.5（自动后确认加铝运行状态）
当转到手动状态时也要同时复位M30.7和M31.5，由"自动→手动"相当于急停按钮作用

```
      I1.7
   "1#手动自动"         T6
                      S_ODT
    ─┤ ├──────────┬──S     Q──
                  │
      S5T#1S ─────┤ TV   BI ──...
                  │
         ... ─────┤ R   BCD ──...
```

Network 35：Title:

PQW336是频率设定输出

```
      I1.7
   "1#手动自动"
                         MOVE
    ─┤/├──────────┬────EN    ENO────────────
                  │
     DB31.DBW32   │
     "模拟量数据". │
                  │
   A1_auto_Hz_out─┤ IN   OUT──MW116
                  │
                  │      MOVE
                  └────EN    ENO
                  
     DB31.DBW34
     "模拟量数据".
                  
   B1_auto_Hz_out─ IN   OUT──MW118
```

(4)子程序 FC101,CP340 串口模块与定氧仪进行通信。关键是通信格式的处理。

FC101 : Title:

通信读上来的数据是字符型，先将字符转换成对应的数字，然后合并成一个字，送给上位机显示(氧含量和铝值参数的数字为四位BCD码)，氧含量上位机除以10即可，铝值参数上位机除以100
DB33.DBW0传给上位机的氧含量地址，DB33.DBW4传给上位机的铝值参数地址

Network 1: Title:

氧含量的数据格式有两种，占用地址DB20.DBB96、97、98、99、100
(1) **.**小数位B98，此格式调用子程序FC110(小数点是16#2E，即数值46)
(2) ***.*小数位B99，此格式调用子程序FC111

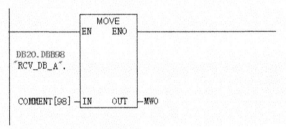

Network 2: Title:

小数点是16#2E，即数值46
判断小数点是B99还是B100，调用不同子程序

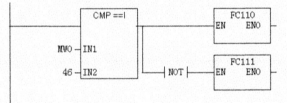

Network 3: Title:

AL的数据格式有两种，占用地址DB20.DBB113、114、115、116、117、118
(1) **.***小数位B115，此格式调用子程序FC112(小数点是16#2E，即数值46)
(2) *.****小数位B114，此格式调用子程序FC113

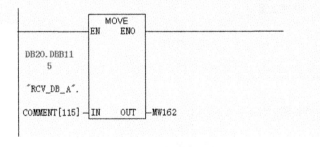

Network 4: Title:

小数点是16#2E，即数值46
判断小数点是B114还是B115，调用不同子程序

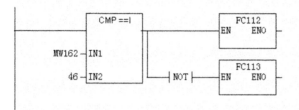

Network 5: Title:

Comment:

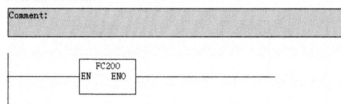

（5）子程序 FC112，对串口通信上来的数据进行处理。由于读上来的数据格式是一个个字符，要把这些字符转换成对应的数，即字符"1"、"2"、"3"、"4"转换成数字 1、2、3、4。其思路是字符和数字的 ASCII 相差 48，两者相减可以得到对应的数字，然后按个、十、百、千位合并即可。

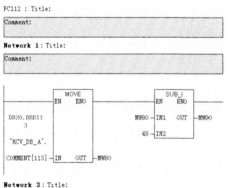

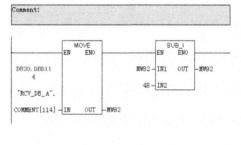

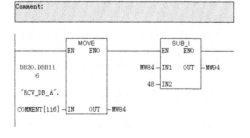

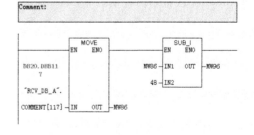

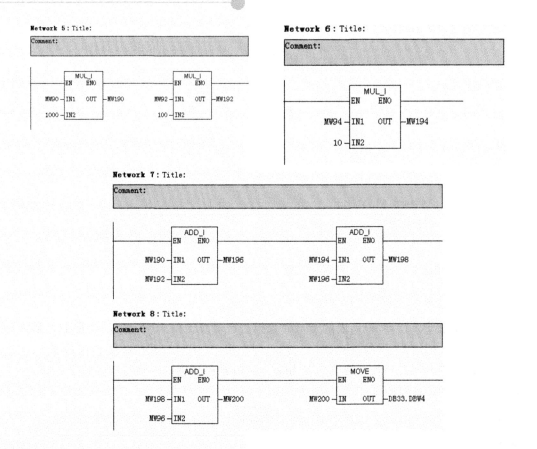

9.3　本章小结

　　本章以炼钢厂定氧加铝系统 PLC 控制为实例，介绍了基于西门子 S7-300 PLC 的控制系统设计过程。本系统特点总结如下。

　　（1）涉及 CP340 串口通信模块和 FM350-2 高速计数模块的使用。

　　（2）电动机由 MM440 变频器调速，系统采用 CPU315-2DP 与 MM440 通过 Profibus-DP 进行通信控制。

参 考 文 献

[1] 薛岩.电气控制与 PLC 技术[M].北京:北京航空航天大学出版社,2010.

[2] 刘永华,姜秀玲.电气控制与 PLC 应用技术[M].北京:北京航空航天大学出版社,2010.

[3] 王永华.现代电气控制与 PLC 应用技术[M].2 版.北京:北京航空航天大学出版社,2008.

[4] 廖常初.S7-300/400 PLC 应用技术[M].3 版.北京:机械工业出版社,2012.

[5] 刘美俊.西门子 S7-300/400 PLC 应用案例解析[M].北京:电子工业出版社,2009.

[6] 郑凤翼,张继研.图解西门子 S7-300/400 系列 PLC 入门[M].北京:电子工业出版社,2009.

[7] 马宁,孔红.S7-300 PLC 和 MM440 变频器的原理与应用[M].北京:机械工业出版社,2006.

[8] 龚仲华.S7-200/300/400 PLC 应用技术通用篇[M].北京:人民邮电出版社,2007.

[9] 阳宪惠.工业数据通信与控制网络[M].北京:清华大学出版社,2003.

[10] 廖常初.大中型 PLC 应用教程[M].北京:机械工业出版社,2008.

[11] 陈海霞,柴瑞娟.西门子 PLC 编程技术及工程应用[M].北京:机械工业出版社,2006.

[12] 崔坚.西门子 S7 可编程序控制器—STEP 7 编程指南[M].北京:机械工业出版社,2007.

[13] 胡健.西门子 S7-300 PLC 应用教程[M].北京:机械工业出版社,2007.

[14] 刘锴,周海.深入浅出西门子 S7-300 PLC[M].北京:北京航空航天大学出版社,2004.

[15] 曹辉,霍罡.可编程序控制器系统原理及应用[M].北京:电子工业出版社,2003.

[16] 何建平.可编程序控制器及其应用[M].重庆:重庆大学出版社,2004.

[17] 李道霖.电气控制与 PLC 原理及应用(西门子系列)[M].北京:电子工业出版社,2004.

[18] 许缪,王淑英.电气控制与 PLC 应用[M].3 版.北京:机械工业出版社,2005.

[19] 赵承荻.电机与电气控制技术[M].北京:高等教育出版社,2002.

[20] 殷洪义.可编程序控制器选择设计与维护[M].北京:机械工业出版社,2003.

[21] 吕景泉.可编程控制器技术编程[M].北京:高等教育出版社,2006.

[22] 柳春生.电器控制与 PLC[M].北京:机械工业出版社,2010.

[23] 郑凤翼.例说西门子 S7-300/400 系列 PLC[M].北京:机械工业出版社,2011.

[24] 张华龙.图解 PLC 与电气控制入门[M].北京:人民邮电出版社,2008.

[25] 郑阿奇.PLC(西门子)实用教程[M].北京:电子工业出版社,2009.

[26] 廖常初.跟我动手学 S7-300/400 PLC[M].北京:机械工业出版社,2010.

[27] 胡学林.可编程控制器原理及应用[M].北京:电子工业出版社,2007.

[28] 任宏彪,张大志,张勇军.基于 S7-300 型 PLC 的变频自动送钻系统模糊控制[J].石油矿场机械,2010,39(4):24-27.

[29] 南新元,陈志军,高丙朋.S7-300 PLC 在番茄酱杀菌自动控制系统中的应用[J].自动化仪表,2010,31(5):34-39.

[30] 张卫国.S7-PLCSIM 在西门子 S7-300/400 PLC 程序调试中的应用[J].现代电子技术,2008,31(12):192-194.

[31] 李其中,苏明,李军.S7-300 PLC 串行通讯及应用[J].机械与电子,2009(7):55-58.

［32］李宏,王昆,缴春景. S7-300 及 WinCC 在电机功率试验监控系统中的应用［J］. 电气应用,2008,27(6):58-62.

［33］Siemens AG. S7-300 可编程序控制器产品目录［EB/OL］,2012.

［34］SIMENS AG. S7-300 和 S7-400 梯形逻辑(LAD)编程参考手册［EB/OL］,2004.

［35］SIMENS AG. SIMATICS7-300 可编程序控制器系统手册［EB/OL］,2002.

［36］Siemens AG. S7-300 Programmable Controller Hardware and Installation Manual［EB/OL］, 2002.

［37］Siemens AG. SIMATIC NET S7-300 -工业以太网用于工业以太网的 S7 CP 设备手册［EB/OL］,2012.

［38］Siemens AG. Standard PID Control Manual［EB/OL］,2006.

［39］Siemens AG. Working with STEP 7 Getting Started［EB/OL］,2006.

［40］Siemens AG. Programming with STEP 7 Manual［EB/OL］,2006.

［41］Siemens AG. System Software for S7-300/400 System and Standard Functions Reference Manual［EB/OL］,2006.

［42］Siemens AG. Communication with SIMATIC System Manual［EB/OL］,2006.

［43］Siemens AG. S7-300 可编程控制器 CPU 312C 至 314-2DP/PtP CPU 技术参数参考手册［EB/OL］,2001.

［44］Simens AG. S7-300 自动化系统 CPU 31xC 技术功能使用手册［EB/OL］,2001.

［45］Simens AG. S7-300 和 M7-300 可编程控制器模板规范 参考手册［EB/OL］,2003.